AF854313

SAVOIRS À L'ŒUVRE

collection dirigée par Spyros Théodorou

Savoirs et démocratie, 2003

De la ville et du citadin, 2003

Figures du temps, 2003

Figures de la science, 2005

De la limite, 2005

L'exception dans tous ses états, 2005

Savoirs à l'œuvre est le titre éponyme du livre de Michel Pierssens (Villeneuve d'Ascq, Presses universitaires de Lille, 1990).

Figures de la science

RÉFORMÉ
BIBLIOTHEQUE AUBE (10) DEPARTEMENTALE

Éditions Parenthèses

501
FIG

La collection « Savoirs à l'œuvre » restitue les conférences thématiques programmées par « Échange et diffusion des savoirs ».

Nous remercions le Conseil général des Bouches-du-Rhône pour son soutien résolu, dès l'origine, au concept mis en œuvre par l'association « Échange et diffusion des savoirs ».
Nous devons beaucoup aux encouragements de Jean-Pierre Vernant, sans qui nous n'aurions pas eu l'audace d'engager ce pari. Notre gratitude va aussi à Michel Pierssens, Sydney Lévy et Marcel Hénaff pour l'aide critique et amicale qu'ils ont apportée à la conception des cycles de conférences. C'est grâce à la conviction de Cécile Arnold que ce projet a pu atteindre ceux à qui il est destiné.
Jeanne Laffitte, Jean-Claude Bouvier, Christian Bruschi, Josée Gensollen, Jean-Jacques Gilliard, Chérif Khaznadar, Alain Liévaux, Émile Témime ont contribué à porter ce projet au quotidien, l'éclairant de leurs avis et de leurs généreux concours, qu'ils soient ici remerciés.
Martine Pellissier a assuré, avec compétence et rigueur, la transcription des conférences de ce cycle.

Collection publiée avec le concours du
Conseil général des Bouches-du-Rhône

COPYRIGHT © 2005, ÉDITIONS PARENTHÈSES

ISBN 2-86364-143-3

«Je crois que deux et deux sont quatre, Sganarelle,
et que quatre et quatre sont huit.»
Molière, *Dom Juan ou le festin de pierre (III, 1).*

De quel Dom Juan sommes-nous les Sganarelle ?

Il semble que la science soit aujourd'hui, dans nos représentations communes, une figure fort voisine de celle de Dom Juan, libertin et séducteur.

La science est-elle donc séductrice, et que séduit-elle en nous ? Que sépare-t-elle pour le conduire à part, ainsi que s'entend par l'étymologie, la séduction ?

Si nous menons une rapide revue de l'impact, réel et fantasmatique, de la science sur nos sociétés et nos mentalités, il appert bien que, globalement, le projet cartésien de «nous rendre comme maîtres et possesseurs de la nature» a quelque peu cédé le pas, dans l'imaginaire collectif, à la crainte de nous rendre comme esclaves de l'artifice.

Plusieurs des intervenants évoquent cette effrayante — et crédible – hypothèse.

L'humanité nord-occidentale dominante, celle de l'industrialisation et de la mise en servitude de la planète entière par la colonisation géographique, idéologique et technologique, laisse à ses enfants, naturels et adoptifs, une planète en déshérence. À un point tel qu'aujourd'hui nous sommes, les uns et les autres, habitants d'une maison commune vaste et enfin quasi unifiée — fût-ce pour le pire, mais aux placards vidés, aux murs lézardés et aux fondations chancelantes. Une planète aux réserves d'énergie déclinantes et bientôt exsangues, une planète au climat détérioré au point de nous promettre, à une échéance imprédictible et inéluctable, inhospitalité et hostilité.

Que faire ? demande Jean-Marc Jancovici.

Parmi les plus vigoureux esprits des Lumières, certains étaient médecins : La Mettrie, Marat, Jaucourt entre autres. S'alliaient ainsi, encore dans l'accomplissement du projet cartésien, la recherche de l'avancement de l'esprit et de ses conquêtes scientifiques, techniques et philosophiques, avec la recherche de l'amélioration de la santé des hommes, la libération de leurs maux. L'*Encyclopédie* de Diderot et d'Alembert conclut ainsi son article « Médecine » :

« …ses progrès dépendent de l'accroissement des connoissances qu'on peut puiser dans la pratique de cet art ; que ces connoissances doivent être éclairées par la physique du corps humain ; que cette physique tire elle-même des lumières d'autres sciences qui naissent aussi de l'expérience ; & qu'ainsi l'avancement de la théorie qui peut guider dans la pratique, dépend de l'accroissement de tous ces différens genres de connoissances, & des travaux des maîtres qui cultivent la Médecine avec gloire.

« Mais les praticiens de routine, assujettis sans discernement aux méthodes vulgaires, loin de contribuer à l'avancement de la Médecine, ne font qu'en retarder les progrès ; car le public les présente ordinairement aux autres médecins comme des modèles qu'ils doivent imiter dans la pratique ; & ce suffrage aveugle & dangereux vient à bout de séduire des hommes sages. »

L'on voit par là, présentes aux racines mêmes de notre culture et de notre pratique sociale de la science, deux démarches déjà parallèles et semblant participer du même projet : d'une part la médecine, nous dirions aujourd'hui la biologie, eſt réglée et comme asservie au modèle épiſtémologique des sciences physiques, et d'autre part, face à la « gloire » de la science et dans ses domaines, le « public » eſt qualifié d'aveugle, dangereux et séducteur.

Nous constatons aujourd'hui la même disqualification de « l'opinion » — de ceux qui désirent face à ceux qui savent ; Bernadette Bensaude-Vincent l'évoque de façon précise dans sa contribution.

Nous constatons aussi que, prenant modèle des prétentions à la totalité des sciences exactes, celles qu'aujourd'hui nous appelons « dures » — de cette dureté qui ne peut que fouailler et blesser les molles humeurs du corps humain —, les sciences de la vie sont devenues pour le moins inquiétantes et voient advenir au vivant de nouvelles et mystérieuses affections qui frisent parfois la pandémie, en même temps que de nouvelles voies de manipulation de l'humain : les arcanes de la guérison frayant le chemin à de putatives et hallucinantes modifications du patrimoine génétique.

Jacques Testart rappelle à quel point cette problématique a simultanément acquis de la crédibilité scientifique et économique, et c'est cette simultanéité qui la rend particulièrement inquiétante, moralement et politiquement. Sans que personne n'en ait réellement débattu ni décidé, au sens du débat public et de la décision collective.

C'est cette intrusion, nécessairement forte, du débat public dans le complexe scientifique, technique et économique qu'est devenue la « technoscience » que Jean-Marc Lévy-Leblond appelle, pour que la maîtrise du monde puisse être librement maîtrisée par l'homme. À la conception nietzschéenne de la science, qu'éclaire avec érudition et passion Michel Gourinat, selon laquelle «la *vis creativa* fait défaut à l'homme d'action, quoi qu'en puissent dire l'apparence et la croyance commune. Nous qui percevons de façon pensante sommes ceux qui réellement et continuellement voyons quelque chose qui n'existait pas encore : tout ce monde éternellement croissant d'estimations, pesées, perspectives, échelles, assentiments et dénégations. Ce poème de notre invention est continuellement appris et répété par celui qu'on appelle "l'homme d'action" qui le traduit dans la chair et dans l'actualité, dans la vie de tous les jours», s'oppose non plus un projet métaphysique, comme l'a été précédemment le projet cartésien, mais un projet politique à inventer.

Il semble aujourd'hui, quand la science est devenue tellement complexe et parcellisée — quand bien même ces deux traits paraissent contradictoires —, que personne ne puisse la savoir en vérité ni la dominer qu'à cette condition seulement. Ce qui signifie qu'enfin nous cherchions à savoir ce que nous faisons.

Et à cette condition seulement, aussi, pourrait cesser ce rapport de séduction que la science exerce vis-à-vis de l'opinion publique, Elvire séduite et abandonnée ou Sganarelle, pauvre complice manipulé à la poursuite d'une belle morale autant que de son intérêt propre ; mais aussi que l'opinion publique, dans ses expressions totalitaires ou militaristes, exerce sur la science, comme le rappelle Jean-Marc Lévy-Leblond dans son propos. Il faudrait sans doute y ajouter les exigences nouvelles de ses expressions juridiques et économiques.

Mais aussi, avons-nous dit, Dom Juan figure du libertin. Aujourd'hui, on ne considère plus le terme que sous l'angle des mœurs légères, voire dissolues, qu'il est censé décrire. Mais, rappelons-nous bien ce qu'étaient les libertins, quand, au cœur de l'absolutisme le plus rigoureux et rigoriste, en Italie, en Angleterre, en France, ils faisaient naître l'esprit critique, souvent dans le secret et la clandestinité, ouvrant les chemins de la liberté.

Et ne nous y trompons pas. Si c'est sur cette liberté que repose la science, c'est aussi sur la science que repose la liberté. La nôtre autant que celle de nos prédécesseurs anciens ou plus récents.

C'est parce qu'il a pensé l'Univers plus vaste que sa description canonique que Giordano Bruno a été brûlé en 1600. Et c'est parce que lui et ses semblables ont frayé la voie que Jean-Pierre Luminet peut, ici, nous décrire les immenses avancées de la cosmologie et cette image du monde qui est maintenant la nôtre.

Mais ceci s'est fait, se fait, dans l'histoire. Autant que les batailles et les conquêtes, les transmissions, les traductions, les altérations, les augmentations des savoirs au cours du temps, comme leurs pertes ou leurs oublis, et par leurs voies propres, ont fabriqué l'histoire des hommes jusqu'à ce jour, comme le rappellent avec précision les conférences d'Ahmed Djebbar et Giorgio Israel.

C'est ainsi, chargée de sa pacotille[1], que l'humanité a voyagé dans le temps — temps dont, d'ailleurs, la science lui a permis de se fabriquer une image en même temps que les instruments de sa mesure. Sans doute, ce libre chargement que personne, ni dieu ni roi, n'avait affrété, a permis, et immensément agrandi, la traversée. Et dans ce voyage, tel Ulysse le rusé, elle a dû elle-même ruser, parfois entre sagesse et folie comme le rappelle le texte érudit et lui-même rusé de Michel Pierssens, parfois entre asservissement et liberté.

Ce dernier point doit bien nous remémorer que, fût-ce face aux savoirs, nous, Nord-Occidentaux, ne sommes pas toute l'humanité. Michael Singleton nous le rappelle par des voies jubilatoires. Et c'est ainsi que nous sommes rappelés à l'ordre, à l'ordre du discours en tout cas. La science, toute la science,

[1] La pacotille est, à l'origine, le ballot de marchandise que les marins pouvaient transporter librement, sans en payer le transport à l'armateur du navire.

ainsi que tout discours sur la science, sont de l'ordre de la représentation. La représentation du monde. Bien entendu, il ne s'agit pas, ici, de céder à quelque relativisme que ce soit. La science nord-occidentale, notre science, sait quelque chose du monde, elle le sait avec exactitude et de façon opératoire. Ses résultats comme leurs conséquences sont indubitables. Il s'agit de savoir aussi que d'autres discours représentent le monde, de façon également opératoire — même si les opérations effectuées et les résultats attendus ne sont pas les mêmes, ne visent pas la même utilité personnelle, sociale et écologique.

On l'aura compris, il ne s'agit pas ici d'un livre de science, mais d'un livre sur ce que nous pouvons penser, ici et maintenant, de la science. C'est un objet qui est devenu public pour ainsi dire en méconnaissance de cause ; il s'agit simplement de chercher à le rendre commun, en connaissance de cause.

Spyros Théodorou

Nous remercions Marcel Lauriol pour sa participation à ce texte. Notre gratitude s'adresse également à Jean-Marc Lévy-Leblond et à l'association « Anaïs » qu'il anime. C'est en grande partie grâce à leur aide chaleureuse et compétente que les conférences dont cet ouvrage rend compte ont pu avoir lieu.

Figures du ciel : de l'harmonie des sphères à l'univers chiffonné

SAVOIRS À L'ŒUVRE

SAVOIRS À L'ŒUVRE / SAVOIRS À L'ŒUVRE / SAVOIRS À L'ŒUVRE / SAVOIRS À L'ŒUVRE / SAVOIRS À L'ŒUVRE / SAVOIRS À L'ŒUVRE / SAVOIRS À L'ŒUVRE / SAVOIRS À L'ŒUVRE

Jean-Pierre Luminet

Je vais vous parler de la science de l'univers considéré dans son ensemble : la cosmologie. Lorsqu'on sort par une belle nuit sombre et que l'on contemple le fourmillement des étoiles, on ne peut qu'être ému par le spectacle. Dès l'Antiquité, les hommes ont levé les yeux vers le ciel et ont été fascinés à la fois par la beauté de la nuit étoilée mais aussi par son mystère. Ils ne se doutaient pas que les quelques milliers d'étoiles que l'on peut voir à l'œil nu, par une belle nuit, ne représentent en fait que la banlieue extrêmement proche de notre modeste système solaire, lui-même un petit groupe de corps qui gravitent autour d'une étoile : le soleil. Cela ne les empêcha pas de commencer à faire de la cosmologie très tôt.

Imaginons maintenant que l'œil humain soit remplacé par un œil formidablement plus développé ; par exemple un très grand télescope en orbite au-dessus de l'atmosphère terrestre, comme c'est le cas du télescope spatial Hubble, qui sonde d'un œil très perfectionné les profondeurs du cosmos. Au lieu de regarder avec un très large champ de vision qui est celui de nos yeux, ce télescope est capable de se concentrer sur un coin de ciel infime qui équivaudrait au chas d'une aiguille tendue à bout de bras. Lorsqu'on braque cet œil extraordinaire vers un tel petit coin de ciel, que voit-on ? Un paysage très beau, comme si on regardait entre les étoiles, comme si, en regardant attentivement à travers les arbres d'une forêt, on apercevait d'autres forêts lointaines.

On découvre des systèmes analogues à notre propre galaxie, rassemblant chacun plusieurs milliards, voire plusieurs centaines de milliards d'étoiles, qui sont à des distances considérables, des galaxies de toutes les formes et de toutes les couleurs. À première vue, on ne parvient pas à différencier les objets proches de ceux qui sont lointains. Il y a comme un écrasement de la perspective, mais on peut soupçonner que les objets les plus brillants sont statistiquement les plus proches, et que les objets les plus faibles sont les plus lointains.

On observe ainsi l'univers sur une très grande échelle d'espace, mais aussi sur une grande échelle de temps. La cosmologie fait, en quelque sorte, « s'emmêler » l'espace et le temps, dans la mesure où la majeure partie de l'information que l'on reçoit nous vient des rayons lumineux, qui voyagent à une vitesse finie. Par conséquent, dès que l'on observe loin dans l'espace, on observe loin dans le passé. Lorsqu'on sonde l'espace relativement proche, le décalage réel par rapport à notre époque contemporaine ne se mesure qu'en quelques années, parce que les distances se mesurent en années-lumière et, à ces échelles, les durées de vie des étoiles sont très longues. En revanche, on commence à plonger vraiment, non seulement dans l'histoire, mais aussi dans le passé de l'univers, en observant des galaxies distantes de, disons, 100 millions d'années-lumière. Le décalage commence à devenir important par rapport à nos échelles de vie humaine ; cependant il reste faible à l'échelle de la durée de vie des galaxies, qui atteint plusieurs milliards d'années.

Les galaxies les plus faibles et les plus lointaines, ces petits grains que l'on peut voir sur le cliché du télescope spatial, représentent des galaxies qui sont, elles, à plusieurs milliards d'années-lumière. Cela signifie qu'elles ont émis leur lumière voici plusieurs milliards d'années. On voit alors un univers extraordinairement ancien par rapport à notre univers contemporain. Là seulement, nous sommes vraiment au royaume de la cosmologie, dans les profondeurs de l'espace et du temps.

En termes d'étymologie, la cosmologie c'est le *logos* du cosmos, c'est-à-dire un discours sur l'univers qui se veut rationnel. Ce discours existe depuis l'aube de la civilisation occidentale. À l'époque d'Homère, le mot « cosmos » désignait la beauté, l'ordre et l'arrangement. Il ne s'appliquait pas du tout à la description de l'univers. Il s'appliquait plutôt à la chevelure d'une jolie femme, à l'armure d'un guerrier ou à la tournure d'un poème. Platon raconte, au IVe siècle av. J.-C., que c'est Pythagore qui, deux siècles auparavant, a lancé le pari consistant à supposer que l'univers physique (le monde qui contient les êtres, la terre, les étoiles) est organisé. Il obéit à des lois et, d'une certaine façon, il est beau parce que bien ordonné. Il a donc utilisé le mot « cosmos » pour désigner le monde dans son ensemble. Depuis lors, le terme est resté.

Le cosmos est synonyme d'« univers », un mot latin composé de deux racines qui signifient unité et diversité. Dans le terme même d'univers, on retrouve donc toute l'ambition de la recherche scientifique : tenter de réduire la diversité des phénomènes à une unité sous-jacente. L'univers offre un déploiement extraordinaire de formes, de couleurs et d'objets de natures apparemment différentes. Les forces qui régissent les phénomènes physiques sont apparemment distinctes. Le propos de la science est d'essayer de comprendre cette diversité par des lois unitaires sous-jacentes. À l'extrême, on pourrait imaginer une théorie unique, une théorie du « tout ». On n'en est pas encore là, mais la physique théorique de pointe s'approche peu à peu de cette vision unitaire.

Ainsi, les idées qui sont à l'œuvre dans les recherches les plus contemporaines prennent racine dans l'Antiquité grecque avec Pythagore et Platon, et notamment dans un magnifique ouvrage de ce dernier, bien connu de tous les philosophes : *Le Timée ou De la nature.* On y trouve les premières considérations cosmologiques qui tentent d'organiser cette esthétique cosmique, cet ordre sous-jacent et invisible selon les critères de la beauté géométrique. Très tôt, le philosophe a tenté d'appliquer des principes généraux de symétrie mathématique pour décrire l'organisation du monde. Il avait remarqué d'une part que les mouvements célestes étaient réguliers, approximativement circulaires et formaient des compositions de cercles. D'autre part, sur le plan plus philosophique, voire métaphysique, il considérait que le monde d'en haut, celui des étoiles lointaines, devait être la demeure des dieux, et à ce titre devait refléter la perfection divine. C'était donc le siège des figures géométriques parfaites par excellence : les sphères et les cercles, obéissant à des lois de symétrie extrêmement fortes.

Platon, Aristote et les penseurs de cette époque avaient également considéré que le monde d'ici-bas, de la Terre jusqu'à la Lune, était loin d'être parfait. C'est un monde où les êtres naissent, vivent, meurent, où la matière est corruptible. Ils avaient donc imaginé que les phénomènes physiques d'ici-bas étaient gouvernés par des éléments fondamentaux — l'équivalent de ce qu'on appelle aujourd'hui les « forces fondamentales ». Pour les Anciens c'étaient l'eau, la terre, l'air et le feu, auxquels ils ajoutèrent un cinquième élément : la quintessence, qui marquait la transition entre la physique terrestre et la physique céleste. Ils avaient représenté ces éléments par des figures géométriques un peu moins parfaites que la sphère : les polyèdres réguliers. Aussi appelés solides platoniciens, ce sont la pyramide, le cube, l'octaèdre, l'icosaèdre et le dodécaèdre. Ces tentatives extrêmement intéressantes de modélisation géométrique du monde matériel sont fondatrices d'une démarche : la volonté de décrire l'architecture invisible de l'univers en termes de lois mathématiques faisant appel à des symétries. Celles-ci étaient donc une sorte de traduction formelle du souci de considérer l'univers comme beau et bien organisé, c'est-à-dire un cosmos.

Mais je ne vais pas parler plus longtemps de l'histoire de la cosmologie, bien que celle-ci soit passionnante. Je souhaite aborder tout de suite le questionnement de la cosmologie moderne. La cosmologie a connu un bouleversement fondamental au début du XXe siècle. Auparavant, on ne disposait pas d'instrument astronomique assez puissant pour sonder les profondeurs lointaines de l'espace ; on ne percevait que les étoiles proches, et l'on n'accédait pas vraiment à l'échelle cosmologique. On peut dire que la cosmologie scientifique moderne est née au début du XXe siècle par la conjonction de deux révolutions : l'une théorique et l'autre expérimentale.

La révolution théorique, c'est l'avènement de la théorie de la relativité générale, élaborée par Albert Einstein et vite développée par les plus brillants savants européens. La deuxième révolution est de nature expérimentale. Grâce à de riches mécènes, les États-Unis ont commencé à se doter de très puissants télescopes, qui ont permis de faire des observations que l'on ne pouvait pas faire en Europe. Ils ont pu sonder pour la première fois le ciel profond. De nombreuses équipes y ont travaillé, mais l'astronome le plus connu de cette époque s'appelait Edwin Hubble [1889-1953]. On lui doit plusieurs avancées capitales ; c'est notamment lui qui a prouvé l'existence de galaxies extérieures à la nôtre. Éparpillés parmi les innombrables points qui sont autant d'étoiles relativement proches appartenant à notre galaxie, se trouvent des astres flous appelés des nébuleuses. Les nébuleuses avaient déjà été repérées aux XVIIe et XVIIIe siècles, mais on ignorait tout de leur nature. L'une des questions fondamentales était de savoir si les nébuleuses étaient des amas d'étoiles ou des nuages de gaz relativement proches de nous, c'est-à-dire appartenant à notre voie lactée, ou s'ils étaient, comme certains en avaient déjà fait l'hypothèse, des « univers îles », c'est-à-dire des galaxies à part entière, analogues à notre propre galaxie, mais situées extrêmement loin dans l'espace.

Edwin Hubble a effectué des mesures permettant de démontrer que notre univers n'était pas peuplé d'une galaxie unique, la nôtre, mais d'un nombre extraordinairement grand de galaxies. Des millions, voire des milliards. On estime aujourd'hui qu'il existe entre 10 et 100 milliards de galaxies dans l'univers observable. Chacune d'entre elles regroupe entre quelques dizaines et quelques centaines de milliards d'étoiles.

Donc, première avancée cosmologique : la découverte d'un univers vaste, peuplé à peu près uniformément de galaxies. La deuxième avancée, encore plus fondamentale, a eu lieu lorsque les astronomes se sont intéressés non plus à la nature et à la distance des nébuleuses, mais à leurs mouvements. En utilisant les techniques de la spectroscopie et en appliquant une loi physique appelée effet Doppler-Fizeau, on est capable de déterminer si un astre se rapproche ou s'éloigne de nous en mesurant son spectre.

Le spectre d'un objet céleste, c'est sa lumière étalée selon ses différentes fréquences et ses différentes longueurs d'onde. Un spectre typique est barré par un ensemble de raies sombres ou claires selon que la lumière est absorbée ou réémise. Le spectre d'un objet céleste ressemble à une sorte de code-barre et représente une véritable carte d'identité ; il n'y a pas deux spectres qui soient identiques. Les raies signalent la présence d'éléments chimiques, reflet de la composition chimique des astres que l'on observe. L'effet Doppler-Fizeau dit que si un astre s'éloigne de l'observateur, l'ensemble de son spectre va être décalé vers les grandes longueurs d'onde, c'est-à-dire « vers le rouge ». Si au contraire l'objet se rapproche de nous, son spectre va être décalé « vers le bleu », c'est-à-dire vers les courtes longueurs d'onde. C'est un moyen imparable pour déterminer si les astres s'approchent ou s'éloignent de nous.

Quand cette technique a été appliquée aux galaxies, à la fin des années vingt, on aurait pu s'attendre a priori à ce que, statistiquement, 50 % des galaxies se rapprochent et 50 % des galaxies s'éloignent. La grande surprise a été de découvrir que les spectres des galaxies étaient systématiquement décalés vers le rouge, ce qui — en termes de cet effet Doppler-Fizeau — signifiait qu'elles devaient toutes s'éloigner de l'observateur terrestre. C'était un phénomène a priori surprenant. Comment l'interpréter ? Fallait-il revenir à une vision anthropocentrique, où notre galaxie aurait occupé une position privilégiée au centre de l'univers, toutes les autres galaxies s'éloignant d'elles ? En outre, ces observations indiquaient que les spectres étaient d'autant plus décalés que les galaxies étaient plus lointaines. Les vitesses de fuite étaient donc d'autant plus grandes que les astres étaient plus éloignés.

Pour comprendre ce phénomène correctement, il fallait revenir à l'avancée théorique majeure qui avait été accomplie, une dizaine d'années auparavant, par la théorie de la relativité générale développée par Einstein. C'est une théorie de la gravitation qui se substitue à l'ancienne vision newtonienne de la gravitation en termes d'attraction universelle. La physique newtonienne, qui a connu des succès remarquables pour expliquer entre autres les lois de la mécanique céleste, est utilisée encore aujourd'hui dans beaucoup de circonstances pour décrire nombre de phénomènes physiques. Elle s'est cependant révélée imparfaite, et il a fallu la remplacer par une théorie meilleure.

Pourquoi la relativité générale sert-elle à faire de la cosmologie ? Parce que l'organisation de l'univers à grande échelle est gouvernée par la gravité, et qu'il faut une théorie de la gravitation pour élaborer un modèle scientifique du cosmos dans son ensemble.

Dans quelle mesure la théorie de la relativité a-t-elle changé la vision que l'on se faisait de l'organisation de l'univers et des fondements mêmes qui le constituent, c'est-à-dire la nature de l'espace, du temps et leur interaction avec la matière ? Avant Einstein, on considérait qu'il existait un espace donné a priori, un espace absolu car indépendant de nous, un espace éternel inscrit dans un temps éternel. Cet espace était décrit par un modèle géométrique dont nous avons tous appris les règles à l'école : la géométrie euclidienne. C'est un espace qui n'a pas de courbure — de sorte que les rayons lumineux se propagent en ligne droite —, et qui s'étend à l'infini.

Dans cette vision d'un espace absolu donné a priori, comment expliquer la gravitation, c'est-à-dire le fait qu'autour d'un corps céleste comme le soleil, qui n'influe pas du tout sur la structure de l'espace, les corps célestes comme les planètes et les comètes ont des trajectoires elliptiques, au lieu d'épouser naturellement la forme de l'espace, c'est-à-dire d'aller en ligne droite ? Newton a dû introduire un concept supplémentaire empêchant les corps de se mouvoir en ligne droite au voisinage des astres massifs. Il s'agit d'une force qui retient les corps : la force d'attraction universelle. La théorie de Newton a très bien fonctionné pour prédire le retour des comètes, calculer l'existence et la position de nouvelles planètes, etc.

Cependant, la théorie newtonienne a montré ses limites, et Einstein a été conduit à proposer une vision radicalement différente sur la nature de l'espace, du temps et de la gravité. Selon la relativité générale, tout corps massif imprime dans son voisinage, c'est-à-dire dans la géométrie même de l'espace et du temps, une courbure. Celle-ci induit une déformation du « tissu élastique » de l'univers qui se visualise par les trajectoires des rayons lumineux. En effet, les rayons lumineux épousent toujours la forme de l'espace. Si ce dernier n'a pas de courbure, ils vont en ligne droite, si l'espace est courbe les rayons lumineux suivent cette courbure. La théorie de la relativité générale prédit en particulier que les rayons lumineux passant au voisinage des astres massifs doivent être déviés de leur trajectoire normalement rectiligne, un phénomène qui a été assez rapidement vérifié en 1919 lors d'une éclipse totale de soleil. La relativité générale permet ainsi d'expliquer les trous noirs, c'est-à-dire l'existence de « puits d'espace-temps » si profonds que la matière et la lumière qui y tombent ne peuvent pas s'en échapper, ainsi que les mirages gravitationnels, c'est-à-dire des illusions d'optique créées par la démultiplication des trajets de la lumière dans un espace courbe.

Que nous dit la cosmologie relativiste, fondée sur cette nouvelle conception de l'espace et du temps ? L'effet prévu et calculé par les équations de la relativité est qu'une distribution uniforme de corps courbe non seulement l'espace, mais provoque également sa dilatation ou sa contraction en chacun de ses points.

La première personne à l'avoir compris, c'est Georges Lemaître [1894-1966]. Einstein, lorsqu'il avait élaboré en 1917 un premier modèle cosmologique fondé sur ses équations, n'avait pas vu cet effet de dilatation temporelle. C'est Lemaître qui, avec le physicien russe Alexandre Friedmann, a compris que la relativité générale prédisait naturellement que l'espace devait être dynamique, et non pas statique, figé. Or, qu'observait-on à l'époque ? Une fuite apparente des galaxies. Selon Lemaître, l'interprétation relativiste de ce phénomène n'est pas que les galaxies s'éloignent de nous par un mouvement propre, mais c'est l'espace contenant les galaxies qui se dilate. Les équations de la relativité donnaient donc une justification théorique à ces observations. Ce fut le début de la cosmologie dite relativiste.

Si l'on considère n'importe quel volume d'espace, il augmente au cours du temps de façon naturelle : c'est l'expansion de l'univers. Si l'on se transportait en pensée sur une autre galaxie pour effectuer les mêmes mesures sur les mouvements des galaxies, on verrait également les galaxies fuir de tous côtés, car l'univers n'a pas de centre ni de bord ; l'espace se dilate en chacun de ses points.

Lemaître, qui avait une vue particulièrement aiguisée des phénomènes cosmologiques, a su reconnaître le fil de l'évolution cosmique. Il a découvert que si l'on remonte le film à l'envers, on arrive au début de l'expansion, c'est-à-dire à une époque où tous les points de l'espace sont séparés par des distances tendant progressivement vers zéro. Georges Lemaître a émis ainsi deux idées révolutionnaires : la première, c'est que ce ne sont pas les galaxies qui fuient autour de nous, mais l'espace qui est partout en expansion ; la deuxième, c'est qu'en extrapolant le film de l'expansion cosmique dans le passé, on tombe nécessairement sur une origine de l'univers, une sorte de point singulier où toutes les séparations spatiales entre les points de l'univers tendent vers zéro. C'est ce qu'on appelle le big-bang.

Ce concept de *naissance de l'espace* (1931) a suscité beaucoup de réticence de la part de la communauté scientifique, au premier rang de celle-ci Albert Einstein, le père de la théorie qui avait permis cette découverte fondamentale. Il s'est très longtemps opposé à cette idée d'origine singulière de l'espace et du temps. C'est pourtant Lemaître qui avait raison.

Quand on résout les équations de la relativité en faisant l'hypothèse d'une distribution uniforme de matière, on découvre des solutions cosmologiques permettant de représenter l'évolution de l'espace au cours du temps. Comme l'espace est courbé de façon uniforme par la distribution elle-même uniforme de matière, sa courbure est partout la même, et il existe seulement trois cas géométriquement possibles : celui où l'espace a une courbure positive, appelé hypersphère ; un autre, plus simple, dans lequel l'espace a une courbure nulle (c'est l'espace euclidien) ; et enfin, un espace courbé négativement, appelé espace hyperbolique.

En ce qui concerne l'aspect temporel, il y a également trois cas de figure : l'un dans lequel, à partir de l'origine singulière de l'univers, l'espace est initialement en expansion, atteint ensuite un rayon d'expansion maximal, puis s'effondre sur lui-même. C'est un modèle d'univers dit fermé, dans lequel l'espace est de volume fini et l'histoire temporelle de cet univers est également finie : elle commence dans un big-bang et s'achève dans un *big-crunch*. Dans les autres cas de figure, on a une expansion perpétuelle, donnant un modèle « ouvert ». Il y a deux possibilités : soit l'expansion se poursuit perpétuellement, mais en ralentissant progressivement, soit l'expansion finit par accélérer au cours du temps.

Ces modèles cosmologiques ont été découverts au début des années trente. Depuis soixante-dix ans, les cosmologistes s'attachent à déterminer dans quel cas de figure l'univers réel se trouve. La problématique de la cosmologie est donc la suivante : nous savons que l'univers est actuellement en expansion, mais quel est son destin futur ? Expansion-contraction, ou bien expansion perpétuelle ? L'autre grande question de la cosmologie concerne la reconstitution du passé, c'est-à-dire la compréhension des événements proches du big-bang.

La relativité générale donne en principe le moyen expérimental de déterminer le destin de l'univers, en mesurant la quantité moyenne de matière et d'énergie présentes dans l'univers. C'est en effet la distribution de matière et d'énergie qui sculpte le tissu élastique de l'espace-temps, qui lui confère sa courbure et sa dynamique, c'est-à-dire son histoire temporelle. Il existe une densité critique, valeur calculée par la théorie, et les propriétés de l'univers changent radicalement selon que la densité réelle se situe en dessus ou en dessous de cette densité critique. Depuis plusieurs décennies, les cosmologistes essaient donc de recenser la quantité d'énergie et de matière dans l'univers, pour savoir dans quel cas de figure nous nous trouvons.

À première vue, on peut commencer par compter les galaxies. L'univers est rempli à profusion de galaxies ; pourtant, lorsqu'on comptabilise tous ces astres visibles détectés avec de puissants télescopes, on obtient une densité de masse cent fois plus faible que la densité critique. En fait, il n'existe évidemment pas que de la matière visible, il existe aussi de la matière invisible, dite sombre. Il y a par exemple des trous noirs, des étoiles trop peu massives pour émettre du rayonnement, de grands nuages d'hydrogène moléculaire froids, etc. L'une des façons de recenser les quantités de matière sombre consiste à analyser ces paysages cosmiques étonnants que sont les « mirages gravitationnels ». Il s'agit d'illusions d'optique cosmiques qui sont engendrées par la courbure de l'espace au voisinage des grandes masses. On peut facilement imaginer une sorte de « lentille gravitationnelle » qui déforme l'espace dans son voisinage et démultiplie les trajets des rayons lumineux venant de l'arrière-plan. Plus la lentille est massive, plus les déformations sont grandes. L'analyse précise de la disposition des images multiples d'un mirage gravitationnel permet donc de déterminer la quantité totale de matière qui compose la lentille.

Ces méthodes permettent de mesurer que dans les amas de galaxies, il y a au moins 30 fois plus de matière sombre que de matière visible ! C'est un changement de perspective étonnant, dans la mesure où l'on a l'impression que l'univers est abondamment peuplé de galaxies lumineuses, alors que celles-ci ne représentent que l'infime « partie émergée de l'iceberg cosmique ».

Les dernières mesures (à partir de 1998) permettent d'affiner la répartition entre les diverses formes de matière et d'énergie. Une nouvelle méthode consiste non pas à recenser la quantité de matière, mais à mesurer directement la géométrie de l'espace. L'espace euclidien, qui n'a pas de courbure, est caractérisé par le fait que la somme des angles d'un triangle est toujours égale à 180°. Au contraire, si un espace est courbé positivement, la somme des angles d'un triangle est supérieure à 180°, et s'il est courbé négativement, la somme des angles est inférieure. Supposons donc que nous puissions mesurer la somme des angles d'un très grand triangle cosmique : si elle s'écarte de 180°, on saura que l'espace physique est soit courbé négativement, soit positivement.

On a effectué de telles mesures, portant sur un gigantesque triangle cosmique d'environ 15 milliards d'années-lumière de côté. Il s'avère d'une part que la géométrie de l'espace n'est pas loin d'être euclidienne, d'autre part que l'univers est en expansion perpétuelle qui s'accélère au cours du temps. Actuellement nous commencerions à mesurer les effets de cette accélération cosmique.

L'une des implications spectaculaires est que, pour que l'univers soit en expansion accélérée, il faut qu'il y ait une contribution particulière à sa densité d'énergie ne se présentant ni sous forme d'étoiles ou de galaxies, ni sous forme de matière atomique sombre, ni même sous forme de particules élémentaires exotiques. Cette contribution particulière, appelée par Lemaître « constante cosmologique », peut s'interpréter physiquement comme « l'énergie du vide ». Elle semble jaillir naturellement des théories modernes sur l'unification des interactions fondamentales. Les mesures cosmiques indiquent que dans l'énergie totale de l'univers, un tiers seulement est occasionné par l'ensemble de toutes les formes de matière, et les deux tiers, c'est-à-dire l'essentiel, sont sous forme d'une énergie « impalpable » qui a pour effet d'accélérer l'expansion de l'espace. La dynamique de l'univers serait ainsi gouvernée, selon les dernières données, par l'énergie du vide !

Maintenant que nous avons une réponse au destin futur de l'univers, passons à la reconstitution de son passé.

L'observation astronomique nous incite tout naturellement à le faire, puisqu'en observant l'univers extrêmement lointain, on plonge dans les profondeurs du passé en raison de la finitude de la vitesse de la lumière. Il existe des galaxies si lointaines qu'elles nous donnent à voir un univers jeune de moins de 1 milliard d'années, au moment où les galaxies étaient en train de se former. Mais peut-on remonter à l'origine même de l'univers, ou du moins au début de son expansion, c'est-à-dire au big-bang ? Selon les différentes mesures qui ont été effectuées, le big-bang est daté d'environ 14 milliards d'années dans le passé.

Il serait idéal d'observer des astres à 10 milliards d'années-lumière, puis à 11 milliards, puis à 12 milliards, etc., pour se rapprocher constamment du big-bang. Mais vous imaginez bien que les galaxies n'existent pas de toute éternité. L'univers n'est pas né avec toutes ses étoiles et toutes ses galaxies déjà formées, il a connu toute une évolution. En tentant d'observer de plus en plus loin dans le passé, il arrive forcément un moment où l'on ne voit pas de galaxies, parce que tout simplement elles n'existaient pas encore !

Jusqu'où porte la reconstitution du passé de l'univers par l'observation astronomique ? Cette reconstitution « directe » permet de retracer une époque où l'univers était jeune de 300 000 ans seulement. Et que voit-on ? La première lumière qui a été émise par l'univers ! Ce rayonnement n'appartient pas au domaine visible, il est dans le domaine des ondes radio, plus précisément celui des micro-ondes ; on l'appelle le « rayonnement de fond cosmologique ». Il baigne l'ensemble de l'espace, et nous parvient de toutes les directions du ciel parce qu'il n'est pas localisé en un point précis de l'espace. Il appartient à notre passé, lorsque l'univers n'avait que 300 000 ans.

La théorie nous apprend qu'auparavant, l'univers était tellement dense qu'il en était opaque. Imaginons-le comme une sorte de soupe primitive, un mélange de particules élémentaires de très haute énergie mêlées à des rayonnements. Cette soupe était tellement dense que les photons — corpuscules de lumière — étaient piégés dans la matière. En se dilatant, au bout de 300 000 ans d'expansion l'univers est devenu subitement transparent, et la première lumière a pu se propager indépendamment de la matière. Ce rayonnement semble provenir d'une grande sphère située aux confins de l'espace observable. Il est l'écho du rayonnement qui a été émis par l'univers lorsqu'il était à très haute température. Ce rayonnement a voyagé dans l'espace et dans le temps et nous parvient aujourd'hui.

La température moyenne de ce rayonnement est connue avec une très grande précision, de l'ordre du 1/100 000 de degré : elle est de 2,73°

sur l'échelle absolue des températures (ce sont les degrés Kelvin), ce qui correspond à - 270° Celsius. La température de l'univers aujourd'hui est assez basse, mais elle est le vestige refroidi d'une époque où l'univers était mille fois plus chaud.

La température du rayonnement de fond est extrêmement uniforme, mais nous l'observons avec une telle sensibilité que nous sommes capables d'en mesurer les très légers excès et déficits. Imaginons une soupe très homogène mais agitée d'infimes frémissements, des « grumeaux » correspondant aux légers excès de densité de la soupe primitive : on voit là les embryons de tout ce qui existe aujourd'hui dans l'univers. En effet, toutes les structures astronomiques, des étoiles aux superamas de galaxies, sont le produit ultime de ces infimes fluctuations initiales, que l'on observe directement dans le rayonnement de fond.

À partir de là, il est possible de reconstituer l'histoire de la matière, visible et invisible, comme si l'on visionnait une succession d'écrans. Au bout d'un milliard d'années, vous imaginez que les grumeaux se condensent, forment les premières galaxies, qui s'associent ensuite en amas de galaxies et en superamas. Toutes les structures de l'univers découlent de cette évolution, notre propre système solaire s'étant formé relativement tard, voici 5 milliards d'années, c'est-à-dire 10 milliards d'années après l'émission du rayonnement de fond.

Voilà les prédictions assez fortes du modèle de big-bang qui permettent de brosser un panorama extrêmement cohérent, et vérifié expérimentalement, jusqu'à une époque aussi reculée que 300 000 ans après le big-bang. Mais, bien évidemment, les cosmologistes espèrent remonter au-delà de ces 300 000 années. Ils n'y accèdent pas directement par le rayonnement électromagnétique, puisque celui-ci ne « sort » pas des 300 000 premières années de l'univers. On utilise donc d'autres techniques pour tenter de reconstituer l'histoire de l'univers primordial, des techniques qui font appel à la physique des hautes énergies, car l'univers primordial était très chaud, très dense, rempli de particules élémentaires. Ces conditions peuvent être reconstituées en laboratoire à l'aide des accélérateurs de particules ; de telles expériences s'effectuent notamment au CERN, où l'on fait entrer en collision des particules à une vitesse proche de la vitesse de la lumière. On recrée alors des énergies extraordinairement élevées, que l'univers primitif est censé avoir connu dans ses premiers instants.

Jusqu'où peut aller la reconstitution de l'univers primitif par ces moyens expérimentaux ? Une première étape est assez bien établie : la nucléosynthèse primordiale. Ce mot signifie simplement la synthèse des premiers noyaux ; il s'agit des noyaux atomiques des éléments dits « légers » : le deutérium (un isotope de l'hydrogène comprenant un proton et un neutron), l'hélium 4 (deux protons et deux neutrons), son isotope l'hélium 3 (deux protons, un neutron), et le lithium. La théorie du big-bang prédit que ces éléments légers ont dû se former à une époque où la température moyenne de l'univers était d'un milliard de degrés, ce qui, sur l'échelle de temps, implique une période de quelques minutes d'expansion. Au bout de ce temps, l'univers s'était déjà refroidi à un milliard de degrés pour former les premiers noyaux des éléments légers. Ceux-ci existent encore aujourd'hui, avec des proportions qui sont le reflet des proportions initiales dans lesquelles ils se sont formés.

Il suffit donc de mesurer dans notre environnement lointain — par la spectroscopie — les proportions d'hélium et de deutérium pour connaître les paramètres de l'univers primordial. L'accord extrêmement bon entre les prédictions du modèle du big-bang et les observations permet de confirmer expérimentalement la validité du modèle jusqu'à l'époque de la nucléosynthèse.

Peut-on remonter plus loin ? Oui, car on peut créer des températures de l'ordre du million de milliards de degrés dans un accélérateur de particules comme celui du CERN. À cette température et à ces énergies, on voit surgir des particules élémentaires qui sont prédites par la physique des hautes énergies. D'une certaine façon, on corrobore ainsi expérimentalement le modèle du big-bang jusqu'à une époque où l'univers était aussi chaud qu'un million de milliards de degrés, c'est-à-dire à un dix milliardième de seconde après le big-bang. Pour l'instant, la vérification expérimentale du big-bang s'arrête là ; on a reconstitué une histoire plausible de l'univers au cours de ses 14 milliards d'années d'existence, à l'exception du premier dix milliardième de seconde !

Pourtant, l'essentiel est contenu dans ce dix milliardième de seconde, parce qu'il ne faut pas raisonner en temps mais en énergie. Quand on s'approche de l'hypothétique « temps zéro », on tend vers une énergie infinie et, par conséquent, on reste infiniment loin du big-bang lui-même. Aujourd'hui, c'est le rôle des théories de la physique des très hautes énergies que de décrire les circonstances dans lesquelles l'espace et le temps auraient pu se former sur des échelles de temps plus brèves qu'un dix milliardième de seconde.

Je vais dire quelques mots sur cette quête de l'infiniment petit et des origines mêmes de l'univers. Pour cela, il faut essayer de comprendre d'une façon unitaire l'ensemble des interactions qui gouvernent l'univers à toutes les échelles : les forces fondamentales. On est alors obligé de faire exploser le cadre physique dans lequel on travaillait précédemment, c'est-à-dire le cadre de la relativité générale et celui de la physique quantique — l'autre pilier de la physique, qui s'intéresse à la structure des particules élémentaires et à leurs interactions.

Les théories unitaires sont en cours de recherche dans les laboratoires. Il y a plusieurs voies d'approche, pour l'instant aucune ne convainc complètement la communauté des physiciens parce que les théories ne sont pas encore achevées. Mais il est intéressant de voir que dans ces nouvelles théories qui permettraient d'expliquer les tout premiers instants de l'univers, il faut encore changer radicalement le paysage d'espace et de temps qui avait été forgé par la relativité. Parmi les nouvelles idées, il y a celle de « l'écume de l'espace-temps » : si vous regardez la surface d'un océan à haute altitude, vous pouvez considérer que c'est une surface relativement lisse ; si vous vous en rapprochez, vous commencez à voir une surface cabossée. Géométriquement, c'est un peu compliqué à décrire, mais cela reste un espace continu. Par contre, si vous êtes à la surface même de l'océan, vous vous apercevez qu'elle est extraordinairement compliquée, non seulement dans l'espace mais aussi dans le temps. L'océan n'est plus d'un seul morceau, des gouttes se détachent, il y a des vagues qui fluctuent en permanence, il y a l'écume. Vous ne pouvez pas faire de prédictions précises, vous ne pouvez faire que des prédictions probabilistes.

C'est une analogie très métaphorique sur la façon dont certains physiciens envisagent la structure intime de l'espace et du temps. Admettons que l'on puisse observer la vraie nature de l'espace et du temps sur des grains d'espace aussi petits que 10-33 cm, une sorte de longueur minimale ; on s'apercevrait que l'espace-temps microscopique est encore beaucoup plus compliqué que l'espace-temps courbe de la relativité générale. Il serait granulaire, complètement quantique, en fluctuation permanente, sur lesquels il serait impossible de faire des prédictions autres que probabilistes. Il faudrait donc élaborer une théorie de la gravitation qui serait quantique, une sorte de couplage entre l'infiniment grand et l'infiniment petit.

On est allé assez loin dans ces théories d'unification. Certaines expliquent que l'espace-temps est fondamentalement instable, et que sur de très courtes échelles de temps, il a tendance à exploser spontanément. Quand je parle de l'espace-temps, ce n'est pas vraiment l'espace-temps qui a tendance à exploser, c'est le vide. J'en reviens au vide dont je parlais tout à l'heure : qu'est-ce que le vide ? Normalement c'est l'absence de toute chose : vous prenez une boîte, vous enlevez les particules et les rayonnements. Dans la physique traditionnelle, il ne reste rien, mais dans la physique quantique, il reste quelque chose : de l'énergie à l'état pur, à son niveau minimal. Cette « énergie du vide » existe bel et bien, elle est prédite par la théorie et elle a été mise en évidence expérimentalement. La physique quantique nous apprend aussi que cette énergie a tendance à fluctuer spontanément.

Ce concept d'énergie du vide, appliqué à l'univers très primitif, suggère que le vide quantique, fondamentalement instable, a tendance à exploser, et que c'est une fluctuation spontanée du vide quantique qui aurait engendré l'univers : l'espace, le temps et la matière. Le vide quantique n'est inscrit ni dans l'espace ni dans le temps. Il est semblable à un océan d'énergie qui bouillonne, avec de grosses fluctuations qui engendrent des univers à part entière. Dans ce schéma, un univers serait une goutte de l'écume du vide. Il n'y aurait pas un seul univers, le nôtre, il y aurait un « multivers », c'est-à-dire une multitude de bulles d'univers toutes jaillies du vide quantique, chaque bulle ayant ses propres lois de la physique et évoluant différemment. Cette théorie soulève évidemment quantité d'interrogations philosophiques et métaphysiques sur la définition de ce qu'est l'univers. S'il n'est plus unique, on peut espérer avoir accès à ces autres bulles d'univers.

Je voudrais maintenant parler de mes dernières recherches, concernant une autre grande question de la cosmologie, une question aussi vieille que le monde qui porte sur la forme globale de l'univers, notamment le fait qu'il soit fini ou infini. Autour de nous, l'espace physique est bien décrit par la mécanique classique et la géométrie euclidienne que nous avons apprises à l'école : l'espace n'a pas de courbure. Au niveau de la relativité générale et de la cosmologie, l'espace acquiert une courbure parce que les corps massifs courbent l'espace-temps. Je viens de décrire très brièvement et de façon très simpliste, un troisième niveau où la structure possible de l'espace-temps a une courbure qui serait fluctuante sur de très petites échelles.

Il y a un quatrième niveau, où l'on envisage cette fois la forme globale de l'espace. La forme globale pourrait être très compliquée par rapport à des aperçus extrêmement locaux ne montrant qu'un tout-petit morceau d'une structure plus vaste. La discipline qui considère la forme globale de l'espace s'appelle « la topologie cosmique ». Elle a été assez longtemps négligée dans l'histoire de la cosmologie. Une des raisons de cet oubli est qu'à l'époque où la cosmologie relativiste s'est développée, la branche mathématique (la topologie) qui considère les formes possibles des espaces était quasiment inexistante. D'autre part, sur le plan observationnel, il n'y avait rien qui puisse indiquer que l'univers dans sa globalité puisse avoir des trous et revêtir des formes bizarres.

Cette discipline a resurgi de ses cendres dans les années quatre-vingt-dix, grâce à des progrès mathématiques importants, et à des observations astronomiques commençant à dévoiler des paysages de l'espace-temps sur des échelles extrêmement grandes. Il y a maintenant dix ans que je travaille sur ce domaine nouveau et tout à fait excitant de la topologie cosmique. Certains modèles dits « d'univers chiffonnés » ont des conséquences extrêmement étranges. Ces modèles entrent tout à fait dans le cadre de la théorie du big-bang, mais ils s'intéressent à la forme même de l'espace. Est-il fini ou infini ? Ceci n'est qu'un aspect très partiel de la question de la forme globale de l'univers car, qu'il soit fini ou infini, il peut revêtir des formes différentes. Le plan euclidien, par exemple, est infini, et l'espace hyperbolique est également infini, pourtant ils ont des formes différentes.

On peut élaborer des modèles où la forme de l'espace est tellement compliquée, froissée, « chiffonnée » (même si la métaphore n'est pas évidente), que cet espace nous plongerait dans une gigantesque illusion d'optique cosmique. Si l'espace est replié sur lui-même, les rayons lumineux épousent tous les plis de l'espace et empruntent plusieurs trajets pour aller d'un point à un autre. On dit que l'espace est multiconnexe, c'est-à-dire que deux points de l'espace sont connectés, non plus par un seul chemin, mais par plusieurs.

Si l'espace est chiffonné, les sources de lumière lointaines sont vues en plusieurs exemplaires. Il ne s'agit plus d'un de ces mirages gravitationnels dont je vous parlais tout à l'heure, mais d'un mirage topologique : c'est la forme même de l'espace qui cause cette illusion d'optique. Chaque source lointaine, chaque galaxie a des images multiples distribuées dans toutes les directions du ciel. Vivant dans un espace de cette nature, on a l'illusion de vivre dans une sorte de cristal cosmique. On a une cellule fondamentale qui représente l'espace réel, avec un nombre réduit de galaxies ; mais on a l'illusion de vivre dans un espace beaucoup plus vaste, constitué de la juxtaposition d'un certain nombre de cellules qui se répètent, nous faisant voir un très grand nombre de galaxies, qui ne seraient que des images fantômes et démultipliées des galaxies originales.

Je peux donner une image assez simpliste et cependant frappante : celle d'une pièce fermée qui représente la forme de l'espace. Le Bon Dieu dit à un astronome : « Je vais te faire entrer dans cette pièce et tu vas me dire quelle en est la forme ». L'astronome pénètre dans la pièce qui est totalement noire, il demande à ce qu'elle soit éclairée parce que ce n'est que par l'analyse des rayons lumineux qu'il va pouvoir déterminer la forme de la pièce. Le Bon Dieu allume trois bougies, mais ce qu'il n'a pas dit à l'astronome, c'est que la pièce est entièrement tapissée de miroirs. L'astronome ne voit pas trois bougies mais des milliers, apparemment réparties dans un espace extrêmement grand. Il est en fait plongé dans une illusion d'optique, incapable de faire la part entre les bougies réelles et leurs multiples images fantômes ; il croit qu'il est dans un espace euclidien infini. Il est en fait dans un espace beaucoup plus petit, mais dont la structure démultiplie les trajets des rayons lumineux.

L'analogie est très simpliste car il ne faut pas croire que l'espace, s'il est chiffonné, possède des parois et des miroirs réfléchissants ; il n'a pas de bord ni de limite, mais sa topologie est telle que les rayons lumineux sont démultipliés comme dans un grand jeu de miroirs cosmique. Ces modèles d'univers chiffonnés ont été mis à l'épreuve des observations. On n'a pas encore de preuve directe que l'univers est chiffonné, mais on n'a pas non plus de preuve qu'il ne l'est pas. On a seulement des contraintes observationnelles sur la taille possible de l'univers. L'univers est peut-être chiffonné, mais il ne peut l'être sur une échelle trop petite, sinon on verrait des images fantômes de galaxies reconnaissables, ce qui n'a pas été observé. Cependant, il pourrait être aussi petit que 5 milliards d'années-lumière, ce qui, à notre échelle, est un grand espace, mais cependant plus petit que l'espace observé, puisque le rayon de l'univers observable dépasse 15 milliards d'années-lumière. Cependant l'univers observable n'eſt que l'univers des apparences, tissé par les rayons lumineux ; et si l'espace eſt multiconnexe, l'espace des apparences eſt différent de l'espace réel parce que les trajets des rayons lumineux sont démultipliés.

Si l'espace physique eſt aussi petit que 5 milliards d'années-lumière, des galaxies extrêmement lointaines comme les quasars ne seraient pas des originaux mais des images fantômes de galaxies qui seraient plus proches, situées dans d'autres directions du ciel et à d'autres époques de leur hiſtoire.

Pour teſter ces modèles d'univers chiffonnés, il y a plusieurs méthodes. Certaines ont été développées avec mon équipe, comme par exemple les méthodes de criſtallographie cosmique. On analyse la diſtribution des objets lointains (galaxies, amas, etc.), et si l'espace eſt chiffonné, on doit trouver certaines corrélations de diſtances entre les galaxies, comme dans un criſtal où les atomes sont répartis non pas uniformément mais selon un canevas précis. Une autre méthode eſt aussi prometteuse, sinon plus ; elle va sans doute donner des résultats prochainement. J'en reviens au rayonnement de fond cosmologique. Il y a actuellement un satellite en orbite, appelé MAP, qui mesure avec un très grand détail les fluctuations de température : si l'univers réel eſt plus petit que l'univers apparent, on devrait en principe voir des corrélations de température dans ces cartes[1].

Il faudra sûrement plusieurs années pour les analyser mais, dans l'avenir proche, on aura sans doute les moyens expérimentaux pour vérifier cette hypothèse apparemment assez surprenante. Elle s'intègre complètement et naturellement dans le cours de l'évolution des idées en cosmologie relativiſte, puisqu'on ne fait qu'appliquer au modèle de big-bang, assez bien établi, des modèles mathématiques parfaitement cohérents sur les formes possibles de l'espace.

[1] Les données du satellite MAP, analysées en 2003, appuient de façon spectaculaire un modèle précis d'espace chiffonné, dont la cellule fondamentale aurait la forme d'un dodécaèdre sphérique. Ce travail de l'auteur et de son équipe ont fait la une de la célèbre revue *Nature* en octobre 2003. À lire : LUMINET, Jean-Pierre, *L'Univers chiffonné*, Paris, Fayard, 2001. LUMINET, Jean-Pierre, *L'Invention du big-bang*, Paris, Le Seuil, 2004.

Cela constitue l'objectif de ma recherche depuis quelques années. Pour récapituler, j'ai tenté de brosser avec vous un panorama, bien que très incomplet et très partiel, de la cosmologie et de quelques-unes de ses grandes questions.

— Celle du destin futur de l'univers, qui semble résolue par les observations récentes ; nous serions dans un univers en expansion perpétuelle accélérée, avec une implication fondamentale : la contribution majeure à l'énergie cosmique, qui gouverne la structure et l'évolution de l'univers, proviendrait du vide quantique.

— Celle de la reconstitution du passé très lointain de l'univers, avec tout un ensemble de pistes de recherches pour essayer de comprendre toutes les interactions fondamentales dans un schéma unifié, avec une autre implication révolutionnaire : l'espace serait granulaire, ou posséderait des dimensions supplémentaires.

— Celle de la forme globale de l'espace : est-ce que l'espace observé est différent de l'espace réel, dans la mesure où ce dernier pourrait être chiffonné et nous plonger dans une illusion d'optique ?

Voilà quelques-unes des grandes questions de la cosmologie, dont certaines ont reçu une réponse partielle, et d'autres font encore l'objet de recherches ardues et passionnantes, qui se poursuivront pendant de nombreuses années.

Comment les physiciens expliquent-ils le monde ?

SAVOIRS À L'ŒUVRE

SAVOIRS À L'ŒUVRE / SAVOIRS À L'ŒUVRE / SAVOIRS À L'ŒUVRE / SAVOIRS À L'ŒUVRE / SAVOIRS À L'ŒUVRE / SAVOIRS À L'ŒUVRE / SAVOIRS À L'ŒUVRE / SAVOIRS À L'ŒUVRE

Pablo Jensen

La question que je veux aborder — comment les physiciens comprennent-ils le monde ? — est une question qui a certes un intérêt philosophique et intellectuel mais c'est également une question qui a un intérêt politique puisque le point de vue de la physique et des sciences en général est maintenant présent partout dans le monde, non seulement culturellement mais aussi par le biais des objets techniques. Nous allons voir que le savoir des physiciens est comme cet ordinateur qui ne marche pas, un savoir presque magique, qu'on connaît de manière très fragmentaire et sur lequel on a peu de prise intuitivement. J'ai lu dernièrement le roman de Kundera, qui s'intitule *L'Immortalité* où il parle de sa grand-mère et où il dit : « La réalité a cessé de représenter ce qu'elle représentait pour ma grand-mère qui vivait dans un village moldave et savait tout par expérience : comment on cuit le pain, comment on bâtit une maison, comment on tue le cochon et comment on en fait de la viande fumée, avec quoi on confectionne les édredons, ce que monsieur le curé pensait du monde et ce que pensait monsieur l'instituteur... elle tenait pour ainsi dire la réalité sous son contrôle personnel[1]. » Il se pose ici la question de la différence avec le monde où nous vivons cent ans après, où nous sommes entourés d'objets qui sont des boîtes noires que nous maîtrisons très peu.

Cette question est abstraite et générale, et pour en parler de manière valable, il me semble qu'il faut partir d'exemples concrets, de faits expérimentaux. Je vais prendre l'exemple de la physique de la matière puisque je suis physicien de la matière.

Pour comprendre cette spécificité du regard du physicien, je voudrais partir de deux constats : le premier est que l'histoire de l'homme et de la matière est très longue, puisque les historiens ont choisi les noms des différentes civilisations d'après les noms des matériaux qu'elles ont pu maîtriser. On parle de l'âge de pierre, de bronze ou de fer. Ce sont les témoignages que les différentes civilisations ont laissés, des civilisations qui ont pu maîtriser progressivement des matériaux. On oublie d'ailleurs souvent dans cette description des âges, le bois, or on devrait commencer par là. C'est cette première matière que l'homme préhistorique a dominée puisque c'était un matériau disponible, qu'il n'avait pas à transformer. C'est un matériau qui a aussi donné le nom de matière qui vient du latin *materia* qui a un rapport avec *mater* (la mère). Ce mot désignait la substance dont est fait le tronc de l'arbre qui s'appelait ainsi parce que c'est la mère de toutes les branches et de tous les rejetons de l'arbre, mais c'est aussi la substance la plus utile et par extension notre matière. Il y a donc un lien entre le premier matériau qui a été contrôlé et maîtrisé par les hommes et le nom qu'on utilise toujours en physique de la matière.

C'est donc une histoire millénaire qu'il y a entre l'homme et la matière. Pourtant la physique de la matière n'existe que depuis cinquante ans. Il y a un décalage énorme entre le commerce, dans tous les sens du terme, que les hommes ont eu avec la matière et la naissance d'une science au sens moderne de la matière, qui est très jeune. Même à l'échelle de la science moderne, qui a à peu près quatre cents ans, la physique de la matière est une science très jeune qui a mis longtemps à se développer, d'où la première question : pourquoi a-t-il fallu aussi longtemps pour aboutir à une science de la matière ?

Le deuxième constat est que la science de la matière est difficile. Elle doit expliquer des choses très quotidiennes qui semblent complètement banales ou évidentes comme un glaçon qui fond dans l'eau ou encore l'eau qui gèle : pourquoi l'eau se solidifie-t-elle à une certaine température et forme des glaçons ? Pourquoi à une autre

[1] Kundera, Milan, *L'immortalité* [1990], Paris, Gallimard, 1993.

température, l'eau va t-elle s'évaporer ? Pourquoi eſt-ce qu'une clé qui tombe, ne va pas casser alors que si un verre tombe, il risque de casser ? Les deux matériaux ont l'air à peu près aussi dur l'un que l'autre mais l'un eſt cassant et l'autre pas. Une petite cuillère eſt déformable alors que le verre n'eſt pas déformable : pourquoi ? On peut imaginer aussi d'autres subſtances qui vont au-delà de cette trilogie, que nous avons tous appris à l'école, les états solides, liquides et gazeux. On prend toujours l'eau comme exemple : la glace, l'eau et la vapeur.

La graisse par exemple eſt solide. Si vous la chauffez, elle donne un liquide un peu visqueux mais si vous continuez à la chauffer — et là, on sort complètement des cours d'école — on n'obtient plus du tout une vapeur mais une matière qui noircit et qui brûle : pourquoi eſt-ce que les subſtances se comportent de cette manière imprévue et qui dépasse tout ce qu'on a appris à l'école ?

On peut se dire que ces phénomènes sont très banals — que la graisse n'eſt pas digne des physiciens qui sont dans des sphères beaucoup plus savantes comme le big-bang, l'aſtrophysique, les particules élémentaires. Pourtant, la physique de la matière eſt vraiment une physique de pointe. Dans *Nature*, l'une des revues scientifiques les plus preſtigieuses, a été publié, il y a quelques mois, un article essayant de comprendre pourquoi l'eau congèle à zéro degré. On comprend que les liquides puissent devenir solides à une certaine température — qu'on ne connaît pas de façon précise — mais le phénomène physique n'eſt toujours pas bien compris.

En ce qui concerne la cassure de certains objets, le fait que le verre casse et que les métaux ne cassent pas, nous avons quelques réponses générales mais on n'a pas de théorie parfaite sur le sujet. Le domaine des graisses et des matières organiques eſt en pleine effervescence dans la physique et le domaine de la matière molle a valu le Prix Nobel à un Français, Pierre Gilles de Gennes, en 1986. Ce sont des subſtances très familières mais très difficiles à expliquer : le dentifrice eſt-il un solide ou un liquide ? Il n'eſt pas vraiment un liquide parce qu'il ne coule pas.

Pourtant, dès qu'on appuie un peu, il commence à couler. Il y a beaucoup de substances quotidiennes qui ont des propriétés bizarres, qui sont étudiées par les physiciens actuellement et qui ne sont pas évidentes à comprendre.

Pourquoi est-ce que la physique de la matière a mis aussi longtemps à naître et pourquoi une science des objets si quotidiens et si banals est-elle si difficile ?

Il faut essayer de comprendre le point de vue des physiciens sur la matière et les outils qu'ils ont développés. Comment un physicien va-t-il expliquer un phénomène ? Quelle sera l'explication satisfaisante pour un physicien ? Une fois qu'on aura compris le point de vue du physicien sur la matière, il faudra comprendre les succès de cette approche et les limites de l'approche physicienne de la matière.

Pour essayer de remonter à la vision physicienne du monde, il faut remonter à la naissance de la science moderne : il y a quatre cents ans en Toscane. Galilée, au moment où la Renaissance éclot en Europe, est censé être le champion de cette science moderne, qui se distingue de la tradition scolastique d'Aristote et de la vision religieuse, au moins dans un cliché de l'histoire des sciences où Galilée va être le premier à dire qu'il ne faut pas se contenter de regarder dans les livres d'Aristote, qu'il faut aller observer la nature, avoir une observation méticuleuse et sans a priori bibliques. À partir de cette observation, on va pouvoir déduire des lois de la nature et c'est ce qui constitue la méthode scientifique.

On rapporte souvent une anecdote que l'on retrouve dans beaucoup d'histoires de la physique pour physiciens. Galilée est à la cathédrale de Pise ; ennuyé par le sermon du prêtre, il regarde dans tous les sens et voit le lustre très connu qui oscille parfois très peu et parfois avec une grande amplitude. Il commence alors à compter le temps que met ce lustre, comme une sorte de pendule, pour faire un aller/retour, en se servant de son pouls. Il se rend compte de quelque chose d'assez incroyable : il voit que parfois le lustre oscille beaucoup et parfois peu mais que cela prend le même temps.

Cette anecdote, qui est censée résumer l'esprit des sciences modernes, est complètement apocryphe. Elle est entièrement inventée puisque le lustre de la cathédrale de Pise a été installé bien après l'époque de Galilée. C'est une histoire inventée pour symboliser quelque chose, mais elle est fausse et l'on se rend compte aussi que cette vision, selon laquelle il suffirait d'observer la nature pour en déduire des lois, ne tient pas. Léonard de Vinci, par exemple, avait essayé d'étudier le mouvement du pendule parce que les gens voulaient faire des horloges. Si vous trouvez un système qui mesure le temps de manière constante, vous pouvez faire des horloges et, à cette époque, cela était très important pour la navigation. Beaucoup de gens avaient étudié les oscillations des pendules mais personne n'avait trouvé cette loi.

Les gens disaient à Galilée qu'il fallait être raisonnable et admettre son erreur et lui répondait que le pendule qu'ils employaient avait des frottements avec l'air mais que si toutes ces imperfections étaient enlevées, tout marcherait. Tout ceci montre que Galilée avait fait des calculs mathématiques et prédit dans ses calculs que le pendule devait osciller toujours de la même manière. Il avait foi dans ceux-ci et prétendait que l'écart avec les calculs n'était pas important. Il avait fait une bête erreur de calcul qui invalidait totalement son raisonnement mais cela montre que Galilée n'observait pas la nature de manière objective. Il avait vraiment un a priori qui s'est révélé très fécond : le monde est mathématique, il doit obéir à des lois mathématiques, il faut appliquer les mathématiques pour comprendre le monde et c'est ce qui va fonder la science moderne.

Pourquoi faut-il appliquer les mathématiques ? Galilée a donné une raison qui est bien connue dans une phrase de *L'Essayeur* : « La philosophie est écrite dans ce livre gigantesque qui est continuellement ouvert à nos yeux, je parle de l'univers, mais on ne peut pas le comprendre si d'abord on n'apprend pas à comprendre la langue et à connaître les caractères dans lesquels il est écrit[2] ». Il ajoute : « Ce livre est écrit en langage mathématique et les caractères qui composent

[2] Galilée, *L'Essayeur*, Paris, Les Belles Lettres, 1979.

l'univers sont les triangles, les cercles et d'autres figures géométriques sans lesquelles, il est impossible d'y comprendre un mot. Dépourvu de ces moyens, on erre vainement dans un labyrinthe obscur».

Un autre grand penseur a repris cette image, c'est Walt Disney qui a fait un petit film où l'on voit Donald se promener dans un monde fait de chiffres, un monde totalement mathématique. C'est une belle image de dire que le monde est profondément mathématique. Si on avait les bons yeux, si on savait bien lire, le monde serait mathématique et il faut donc essayer de comprendre le monde dans ces termes. L'argument est joli et Galilée le défend bien, mais il n'est pas très convaincant, personne ne sait vraiment de quoi est profondément fait l'univers.

Galilée est un homme très habile, sachant très bien argumenter, et je vous encourage à lire ses ouvrages originaux qui ont à peu près quatre cents ans mais qui se lisent de manière assez facile. Ce sont des ouvrages assez modernes. Il est le fondateur de cette science et il est obligé de défendre son point de vue et de donner de bons arguments à une société qui lui est hostile. Et l'argument vraiment convaincant qui va fonder les sciences modernes est que les mathématiques sont un savoir parfait. Galilée prend une image qui est très belle : « Les hommes savent planter un sarment de vigne mais Dieu sait faire pousser les racines, puiser la nourriture, en tirer et en distinguer les éléments propres à former les feuilles, les vrilles, les grappes, les grains et les pépins». Il veut dire que nous avons tous une connaissance un peu intuitive du monde mais Dieu, lui, la maîtrise, il a une connaissance du monde infiniment supérieure à la nôtre et sait exactement comment faire pousser les plantes.

Galilée ajoute : « Notre connaissance du monde est infiniment inférieure à celle de Dieu mais il est un domaine où notre connaissance du monde est aussi parfaite que la Sienne. En ce qui concerne les propositions géométriques, on en comprend quelques-unes aussi parfaitement et on a une certitude aussi absolue que Dieu lui-même». Dieu connaît toutes les mathématiques alors que nous n'en connaissons que quelques propositions mais dont nous sommes sûrs, comme un plus un fait deux, que la somme des angles d'un triangle fait cent quatre-vingt degrés, que la circonférence d'un cercle c'est π fois son diamètre. « Les mathématiques permettent de fonder un savoir véritablement sûr et incontestable parce que c'est un savoir comparable à celui de Dieu », disait Galilée, mais on peut dire aujourd'hui que c'est un savoir parfait et garder le même argument.

L'idée de Galilée va être de dire que si nous voulons avoir un savoir sur la nature qui soit aussi parfait que celui des mathématiques, il faut essayer d'étendre ce mode de raisonnement. Pour un physicien, comprendre, ce sera désormais transformer un fait physique en un problème mathématique puis le résoudre en utilisant les outils mathématiques. Dans le monde, on a beaucoup de phénomènes très compliqués, des controverses, mais si on arrivait à transformer un problème donné en un problème mathématique, on aurait une connaissance parfaite et une argumentation incontestable. Nous aurions un savoir parfait. C'est plus facile à dire qu'à faire, mais Galilée va l'énoncer et l'appliquer, et c'est ce qui fait la révolution, dans les domaines du mouvement, de l'isochronisme des pendules et des trajectoires des objets. Il va être le premier à démontrer que la trajectoire d'un objet qui est jeté a une forme parabolique. Il va aussi montrer que lorsqu'on lâche un objet, la distance qu'il parcourt en fonction du temps varie comme le carré du temps.

Comment s'y est-il pris concrètement pour transformer un fait physique en un problème mathématique ? Il s'y prend par idéalisation : il choisit un phénomène physique, l'idéalise pour ne garder que les paramètres, les grandeurs qui se prêtent à cette mathématisation. Je vais prendre un exemple concret concernant la chute des objets. Depuis des dizaines d'années avant Galilée, les gens ont essayé de comprendre comment tombent les objets, pourquoi ils tombent quand on les lâche. C'est un fait physique élémentaire, mais comment peut-on décrire ce mouvement et comprendre ? Pour Galilée, il faut arriver à transformer ce fait physique en un problème mathématique et il va trouver une astuce révolutionnaire : construire un plan incliné. Maintenant on peut le faire en travaux pratiques à l'école et c'est assez ennuyeux mais, à l'époque, c'était révolutionnaire.

Pourquoi est-ce important d'étudier le mouvement des corps sur un plan incliné ? Si vous laissez tomber un objet, il tombe tellement vite que vous ne voyez pas ce qui se passe, vous êtes dominé par le phénomène qui se passe trop vite pour vos sens. Le fait de faire rouler des boules sur un plan incliné permet de ralentir le phénomène et alors on peut mieux observer ce qui se passe.

Par ailleurs, vous transformez l'espace en un espace mathématique : il y a des paramètres qui sont la hauteur du plan et la longueur sur laquelle les boules vont tomber, qu'on peut mathématiser facilement. Surtout, il faut faire en sorte que ce plan incliné soit très lisse et que les boules soient très dures et très lisses pour minimiser le frottement parce que Galilée ne sait pas mathématiser le frottement entre la boule et le plan, frottement qui dépend de la texture des matériaux. Il ne sait mathématiser qu'une position de la boule en fonction du temps. Il va, grâce à ce plan incliné, laisser glisser les billes et va pouvoir décrire le mouvement par des équations. Ainsi, il va percer un seau, peser la quantité d'eau qui est tombée pendant le mouvement et dire que l'eau tombe proportionnellement au temps, que le débit est constant et s'il pèse son eau il sait combien de temps se sera passé et, par de tels artifices, il convertit toutes les variables en variables mathématiques.

La bibliothèque de Florence a mis sur internet les manuscrits de Galilée. C'est très émouvant parce qu'on voit pour la première fois quelqu'un qui a fait un monde en papier : un monde mathématique sur un problème physique. On voit des trajectoires où Galilée a mis des chiffres, et il a écrit à côté : « ça devrait faire tant ». C'était un énorme pari puisque les Aristotéliciens disaient qu'essayer d'utiliser les mathématiques pour décrire le monde réel est absurde. Intuitivement, nous avons tous ce réflexe. Quand on regarde le monde, on s'aperçoit qu'il est loin d'être mathématique. Les Aristotéliciens disaient que les mathématiques parlent d'objets parfaits, de sphères infiniment dures qui n'existent pas dans la réalité. Il eﬆ complètement vain de vouloir appliquer le monde idéal des mathématiques au monde réel.

Galilée, grâce à ce plan incliné — qui eﬆ l'embryon de ce qu'on connaît toujours aujourd'hui, qui eﬆ l'embryon du laboratoire —, a réussi pour la première fois à mathématiser un phénomène physique relativement simple, la chute d'un objet. L'importance de ce plan incliné eﬆ que c'eﬆ le premier exemple de laboratoire. Qu'eﬆ-ce que le laboratoire ? C'eﬆ un pont entre le monde mathématique, qui eﬆ un monde idéal, parfait, où l'on eﬆ sûr de toutes les choses, où l'on avance de manière contrôlée, et le monde réel. C'eﬆ un enfer pour beaucoup de chercheurs, mais un paradis pour ceux qui s'y sentent bien parce qu'ils sont certains de ce qu'ils avancent. Il y a ce paradis d'un certain côté et le monde réel d'un autre côté et le laboratoire permet de faire le pont entre les deux et d'essayer d'appliquer les mathématiques au monde réel.

Comment Galilée l'a-t-il fait ? Je rappelle qu'il a utilisé des boules sur des plans inclinés en simplifiant le plus possible les phénomènes et en évitant tous ceux qui pouvaient l'ennuyer comme les frottements, qu'il ne savait pas mathématiser, et en oubliant tous les mouvements qu'il ne savait pas aborder. On sait bien, par exemple, qu'on peut lâcher des objets et qu'ils tombent. Mais les oiseaux, les chevaux et les hommes ont aussi un mouvement et Galilée eﬆ incapable de dire quoi que ce soit sur ces mouvements. Le laboratoire eﬆ l'endroit où l'on va choisir un certain nombre de phénomènes et où on va les idéaliser, où on va pouvoir faire des calculs et appliquer les mathématiques sur ces phénomènes idéaux et les expliquer dans le sens de Galilée.

Une fois qu'on aura bâti ce savoir sûr sur les phénomènes idéaux, on va essayer d'appliquer ces résultats au monde réel puisque le but de la physique eﬆ de revenir dans le monde réel. Galilée, par exemple, proposera de faire des horloges grâce à l'isochronisme des oscillations du pendule. Il pense que puisqu'il a découvert cette loi, il va pouvoir faire des horloges mais il s'eﬆ trompé. C'eﬆ quelqu'un d'autre qui fera des meilleurs calculs une vingtaine d'années plus tard. Il va proposer aux princes, qui sont plus sensibilisés par les canons et le mouvement des boulets de canons, d'intéresser les militaires. Toutes les applications qu'il va trouver vont cependant avoir des limites, liées au fait qu'il ne sait pas prendre en compte le frottement. Lorsque je lance un boulet de canon, il va très vite, ce qui entraîne beaucoup de frottement avec l'air. Son savoir est donc sûr mais limité.

Par ailleurs, le passage par le laboratoire éloigne du savoir commun. Pour Galilée, un objet, lâché dans son monde idéal, ne s'arrête jamais. C'est le premier principe en mécanique : un objet continue dans son mouvement indéfiniment ce qui est normal dans un monde où il n'y a pas de frottement. Mais, dans notre savoir commun, c'est complètement absurde car nous savons qu'il faut pousser un objet pour continuer à le faire avancer. Là commence un divorce entre nos perceptions communes, notre intuition du monde qui intègre le monde réel de manière imparfaite et le savoir savant qui va se placer dans des cas spéciaux qui l'arrangent pour mathématiser mais qui sont artificiels.

S'il n'y avait eu que la chute des corps de Galilée, ce mouvement de mathématisation n'aurait pas continué longtemps. Mais une cinquantaine d'années plus tard, Newton parvient à mathématiser, non pas le mouvement d'une petite boule qui tombe, mais le système solaire entier. Newton, avec la loi de la gravitation universelle, en s'appuyant sur des observations très précises qui ont été faites un peu avant lui, va réussir à mathématiser le système solaire. Il remplace les planètes par un petit point mathématique qui a une seule caractéristique : la masse de l'objet et la distance aux autres planètes. Il écrit que la force entre deux planètes va être proportionnelle au produit des masses et inversement proportionnelle au carré de la distance qui les sépare.

Puis il dit que le mouvement des planètes va être relié à cette force et que l'accélération va être la force divisée par la masse. Je suis revenu à un problème mathématique. J'avais des planètes dans le ciel, difficiles à décrire, comme le mouvement de Mars. Newton dit que chaque planète n'est qu'un point mathématique avec une caractéristique, sa masse, et une force qu'il relie au mouvement en déroulant des équations. À l'époque, Newton n'avait pas les outils mathématiques pour le faire facilement mais il est parvenu à calculer les trajectoires des planètes et à dire de son bureau la place de Mars dix ans plus tard. Ces prédictions étaient parfaitement exactes et ce fut la deuxième mathématisation réussie d'un phénomène physique qui a beaucoup impressionné. Cent cinquante ans plus tard, on s'est aperçu que la dernière planète connue, Uranus, ne suivait pas les équations de Newton. Les gens ont commencé à se poser la question de la justesse des équations de Newton. Certains ont avancé l'hypothèse que les équations de Newton étaient bonnes mais qu'il y avait une planète que personne n'avait jamais vue qui attirait Uranus et perturbait son mouvement.

Il y avait une planète que personne ne connaissait et, en utilisant les équations, on a prédit l'existence d'une planète avec une certaine masse, une certaine position. On a dit aux astronomes de regarder dans cette portion du ciel pour voir s'il y avait ou non une planète et c'est ainsi qu'on a découvert Neptune. Quelqu'un dans un petit bureau, avec un bout de crayon et un bout de papier a pu prédire l'existence d'une planète inconnue de tous, à des milliards de kilomètres. Naturellement, on a pensé que la méthode d'appliquer ce savoir absolu que sont les mathématiques au monde, était vraiment intéressante et on a essayé de l'étendre à toutes les connaissances. C'est ainsi qu'on a essayé de l'étendre — et c'est là que j'arrive à la physique de la matière et à toutes ces propriétés de matières quotidiennes dont je vous ai parlé.

Pouvait-on faire la même chose pour la matière qui est beaucoup plus compliquée que la simple chute d'un objet ? Elle a des comportements très riches — et je n'ai pas parlé de la matière vivante ! Nous sommes de la matière et nous avons des comportements relativement complexes ; alors peut-on imaginer en faire une description avec les mathématiques ? Le pari est encore ouvert. Dès 1700, juste après la gravitation universelle, Newton va donner le principe de base pour essayer de mathématiser la matière et c'est l'approche qu'on utilise encore.

Que dit Newton ? « Il m'apparaît très vraisemblable que la matière eſt faite de petites particules, parfaitement solides ». La raison qu'il en donne eſt qu'aucun homme n'eſt capable de détruire ce que Dieu a fait lui-même. Il a fait la matière avec de petites billes très dures, incassables pour l'homme, qui vont s'attirer et éventuellement se repousser avec certaines forces, qu'on ne connaît pas encore mais qu'on va essayer de trouver. Le but de la physique de la matière va être de trouver ces petites billes qui ressembleraient idéalement à de petits points mathématiques comme une planète. Il faut essayer de trouver l'équivalent d'une planète pour la matière, une petite particule très ſtable et tenter de trouver ces forces. Une fois que tout ceci sera fait, on pourra comprendre les propriétés de la matière, comme on a compris l'évolution du syſtème solaire.

Ce n'eſt pas un hasard si Newton l'a proposé, puisqu'il y a une analogie évidente entre cette image de petites billes qui s'attirent et se repoussent par des forces, et le syſtème solaire. On pourrait se dire que Newton a trouvé la gravitation et qu'il a essayé d'appliquer son idée fixe à la matière. Apparemment c'eſt plutôt le contraire. Newton a passé beaucoup plus de temps à faire de l'alchimie que de la science, dans le sens moderne du terme, et son idée de gravitation eſt venue de sa vision alchimiſte de la matière comme étant faite de petites billes qui s'attirent et se repoussent. Newton avait donné le programme : trouver ces petites billes puis les forces et ensuite calculer la matière.

Qu'eſt devenu ce programme newtonien ? Il a fallu près de deux siècles pour qu'en 1900 les scientifiques soient presque tous d'accord pour dire que les atomes exiſtent, qu'il y a des petites billes — qui ressemblent à ce que disait Newton — dans la matière. On a essayé de casser la matière de toutes les manières possibles, en la brûlant, en la mettant sous éleƈtrolyse et ce qui résiſte à toutes ces cassures, ces agressions, ce sont les atomes.

Le problème eſt qu'on s'eſt rendu compte que ces particules très ſtables sont très petites. Un atome fait un dix milliardième de mètre. Il y a une image qui montre qu'on n'a aucune intuition : imaginez une petite bille (d'un centimètre), elle est faite d'atomes, supposez que vous prenez tous les atomes qui sont à l'intérieur de cette bille, enroulés d'une certaine manière et dépliez le collier d'atomes. Si vous dépliez tous les atomes qui sont à l'intérieur de ce centimètre cube, la longueur du collier serait de mille fois la distance de la terre au soleil.

Ces particules sont très petites et en plus elles ne sont pas parfaitement géométriques. Ce n'est pas vraiment le point matériel dont rêvait Newton, avec un seul paramètre qui serait la masse. On s'est aperçu qu'il y en avait quatre-vingt dix sortes différentes, qu'il y avait des atomes de fer, de silicium, d'hydrogène, etc., ce qui compliquait les choses, et que ces billes n'étaient pas complètement stables puisqu'elles pouvaient disparaître par radioactivité, transmuter et qu'à «l'intérieur» il y avait des noyaux, des électrons. On savait les casser.

Le programme newtonien au niveau des particules a relativement bien réussi. On a trouvé de petites particules qui ressemblent à des billes dures. Newton disait qu'il fallait trouver les forces par lesquelles ces particules s'attirent et se repoussent. On s'est aperçu qu'elles étaient bien plus complexes que les forces gravitationnelles qu'il y a entre deux planètes dont j'ai donné la formule tout à l'heure. On ne connaît pas encore très bien les forces entre les petites billes à l'heure actuelle, sauf qu'elles sont d'origine quantique (on entre là dans des domaines très complexes). Ce sont des forces qu'on ne sait pas encore décrire analytiquement et, même avec les meilleurs ordinateurs, on a du mal à les calculer.

Prenez deux atomes a priori très proches : l'aluminium et le silicium, le premier ayant une masse de treize, le second de quatorze. On pourrait dire que ce sont des atomes qui se ressemblent et pourtant les forces sont complètement différentes. Les atomes d'aluminium ont des forces qui font qu'il est un métal et les atomes de silicium donnent un semiconducteur. Ce sont donc des atomes qui n'ont strictement rien à voir alors qu'ils semblent très proches. Les forces entre les atomes sont vraiment très complexes et on est loin de ce que voulait Newton, des petites billes avec des forces comme un système solaire.

Quel va être le réflexe des physiciens qui vont voir ceci ? Ils vont se dire qu'il faut vraiment arriver à trouver une formule mathématique et ils vont refaire la même chose pour les atomes. On a divisé la matière en petites billes plus ou moins mathématiques, on s'est aperçu que ce n'est pas aussi mathématique qu'il y paraissait alors on va refaire la même chose et on va dire que les atomes doivent être faits de petites billes qui vont être plus mathématiques : les électrons, les noyaux, les protons. Maintenant nous en sommes aux quarks qui sont les plus mathématiques qu'on connaisse mais on s'éloigne de plus en plus de nos intuitions.

Je vous rappelle que le programme newtonien est d'essayer de trouver ces particules et ces forces. Arrive-t-on vraiment à comprendre la matière grâce à ce savoir mathématique ? Lorsque vous tordez une petite cuillère, imaginez qu'il y a tellement d'atomes que dès que vous modifiez le matériau, les atomes bougent dans tous les sens et avec des mouvements compliqués ; c'est une sorte de labyrinthe complètement inextricable, pour lequel on n'a pas encore trouvé de fil d'Ariane. Le système solaire comprend six, sept planètes mais imaginez un système solaire avec dix puissance vingt-trois planètes qui bougent avec des forces bien plus compliquées que la gravitation ! Même avec les plus puissants ordinateurs on ne sait pas résoudre ce problème…

En 1930, la mécanique quantique est en train de se mettre en place, les atomes sont déjà connus, et on commence à avoir quelques idées. L'un des grands de la mécanique quantique, Wolfgang Pauli, qui sera Prix Nobel, dit à propos de la physique de la matière encore en gestation : « La physique des matériaux est d'une saleté dégoûtante et les bons physiciens ne devraient pas se vautrer dans la crasse ». Il dit à un étudiant de ne surtout pas entrer dans ce domaine qui est vraiment d'une saleté repoussante, de rester plutôt dans des domaines plus nobles comme la physique des particules. Il parle d'une physique de la matière où les physiciens se perdent. Quand j'ai fait mes études de physique nous n'étions pas censés faire de la physique de la matière, ce n'était pas très noble ; il fallait aller en physique des particules, autrement c'était gaspiller son intelligence. La physique de la matière c'était bon pour les ingénieurs. Alors, comment vont s'y prendre les physiciens pour essayer d'appliquer cette méthode qui donne des certitudes absolues à la matière ?

Ils vont reprendre la même idée que Galilée, c'est-à-dire utiliser le laboratoire pour simplifier la matière et essayer de se rapprocher le plus possible du monde mathématique. La matière quotidienne, réelle, est trop impure et on ne peut pas faire de calculs, il y a trop de sortes d'atomes. Les physiciens vont utiliser les laboratoires pour se rapprocher du monde mathématique. Je vais prendre deux exemples qui sont opposés, le premier est celui de la métallurgie et le second celui des semi-conducteurs.

En ce qui concerne l'exemple de la métallurgie, les physiciens étaient incapables de faire quoi que ce soit jusqu'à ce qu'ils parviennent en laboratoire à ranger les atomes et à faire des monocristaux purs. Ils prenaient un métal, enlevaient tous les atomes qui n'étaient pas par exemple du fer, qui n'étaient pas dans le matériau qu'ils voulaient étudier, puis ils rangeaient ce qui restait dans un ordre très précis. Une fois qu'ils avaient réussi à produire cette matière artificielle dans les laboratoires, ils étaient capables de faire des calculs en partant des atomes bien rangés et de la même espèce, sur ces matériaux artificiels, et de comparer les données expérimentales et leur calcul.

Tout ceci date des années quarante/cinquante. On a développé cette connaissance en laboratoire et on a voulu l'appliquer dans le monde réel. Le problème est que les matériaux ainsi obtenus sont très chers. Le savoir des physiciens qui consiste à purifier l'acier ne va pas avoir des applications partout, il va être limité aux applications de pointe. Le savoir des physiciens dans le domaine de la métallurgie a surtout été utile pour des applications de pointe comme les métaux dans les turbines d'avion. On est arrivé à faire des matériaux très élaborés mais très chers, donc limités à certains usages. L'histoire de la métallurgie est un savoir que les physiciens n'ont pas vraiment colonisé et qui reste à la marge.

Par contre, le deuxième exemple est complètement inverse, c'est celui de l'électronique qui est la fierté de la physique de la matière. Vous connaissez internet, les ordinateurs, etc. L'électronique est vraiment une création de la physique de la matière. Les semi-conducteurs comme le silicium et le germanium, avant même d'exister concrètement comme matériaux réels, ont été une prédiction théorique. En 1931, un théoricien des États-Unis, Alan Wilson, en faisant des calculs de mécanique quantique, a dit qu'il devait y avoir trois types de corps : des corps conducteurs de l'électricité, comme les métaux ; des corps isolants comme les verres qui ne conduisent pas le courant, comme la plupart des plastiques ; des corps intermédiaires qui conduisent légèrement le courant mais pas complètement, dont on devrait pouvoir modifier assez facilement la conduction, qu'il appelle des semi-conducteurs, à mi-chemin entre les conducteurs et les non-conducteurs.

Ces calculs intéressaient beaucoup la compagnie de téléphone Bell, qui était soumise à une concurrence très forte des autres compagnies locales. Ils espéraient réussir à faire des liaisons téléphoniques transcontinentales mais, techniquement, la voix qui se transmet par le courant électrique dans les téléphones s'affaiblissait trop rapidement et on ne parvenait pas à établir des liaisons d'une côte à l'autre. Ces calculs de mécanique quantique intéressaient les ingénieurs puisqu'on devait pouvoir modifier les propriétés de conduction de ces matériaux assez facilement. Les gens ont commencé à imaginer, sur le papier, d'intégrer ces nouveaux matériaux dans des dispositifs pour amplifier le courant : cela deviendra les transistors. Il y avait des calculs très savants qui avaient l'air de donner des dispositifs parfaits qui amplifiaient beaucoup plus que tout ce qui était fait mécaniquement jusque-là, mais tous les dispositifs réels échouaient. Dès qu'on essayait de travailler avec de vrais matériaux, ça ne marchait jamais, et on s'est aperçu qu'il fallait purifier les matériaux comme le silicium pour qu'ils obéissent aux prédictions des calculs.

L'entreprise Bell avait un slogan : « On purifie tellement le silicium qu'il ne reste comme impureté qu'une pincée de sucre dans trente-cinq wagons de sel». À l'époque, c'était à ce niveau qu'on arrivait à purifier les semi-conducteurs. Il faut comprendre que si on n'était pas arrivé à purifier les semi-conducteurs grâce à une invention qui a été trouvée de manière heuristique par quelqu'un qui est entré chez Bell sans aucun diplôme, on ne serait pas parvenu à produire des semi-conducteurs, ni aucun ordinateur, ni internet. Bell a eu des problèmes jusqu'au bout. Dans les années cinquante, on a commencé la production à la chaîne de transistors, mais ils tombaient en panne très rapidement. Ils ont mené une enquête sur cette situation catastrophique. Finalement, on s'est aperçu que les poignées des portes d'entrée dans les ateliers de fabrication avaient changé, c'étaient des poignées en cuivre. Les ouvriers et les ingénieurs qui entraient dans la salle ouvraient la porte puis touchaient les matériaux et rien qu'avec les quelques petits atomes qu'ils avaient sur leurs mains ils contaminaient les matériaux, ce qui suffisait pour détruire complètement leurs caractéristiques.

Si, aujourd'hui, on fabrique les semi-conducteurs dans des salles blanches, dans des conditions de pureté importantes, dans des enceintes où l'on fait l'ultra-vide, c'est-à-dire qu'il reste un atome de gaz sur mille milliards, c'est parce qu'il faut travailler dans des conditions de pureté extrême pour que les calculs des physiciens aboutissent et que toutes ces idées que l'on peut développer sur des matériaux idéaux puissent s'appliquer. Mais ce n'est possible que pour les semi-conducteurs que l'on sait purifier de manière très banale et très peu chère. Si cela avait été d'autres matériaux, on n'y serait certainement pas parvenu. Il faut faire de plus en plus des investissements énormes, pour l'électronique, ce qui explique quelques déboires dans ce domaine.

Je reviens sur les deux questions : quel est le point de vue de la physique sur la matière ? Est-ce qu'il nous permet de comprendre pourquoi il a fallu aussi longtemps pour développer ce type de savoir et pourquoi ce fut aussi difficile ?

Cette idée de développer un savoir mathématique sur le monde est vraiment biscornue, elle n'est pas commune à toute l'humanité, elle est née dans une société spécifique : la société européenne, il y a quatre cents ans, au moment de la Renaissance, au moment où l'héritage grec revenait en Europe via les Arabes, qui voulaient comprendre le monde pythagoricien avec les mathématiques. Platon qui disait : « Nul n'entre dans mon Académie s'il n'est géomètre », cette vénération des mathématiques s'est conjuguée à une société où Dieu était considéré comme un grand horloger capable de mener le monde suivant certaines lois.

L'idée de trouver des « lois » de la nature semble pour les physiciens évidente mais c'est une idée assez bizarre : pourquoi la nature devrait-elle obéir à des lois ? D'autres civilisations comme celle des Chinois n'ont pas eu cette idée. Selon l'idée d'un horloger, on peut imaginer faire respecter toutes ces lois, mais c'est une idée assez saugrenue et il n'est pas étonnant qu'il ait fallu aussi longtemps pour qu'elle germe.

Pourquoi la physique a-t-elle du mal du côté de la matière ? Il est vrai que les particules de base sont vraiment très petites, il y en a un nombre inimaginable dans n'importe quel morceau de matière et cela rend les calculs mathématiques très difficiles jusqu'à aujourd'hui.

Pour bâtir ce savoir rigoureux et mathématique sur la matière, il faut en passer par des laboratoires qui vont simplifier la matière, la purifier, l'ordonner, et cela donne des limites au savoir que les physiciens vont pouvoir avoir sur la matière. Galilée était limité par les frottements, nous sommes limités pour tous les corps qui sont intrinsèquement désordonnés. Les verres des fenêtres sont par exemple des corps qu'on appelle amorphes, dans lesquels les atomes sont arrangés de manière désordonnée ; on ne peut pas les ordonner parce que ce ne serait plus du verre. On est obligé d'étudier les matériaux amorphes, comme le verre, directement, sans tout ordonner et, là, la physique est encore incapable d'expliquer la formation des verres des fenêtres. Dans les manuels de base, par exemple, de la physique de la matière, qui ont été écrits dans les années soixante/soixante-dix, on ne parle pas du tout des amorphes alors qu'ils représentent environ 90 % des corps naturels, les monocristaux étant pratiquement inexistants. Transformés dans les laboratoires, les corps cristallins sont relativement rares mais comme ce sont les seuls descriptibles par les physiciens, on ne parle que d'eux.

Les physiciens vont avoir du mal avec les corps désordonnés mais aussi avec tous les corps qui présentent des défauts, tout ce qui est organique comme les graisses ou le bois qui présentent des structures atomiques très compliquées.

Le fait que les concepts physiques aient besoin de laboratoires et de purification pour être intéressants et pertinents, les limite au réseau technologique occidental. On pourrait comparer un concept de physique comme l'atome à une voiture : une voiture est très pratique s'il y a des routes, des garages, de l'essence. De la même manière, un atome est un point de vue qui peut être pertinent sur la matière mais s'il y a des laboratoires. Toute une infrastructure technologique et le coût qui va avec permet à cet atome d'être pertinent pour comprendre la matière. Sinon, c'est comme quelqu'un qui est perdu dans la forêt amazonienne, l'atome lui est aussi utile qu'une voiture.

Le savoir des physiciens porte la marque de ce réseau technologique et, si vous regardez la physique en dehors de l'Europe et des États-Unis, elle est relativement inexistante et faite surtout par des théoriciens parce que les expériences sont très chères. Le fait de passer par le laboratoire nous éloigne aussi de notre perception commune de la matière. On peut se demander s'il y aurait des sciences non occidentales. Est-ce que cette approche, où l'on voudrait utiliser la science européenne et la diffuser partout dans le monde, n'est pas comme le concept de développement ? Les sociétés européennes ont suivi un certain cheminement pour se développer, pour passer de la Renaissance à nos jours. On essaie de plaquer ce concept à tous les pays, on parle de pays développés, sous-développés, ce qui sous-entend qu'il y a une histoire commune. Est-ce que les sciences sont vraiment reliées à la société, aux spécificités européennes et occidentales ? Pour qu'elles soient pertinentes dans d'autres sociétés, faut-il les transformer ? Quelles en sont les limites ?

L'homme machine, de l'automate à l'automa-tisation

SAVOIRS À L'ŒUVRE

SAVOIRS À L'ŒUVRE / SAVOIRS À L'ŒUVRE / SAVOIRS À L'ŒUVRE / SAVOIRS À L'ŒUVRE / SAVOIRS À L'ŒUVRE / SAVOIRS À L'ŒUVRE / SAVOIRS À L'ŒUVRE / SAVOIRS À L'ŒUVRE

Bruno Jacomy

Le terme d'homme machine est un clin d'œil à l'ouvrage de Julien Offray de La Mettrie [1709-1751]. Derrière ce mot, il y a les rapports de l'homme à la machine, la part que l'homme, petit à petit, a mis de lui-même dans la machine. Il y a tout un tas de problèmes mais nous n'allons pas les aborder de manière philosophique ou sociologique. Simplement nous allons essayer de voir, à partir de notre histoire, de celle des automates, des objets et des machines, ce qui se cache derrière.

Qu'est-ce qu'un automate ?

Nous allons être amenés à parler du XVIIIe siècle, période fascinante, celle de Diderot, de Vaucanson et de ses automates, de Watt et de sa machine. Qu'entend-on derrière le mot « automate » ? Selon que l'on soit ingénieur ou fabricant de jouets, les sens varient. Qu'entend-on par automates ? Robots ? Machines ?

Je voudrais donner quelques exemples pour baliser le terrain. Prenons un vélomoteur : c'est une machine parce qu'elle a sa propre source d'énergie, je la fais marcher, je la commande et elle va m'aider à me transporter. Le lave-vaisselle que nous utilisons est plus qu'une machine : c'est un automate parce qu'en plus d'avoir sa propre source d'énergie, il a un programme. Ce qui fait l'automate, c'est le programme, quelque chose qu'il a en lui, qu'il va pouvoir reproduire autant de fois qu'on le lui demandera.

Qu'est-ce qu'un robot ? Je vais prendre un exemple beaucoup moins fréquent dans nos foyers : ces aspirateurs qui sont capables d'aller aspirer tout seuls dans les quatre coins de la maison. Il s'agit de robots parce qu'en plus de l'automate, le robot a des capteurs qui vont prendre en compte son environnement. On passe à un autre degré mais on reste dans des machines complexes.

Il y a des éléments beaucoup plus discrets dans ce monde de machines qui nous entoure, comme le thermostat du chauffage, qui gère tout seul la température idéale dans notre maison. C'est un système asservi, et les mots ne sont jamais neutres. Ce système asservi commande la chaudière et prend en compte le changement de température qu'elle va induire dans la maison ; c'est un système en boucle, que les spécialistes appellent une boucle de rétroaction : je chauffe la maison, la température augmente, le thermostat arrête la chaudière.

Un autre objet très simple que nous avons tous à proximité : la montre. C'est aussi une machine qui ne fait pas grand-chose, si ce n'est nous donner l'heure, c'est-à-dire une base de temps. Souvent, dans les machines, on a une base de temps que l'on trouve par exemple dans les ordinateurs. C'est de l'énergie et un système de régulation.

Enfin, toujours pour retourner à nos véhicules, nous avons des machines qui nous assistent ; un certain nombre d'entre vous ont une voiture avec une direction assistée, voire un freinage assisté. Là aussi, ce sont des machines qui viennent, de manière fort discrète, parfois nous ne nous en rendons même pas compte, soulager nos efforts.

D'où viennent tous ces systèmes ?

Des systèmes qui mettent en jeu des commandes, de l'intelligence, qui doivent relayer des ordres que nous donnons aux machines, qui prolongent nos gestes et nos sens, voilà tous les rapports que l'homme entretient avec ces machines.

Nous allons remonter le temps et j'ai choisi de faire mon exposé en trois étapes :

1) l'âge de la mécanique : l'âge où la machine prolonge nos gestes.

2) l'âge de l'audiovisuel : l'âge des sens où la machine va aller plus loin et elle va singer nos sens, nos yeux, notre bouche et nos oreilles.

3) la cybernétique, le mélange de l'informatique, de la communication, de l'ordinateur, etc.

L'âge de la mécanique nous fait remonter très loin parce que, dès les origines de l'humanité, des outils ont été créés pour être le prolongement des gestes de l'homme. Mais la véritable période qui a fait naître et se développer la mécanique, et d'une manière extrêmement avancée, est l'Antiquité avec, par exemple, un théâtre automatique qui a été inventé par un mécanicien grec, Héron d'Alexandrie, qui a vécu au dernier siècle avant notre ère. Il a écrit plusieurs livres et a imaginé des machines dotées de programmation. Dans son théâtre automatique par exemple, on peut voir en haut un manège, des personnages qui tournent, de la fumée avec des bougies qui s'enflamment. À l'intérieur, il y a un bac rempli de graines huileuses : le moteur va permettre à l'engin de marcher tout seul dans une scène ronde. Il avait beaucoup de succès dans la région alexandrine, à l'époque de la domination grecque.

Non seulement cette machine va avancer, mais elle va fonctionner avec une programmation, certes très élémentaire : elle est simplement constituée de petits picots qui sont fixés sur l'axe des roues, une corde étant entourée tantôt dans un sens, tantôt dans l'autre, ce qui va faire des circuits. Lorsque la machine va avancer, elle va aller dans un sens, puis dans un autre, puis repartir selon le programme qui lui aura été donné. Voilà une machine déjà complexe et l'on voit que ces mécaniciens grecs dominaient déjà plusieurs techniques.

Un autre personnage de l'époque, Ktesibios, un peu plus tôt, avait imaginé des systèmes avec des régulations, des clepsydres notamment. C'est-à-dire que, quel que soit le niveau d'eau, on avait un système qui s'écoulait toujours avec le même débit et qui donnait des instruments de mesure du temps relativement précis. À cette même époque, on a eu des machines beaucoup plus grosses, très volumineuses : d'énormes machines de guerre faites avec des nerfs d'animaux qui étaient un prolongement de l'arc, une transposition énorme de l'arc du chasseur. Qu'est-ce que l'arc dès l'origine ? Une sorte de machine qui va pouvoir faire une action à distance. Malheureusement, dans l'histoire de nos machines et de nos techniques, les armes ont souvent été des domaines où les progrès ont été importants. On n'a pas lésiné sur l'argent à mettre dans l'art de la guerre, depuis les Grecs jusqu'à aujourd'hui, et cette démarche a été très souvent un facteur d'innovation technique tout à fait important.

À cette époque, on voit se mettre en place plusieurs sources d'énergie : le sable pour animer des moteurs à écoulement ; l'eau qui était à la base de la culture grecque, celle du Nil notamment ; les nerfs d'animaux pour faire des ressorts. On voit naître des programmes, des mécanismes de commande, etc. Il y a un élément encore plus ancien mais non moins important : le manche. Je me suis amusé à mettre en parallèle une hache emmanchée du néolithique avec une télécommande de télévision actuelle : finalement il y a une filiation directe entre ces objets, même si elle n'apparaît pas à première vue. D'un côté, quelqu'un va imaginer un jour de prolonger son bras en mettant un manche pour pouvoir taper avec plus de force et ainsi prolonger son geste ; d'un autre côté nous prolongeons aujourd'hui le geste d'aller appuyer sur le bouton du téléviseur avec un manche immatériel qui est celui qui relie notre télécommande à cet appareil que nous commandons. Vous avez certainement eu comme moi le problème de ces télécommandes qui se multiplient dans la maison. Nous sommes passés de machines qui vont prolonger nos gestes physiques à des machines qui vont effectivement prolonger nos gestes immatériels et nos sens.

Pour revenir à l'histoire de nos automates, il est une période tout à fait importante qui est le Moyen Âge, avec l'avènement de l'horloge mécanique qui apparaît au XIVe siècle. C'est une machine tout à fait étonnante parce qu'elle est complexe. Elle n'est pas encore très précise : à cette époque un écart d'une heure pour la journée n'était pas dramatique ; on ne vivait pas avec des trains et des métros. Mais cette technique horlogère va petit à petit être diffusée dans d'autres domaines et on va voir apparaître en même temps, c'en sera une retombée, l'histoire des automates.

Lorsqu'on lit les manuscrits de Villard de Honnecourt (première moitié du XIIIe siècle), qui sont publiés aujourd'hui, on voit qu'il a participé notamment à la construction de diverses cathédrales comme celles de Laon ou de Meaux. Il nous a laissé ses carnets où il représente deux automates : un aigle et un ange qui étaient disposés en haut des tours d'une cathédrale. C'étaient des automates qui n'indiquaient pas l'heure mais qui tournaient en suivant la course du soleil. De là à l'horloge, il n'y a qu'un pas. Il suffit de remplacer l'automate par une aiguille et l'on va pouvoir afficher l'heure. Mais les horloges, avant d'afficher l'heure à la vue, l'ont affichée à l'oreille en faisant sonner des cloches. Les mécanismes complexes automatiques n'ont pas servi d'abord à montrer l'heure mais à jouer, ce jeu qui a été à l'origine de nombreuses techniques.

L'âge d'or de l'automate reste le siècle des Lumières, le XVIIIe siècle, où l'on va trouver des automates extraordinaires, les plus célèbres étant certainement ceux de Vaucanson : le *Joueur de flûte traversière* (1737), le *Canard* (1738), le *Joueur de tambourin*, qui malheureusement n'existent plus aujourd'hui. Au musée de Neuchâtel (en Suisse), il y a là de très beaux automates : la petite joueuse de piano, un automate écrivain qui écrit des textes et qui fait de petits dessins. Au musée des Arts et Métiers où j'ai le plaisir de travailler, il y a une très belle joueuse de tympanon, le jouet de Marie-Antoinette, une véritable androïde. Ce n'est pas simplement un automate qui fait de la musique, c'est une musicienne qui tape avec ses maillets sur un tympanon, qui va jouer huit airs différents.

Maintenant, je vais revenir sur Jacques Vaucanson [1709-1782] : un personnage tout à fait fascinant qui se trouve à la frontière entre l'ingénieur et l'amuseur public, entre le savant et le bateleur. Il avait une idée fixe : réaliser un homme artificiel. On entre ainsi au cœur de l'homme machine. Il a travaillé avec La Mettrie qui a mis en avant ses travaux. Vaucanson présenta, à l'académie de Lyon, en 1741, le projet « d'une figure automate qui imitera dans ses mouvements les opérations animales et pourra servir à faire des démonstrations dans un cours d'anatomie ». C'est ce qu'on appelait à l'époque « les anatomies mouvantes ».

Je ne sais pas si le fait de vouloir faire une anatomie mouvante, qui puisse servir aux médecins et aux apprentis médecins à apprendre, à comprendre le corps humain et à le réparer d'une certaine manière, était sa première idée. Je crois qu'il avait très envie de développer ces automates et qu'il avait trouvé là un moyen de financement intéressant pour pouvoir mener à bien son envie de créer cet homme artificiel.

Si l'on se penche sur les trois automates qui avaient une taille réelle, ce qui est très intéressant par rapport à tout ce qui existait auparavant, c'est que le *Joueur de flûte* jouait réellement de la flûte. Ce n'était pas une boîte à musique mais un système complexe qui permettait à l'automate de jouer de la flûte traversière. L'intérieur de ce flûtiste comprenait un mécanisme très complexe. D'abord au niveau des doigts : un système de roues à picots actionnait des cames qui faisaient bouger les doigts pour pouvoir changer les notes de la flûte. D'autres mécanismes faisaient bouger les lèvres parce que, pour jouer de la flûte, il faut aussi gérer finement le mouvement des lèvres. Enfin, il y avait un système beaucoup plus compliqué qui pilotait le flux d'air qui allait être envoyé sur la flûte. Vaucanson l'avait réglé avec une mécanique pneumatique faite de petits soufflets qui engendraient trois niveaux d'air soufflé (faible, moyen, élevé). En mélangeant les uns et les autres dans des boîtes qui se trouvaient à l'intérieur, il pouvait toujours trouver le bon air pour pouvoir faire jouer son musicien.

Si je vous détaille cet automate, c'est que pour être construit, il devait faire l'objet d'une véritable démarche industrielle que Vaucanson appliquera par la suite. Il va falloir d'abord comprendre comment on joue de la flûte. Pour ce faire, il a analysé la complexité du système, vu tous les facteurs et il les a synthétisés dans son automate, tout ceci en utilisant les moyens à sa portée, c'est-à-dire les cames, la mécanique et déjà un peu de pneumatique. C'était très original à l'époque, parce que des automates qui faisaient des gestes mécaniques, il en existait depuis la Renaissance ; ainsi les mécanismes hydrauliques comme à Hellbrunn en Autriche où il y a de très beaux jeux d'eau, ou à Tivoli. Des automates mécaniques à programmation, il en existait aussi. Vaucanson va apporter le côté pneumatique.

Il a donc synthétisé les gestes, puis la respiration et l'étape suivante va être la digestion, nécessaire pour faire un animal artificiel. Celui-ci était un canard « digérateur ». Il faisait des tas de mouvements et a eu un succès fou, plusieurs dizaines de milliers de personnes ont vu ce canard. Il a circulé un peu partout en Europe, jusqu'à la seconde moitié du XIXe siècle. Ce petit canard battait des ailes, mâchait des graines et surtout, ce qui était tout à fait impressionnant, faisait des crottes, ce qui voulait dire que Vaucanson avait réussi à singer le mécanisme de la digestion. En ayant réussi à rassembler tout cela, il était quasiment à deux pas de pouvoir réaliser son homme artificiel. On a su après qu'à l'intérieur du canard, il y avait une petite supercherie : le canard ne transformait pas les graines en excréments, en fait on mettait à l'intérieur un petit mélange… Mais c'était quand même bien trouvé et il était tellement sûr d'y arriver un jour… L'erreur qu'il a commise, c'est qu'il a pensé en mécanicien, et que le mécanisme de la digestion qu'il avait imaginé ne faisait pas appel à la chimie.

C'est pourquoi, quelques années plus tard, quand il va vouloir franchir l'ultime pas qu'il pensait l'amener à l'homme artificiel, il ne pourra pas arriver à fabriquer un automate parleur. En quoi l'automate parleur est-il cette ultime étape ? Tout simplement parce que pour Vaucanson, ce qui fait la différence entre un animal, comme son canard, et un homme, c'est le fait de disposer de la parole. Il n'est pas le seul à cette époque à essayer de créer de la parole ; d'autres se sont en effet amusés à tenter de faire des têtes parlantes. Même Descartes, au siècle précédent, avait essayé de mettre en place des automates. Il avait essayé de refabriquer une fille qu'il avait perdue, une fille artificielle, mais il n'avait pas réussi. Vaucanson, pour essayer de faire un automate parleur, a besoin de faire de la tuyauterie, de la tuyauterie molle comme celle que nous avons dans nos entrailles. Il va donc essayer de fabriquer des tuyaux.

Il va faire appel à un chimiste, Pierre Joseph Macquer [1718-1784]. Ils vont aller voir en Amérique du Sud comment transformer la pâte d'hévéa en un caoutchouc qui puisse se tenir. Ils ne trouveront pas la méthode pour fabriquer du caoutchouc mais, en revanche, ils arriveront quand même à franchir certains pas. Il faudra attendre quelques années et Charles Macintosh [1766-1843], au début du XIXe siècle, qui fera des tissus imperméables. Cependant, d'une certaine manière, Vaucanson mettra en pratique son expérience de l'automate jouet dans une application autrement matérielle : l'industrie.

Au vu des succès populaires de ces automates, l'État va le nommer inspecteur des manufactures pour rénover les industries de la soie. Au XVIIIe siècle, il y a une concurrence farouche entre la France et d'autres pays qui commencent à fabriquer des soies moins chères et d'aussi bonne qualité. Cette concurrence vient surtout de l'Italie et de l'Angleterre qui commencent à entrer dans l'ère industrielle. Vaucanson va analyser comment on fabrique de la soie dans le Dauphiné, il ira aussi dans différents pays d'Europe et regardera comment travaillent les ouvriers, les tisserands, les fileurs et il appliquera la même méthode que pour ses automates. Il essayera de fabriquer des machines automatiques.

Il va fabriquer un métier à tisser entièrement automatique qui est aujourd'hui exposé au musée des Arts et Métiers. Pour l'actionner, il suffit d'une manivelle et, lorsque vous la tournez, elle fait lever la nappe de fils de chaîne, fait marcher la navette dans un sens et dans l'autre, fait mouvoir le cylindre en haut de la machine pour changer le dessin parce que ce métier à tisser est un métier à tisser *les façonnés*, c'est-à-dire des tissus avec des motifs très compliqués. Il va mettre dans ce métier à tisser tout le savoir-faire des tisserands. D'une manière certainement maladroite, il dira même dans ses prospectus que ce métier à tisser peut être mis en série dans une manufacture en étant actionné par des manèges tournant à l'aide de chevaux ou d'ânes.

Expliquer à des tisserands qu'on va remplacer leur savoir-faire et leur travail par des ânes n'est pas très bien passé en 1751. Cette idée jusqu'auboutiste, de vouloir remplacer entièrement les hommes par des machines est beaucoup trop absolue. Il n'appliquera pas cette idée uniquement aux métiers ; il projetera cette vue — qui est véritablement une vue d'ingénieur qui voit très loin en avant — à toutes les étapes. Il va fabriquer un métier à filer entièrement automatique mû par une chaîne et il inventera une machine automatique pour fabriquer cette chaîne. Quelle que soit l'habileté de celui qui la manœuvre, elle sera toujours faite de la même façon parce qu'elle contiendra en elle tout le savoir-faire de l'ouvrier. Il précise même que ces machines pourront employer des estropiés, des gens qui ont des incapacités physiques et mentales. Il y voit un moyen de faire une œuvre sociale.

Il va également fabriquer les calandres, ces gros cylindres qui vont écraser la soie et, du coup, il va aussi inventer un tour qui est le plus ancien tour à charioter que l'on connaisse. C'est une machine qui est exposée au musée des Arts et Métiers. Elle est extrêmement lourde ; c'est le premier tour d'une telle précision et d'une telle puissance. Vaucanson est à la jonction de deux lignées : d'une part celle des horlogers qui, de très longue date, savent faire des instruments petits, de précision mais sans aucune puissance et, d'autre part, celle des constructeurs de moulins qui savent faire de grosses machines solides, qui traitent de la matière avec beaucoup de puissance mais sans grande précision. Il va donc mettre au point une machine utilisant un châssis entièrement en fer forgé qui va usiner des cylindres de grande précision.

On voit que naît une nouvelle génération d'ingénieurs qui ménage à la fois puissance et précision et qui a une véritable visée d'automatisation. Nous sommes là au cœur de quelque chose d'important : Vaucanson préfigure tout ce qui nous fascine et tout ce qui nous effraie dans ce qu'ont été les ingénieurs de la grande ère industrielle du XIXe siècle. Ils ont fabriqué ces usines gigantesques avec derrière la tête un peu de ce mythe de l'automate qui nous ramène à l'Antiquité et le rêve d'une usine sans ouvriers. Imaginez une usine qui va produire toute seule, avec d'un côté un cours d'eau et une machine à vapeur et, d'un autre côté, elle sortira des machines à vapeur et des automobiles. Cela rappelle l'usine dans *Tintin en Amérique* où l'on entre des vaches sur un tapis roulant et où il sort des boîtes de corned beef ou des saucisses de l'autre. L'usine sans ouvriers, sans grève, sans problèmes sociaux, sans femme enceinte… à part lorsque la machine tombe en panne ; mais ce sont des détails, la panne fait partie de la vie de la machine.

Depuis que l'homme a inventé la roue, il y a 5 600 ans, beaucoup d'hommes ont imaginé de fabriquer des machines entièrement automatiques qui recyclent perpétuellement les effets, les énergies, les gestes et les puissances. Remplacer l'homme par la machine est encore aujourd'hui au cœur d'une question de société. Je vous parle du XVIIIe siècle, mais on en trouve des échos actuellement. Si je prends comme exemple la ligne 14 du métro à Paris, cette ligne qui fonctionne sans conducteur ; pour quelqu'un versé dans la technique cette ligne est assez fascinante : on a enlevé un certain nombre de conducteurs mais on les a remplacés par des gens qui surveillent, accueillent, informent. On a presque autant de monde mais ils n'ont plus des tâches d'action sur la matière mais des tâches immatérielles qui suivent en cela cette histoire ancestrale de l'automate et de la machine.

Je vais quitter Vaucanson en vous citant une petite phrase qu'il a dite dans les années 1740, quelques années avant d'être finalement admis à l'Académie des sciences, où il a eu beaucoup de mal à entrer : « Celui qui a inventé le rouet à filer la laine ou le lin ne serait regardé par les académiciens de nos jours que comme un artiste et serait méprisé comme un faiseur de machine. Il aurait cependant de quoi humilier ces messieurs s'ils faisaient réflexion que ce seul mécanicien a procuré plus de bien aux hommes que n'en ont procuré tous les géomètres et tous les physiciens qui ont existé dans leur compagnie. » Il n'était pas tendre avec les académiciens parce qu'il n'arrivait pas à entrer à l'Académie des sciences ; celle-ci n'accueillait que les chantres des arts libéraux, pour parler comme Diderot, et non ceux des arts mécaniques, ces arts de la main, qu'on trouve au musée des Arts et Métiers, dans les ouvrages d'art, dans «la belle ouvrage». L'homme qui manie la matière en France n'a pas cette reconnaissance, ce qui n'est pas le cas en Angleterre. Dans la Royal Society, il y a des techniciens et des ingénieurs, comme James Watt.

Avec Vaucanson, l'automate atteint un stade qui ne sera pas dépassé pendant assez longtemps ; mais c'est encore un automate qui a figure humaine, ou animale pour le canard. Le XIXe siècle est le siècle de l'automate qui perd sa forme humaine. C'est une machine qui reproduit un programme, répète les gestes de l'homme, fait ce que l'homme faisait auparavant : ce sera la machine-outil. Les chaînes, les lignes transferts, puis les automates industriels vont peu à peu incorporer du savoir-faire de l'homme. Elles vont acquérir de la puissance, de la précision, elles vont reproduire les gestes de l'artisan : le martinet du Moyen Âge va être relayé par les marteaux-pilons, ces grosses machines qui permettent de forger, puis par les laminoirs. On transforme les ciseaux par des cisailles d'atelier puis par des cisailles rotatives, tout cela est incorporé dans des machines.

C'est le moment où, dans une première phase, l'homme va servir la machine, il va être dépossédé de ses savoir-faire. Mais tout ceci se perfectionnant au fil du temps, on va faire en sorte que la machine serve l'homme, ce qui est nettement plus intéressant. On imagine différents systèmes où non seulement on reproduit des gestes mais on commence à y mettre autre chose, d'où un appareil étonnant : le servomoteur de Joseph Farcot [1798-1875] qui date de 1868 et constitue le tout premier dispositif d'asservissement. Dans le monde des techniques, on a beaucoup utilisé le langage anthropomorphique : on parle d'organes de machines, de bras, de têtes de bielles…

Farcot dans la définition de son brevet dit : «J'appelle cette machine un servomoteur ou moteur asservi» et il utilise le terme de *servo* parce qu'il a la même racine que «serf», ce qui nous ramène à l'esclave. L'homme reprend la place qu'il n'aurait jamais dû perdre, qui est de dominer la machine en en faisant son esclave. Ce n'est d'ailleurs pas pour rien que dans ce langage de l'automatisme, on retrouve les mêmes termes : aujourd'hui dans l'automatisme électronique, on parle de systèmes maître/esclave.

Comment cela fonctionne ?

Le servomoteur utilise la puissance de la vapeur. Farcot l'a inventé pour que puissent se mouvoir les énormes gouvernails des premiers navires à vapeur entièrement en fer. On est dans les années 1860, à l'époque du Great Eastern, ces imposants navires qui vont traverser l'Atlantique et qui ont des gouvernails pesant plusieurs tonnes. Pour les faire marcher, il y a des démultiplications importantes. Le problème est que pour manœuvrer rapidement, il faut faire de nombreux tours et ce sont des systèmes beaucoup trop lents. Farcot invente donc un système avec un cylindre à vapeur d'un côté et une petite manette de l'autre ; quand elle est manœuvrée vers la droite ou la gauche, elle déplace un tiroir qui permet d'introduire de la vapeur à gauche ou à droite du piston, qui, par l'intermédiaire de l'embiellage, va faire pivoter le maneton qui fait tourner le gouvernail. Cette grosse pièce va bouger jusqu'à ce qu'elle arrive à la position prise par la main et va s'y arrêter.

Farcot dit que le conducteur peut orienter le gouvernail de son navire avec la même souplesse, la même précision, la même rapidité que le conducteur d'un cheval qui guide son animal par un tout petit geste des rênes à droite ou à gauche. Il utilise cette métaphore de l'animal, qui est très forte, et c'est vrai que son navire peut changer de cap quasi instantanément en recourant à ce système d'asservissement. En quelques années, il va être utilisé sur tous les navires.

Cette innovation marchera beaucoup mieux que, un siècle plus tôt, les métiers de Vaucanson qui n'ont pas été utilisés industriellement du fait d'une rupture trop violente. Joseph Marie Jacquard [1752-1834], au début du XIXe siècle, va introduire sa mécanique dans les métiers à tisser et va pouvoir la faire passer parce qu'il va faire de la mécanisation et de l'automatisation par petits morceaux. Cette démarche peut alors entrer dans la tête des gens et dans les processus industriels d'une manière beaucoup plus fluide ; Farcot va pouvoir greffer sur les machines existantes son servomoteur comme les mécaniques Jacquard seront greffées sur les métiers traditionnels.

Jusque-là, je suis dans un système où l'on singe les gestes de l'homme. Cependant la deuxième période est importante, le XIXe siècle, période où l'on va singer les sens de l'homme, avec le début de quelque chose qui, a priori, n'a rien à voir avec les automates : la photographie. Elle va être un moyen de pouvoir reproduire le fonctionnement de l'œil. Quelques années plus tard, naîtra l'idée de pouvoir reproduire la parole mais là, il y a un piège. On va fabriquer des phonographes qui reproduisent la parole mais qui ne vont pas la créer. On va prolonger non plus les organes et les gestes mais les sens de l'homme, et lorsque ces organes des sens seront greffés sur les machines et les automates, on verra apparaître de nouvelles générations de machines.

C'est ainsi que j'en arrive à la troisième et dernière époque : l'âge de la cybernétique. C'est un terme qu'on n'utilise plus tellement ; aujourd'hui on parle de cyberculture, pourtant c'est un peu autre chose. La cybernétique, c'est cet ensemble de sciences qui sont définies comme celles des communications et des régulations dans l'être vivant et la machine. Nous sommes au cœur de notre problème. Les termes d'asservissement, de servomoteur nous ramènent au concret. Cybernétique vient d'une racine grecque : « la science du gouvernement ». Il est intéressant qu'on donne ce terme-là aussi à une idée qui est celle de commander. Ce n'est pas pour rien qu'on retrouve « gouvernement » dans la machine dont on parlait tout à l'heure : le « gouvernail » du navire, la « gouverne » du bateau. Ce sont ces pièces qui servent d'interface entre la commande de l'homme et l'action de la machine. C'est toujours le prolongement du geste de la main qui va faire dévier le courant d'air, le safran du gouvernail qui fera virer le bateau.

James Watt [1736-1819], quand il a inventé la machine à vapeur, a mis au point un mécanisme de rétroaction tout à fait nouveau : le régulateur. Ce mécanisme captait la vitesse de la machine en sortie et permettait de réguler la vapeur arrivant à l'entrée, à la manière du thermostat du chauffage, permettant ainsi à la machine de ne pas s'emballer et de toujours tourner à la même vitesse. Le régulateur de Watt est appelé, en anglais, *governer.* Ce n'est pas pour rien que ce terme est utilisé : c'est toujours l'idée de gouverner, de commander. S'il n'y arrive pas toujours, l'homme cependant y met les mots, il a peut-être l'impression alors qu'il domine le monde des machines.

L'idée de cybernétique nous amène à une autre : non seulement on met dans la machine du geste, non seulement on y met des sens, mais on commence aussi à y mettre quelque chose qui est de l'ordre de l'intelligence, même si celle-ci est encore rudimentaire. L'ère de la cybernétique ne commence pas en 1945 avec Alan Mathison Turing [1912-1954] et l'ordinateur ; avant il y a eu la machine de Pascal datant de 1642 et conservée au musée des Arts et Métiers.

Cette machine à additionner est tout à fait étonnante. Si quand vous regardez à l'intérieur vous n'y voyez rien d'extraordinaire, vous comprenez que l'innovation propre à cette machine n'est pas du domaine technique. Ce n'est pas une innovation technique parce que le mécanisme est aussi rudimentaire que ceux des moulins. Par contre, c'est un système ingénieux qui fait automatiquement la retenue. Quand une roue passe de 9 à 0, le petit sautoir, une pièce mécanique qui va accumuler de l'énergie en montant, va alors retomber et dans son geste mécanique va incrémenter le niveau supérieur : si l'on était au niveau des unités, celui des dizaines augmente de 1. Elle va faire toute seule la retenue et, lorsqu'on passe de 9 999 à 10 000, un tout petit geste sur la roue dentée de droite va en cascade faire passer toutes les roues dentées à 0. C'est impressionnant. Mais j'aime à dire aux gens qu'il n'y a là rien d'extraordinaire au niveau technique. Il y a juste l'idée qu'une machine puisse réaliser une opération qui, jusque-là, était considérée comme intellectuelle, une opération faite par le cerveau.

C'est d'ailleurs pourquoi Pascal a eu quelques soucis par la suite. On se demandait si sa machine ne recelait pas quelque chose de diabolique :

le mot machine est d'ailleurs très proche de machination, et le mot ingénieur est construit sur celui de génie, proche de celui de « malin génie ». L'ingénieur, la machine, tout ce monde a souvent été considéré comme un peu troublant. Dès qu'on touche aux machines pensantes, on a l'impression qu'on touche à quelque chose qui, dans nos civilisations, est plutôt de l'ordre du créateur ; l'homme chercherait à se mettre à sa place en fabriquant des créatures artificielles.

Lorsque l'homme commence, avec Turing ou d'autres, à essayer de faire des machines pensantes, on a l'impression d'atteindre un stade ultime. Turing, l'un des pionniers de l'informatique, disait en 1950 : « À la fin du siècle l'usage du vocabulaire et le niveau général de culture auront tellement évolué qu'on pourra parler de machines pensantes sans crainte d'être contredit. » Cependant il n'y a pas besoin de remonter à Turing pour trouver des citations de ce type. Il y a dix ou vingt ans, les ténors de l'intelligence artificielle disaient qu'avant la fin du siècle ils auraient réussi à égaler l'intelligence humaine. Aujourd'hui encore certains le disent. Récemment, nous avons organisé au musée un colloque sur les robots. J'ai plusieurs fois entendu que demain nous y serons, mais demain nous n'y sommes toujours pas. J'ai l'impression d'entendre Vaucanson qui disait en substance : « Je n'ai plus qu'une dernière étape, quand j'aurais fait mon automate parleur, j'aurais fait quasiment mon homme artificiel, il ne manque quasiment rien, j'ai fait 99 % ». Mais ce 1 % qui reste est le plus difficile.

Quand bien même on aurait cru que l'intelligence humaine pouvait se ramener simplement à des opérations de calcul, à une base de données, à des mécanismes de pensée, quand bien même la machine aura réussi à battre un joueur d'échecs, aura-t-elle pour cela été intelligente ? On ne sait pas encore ce qu'est vraiment l'intelligence ; on s'aperçoit que plus on s'en approche, plus on a l'impression que les machines sont bêtes parce qu'elles ne font toujours que reproduire. Nous avons encore beaucoup de chemin à accomplir. Des chercheurs travaillent actuellement et de façon tout à fait impressionnante sur les robots. Ceux-ci arrivent à voir les gestes que vous faites et à avoir des réactions eux-mêmes sur leur visage, mais finalement toujours à partir de ce qu'on leur a appris. Dès qu'on essaie de les mettre face à des termes et des gestes qu'ils ne connaissent pas, ils n'arrivent plus à les reproduire.

Des chercheurs commencent à travailler sur des robots qui arrivent à apprendre. Je voyais marcher les petits chiens de Sony à qui on arrive à apprendre quelque chose. On parvient même à faire des robots qui sont capables d'oublier, ce qui est très intéressant. On va montrer au robot une balle une fois, deux fois, dix fois : alors il saura dire balle. Ils sont aussi intelligents que nous dans un certain sens mais ce ne sont que des machines à reproduire. On leur apprend donc à oublier, si une information n'est pas sollicitée au bout d'un certain temps. Quand on voit ces derniers robots, on touche à quelque chose qui est toujours aussi étonnant mais qui ne nous fascine peut-être pas plus que les automates du XVIIe ou XVIIIe siècle.

La question qui se pose donc éternellement est de savoir si le robot va remplacer l'homme. On touche là à la science-fiction, mais aussi à des mythes universels. Je pense à cet ouvrage de Philippe Breton qui s'appelle *À l'image de l'homme*[1], dans lequel il décrypte très bien toutes ces générations depuis le mythe du Golem jusqu'à la créature de Frankenstein et aux robots d'Isaac Asimov [1920-1992], Robocop, etc. L'homme qui crée des êtres artificiels a toujours peur que la machine se rebelle. Asimov a écrit des lois comme *le robot ne doit pas se rebeller contre son créateur*, etc. Il y a toujours cette peur qu'un jour nous ne maîtrisions plus, que de maître des machines que nous sommes, nous en devenions les esclaves. Nous sommes toujours dans ce mécanisme, à la fois de fascination et de peur vis-à-vis des machines.

Il est indispensable à l'homme qu'il se croie toujours le maître de ces machines, ce qui nous impose un peu de modestie. Le regard de celui qui se penchera sur notre histoire — le regard de l'historien que je n'étais pas au départ et que j'ai toujours eu envie d'avoir — nous est indispensable pour que nous

[1] BRETON, Philippe, *À l'image de l'Homme : du Golem aux créatures virtuelles*, Paris, Le Seuil, 1995.

nous forgions une culture technique, scientifique, qui nous permette aujourd'hui de pouvoir maîtriser notre avenir et de pouvoir acquérir des clés, au moins pour nous forger une idée et regarder les choses avec un peu de lucidité.

Face au changement climatique, que faire ?

SAVOIRS À L'ŒUVRE

SAVOIRS À L'ŒUVRE / SAVOIRS À L'ŒUVRE / SAVOIRS À L'ŒUVRE / SAVOIRS À L'ŒUVRE / SAVOIRS À L'ŒUVRE / SAVOIRS À L'ŒUVRE / SAVOIRS À L'ŒUVRE / SAVOIRS À L'ŒUVRE

Jean-Marc Jancovici

Je vais vous parler de quelque chose qui regroupe à la fois un phénomène physique et finalement un phénomène sociologique qu'on désigne parfois sous le nom de problème de société. J'espère que ceux qui sont plus qualifiés que moi en science excuseront les quelques approximations que je vais pouvoir faire. Je vais commencer par les aspects physiques du sujet et notamment par vous parler de ce qu'on entend par l'effet de serre.

L'effet de serre est l'un des phénomènes qui gouvernent le climat que nous connaissons, lequel résulte d'un certain nombre de facteurs comme le fait que le soleil éclaire, que la terre est ronde, ou qu'il y a de l'air au-dessus de la surface. Il faut savoir que la quasi-totalité de l'énergie qui nous permet d'exister provient du soleil ; ce qui provient des entrailles de la terre représente 1/10000e seulement de ce qui provient du soleil. Cette énergie nous arrive pour moitié sous forme de rayonnements visibles, le reste étant essentiellement composé de proches infrarouges, c'est-à-dire de rayonnements de même nature que la lumière visible mais de longueurs d'ondes un peu plus importantes ; une petite partie nous provient sous forme d'ultraviolets qui sont arrêtés par la « couche d'ozone ».

Une partie de ce rayonnement incident est réfléchi par les nuages qui sont des objets particulièrement réfléchissants, une autre partie — plus faible — est réfléchie par la surface de la terre et notamment par les calottes polaires, une partie est absorbée directement par l'atmosphère et une partie par le sol. Ce dernier en restitue une part à l'air, par contact direct, comme lorsque vous mettez un objet chaud en contact avec un objet moins chaud : de la chaleur s'échange par contact. Il en restitue une part à travers le cycle de l'eau : quand l'eau s'évapore, elle absorbe de l'énergie ; quand elle se condense, elle en restitue. De l'eau s'évapore à la surface de la terre (et surtout des mers), se condense dans l'atmosphère, notamment pour former des nuages, ce qui restitue de l'énergie à l'atmosphère. Enfin, une partie de l'énergie quitte la surface de la terre sous forme de rayonnements infrarouges qui sont de plus grandes longueurs d'ondes que ceux envoyés par le soleil, et là il se produit un processus à la base de l'effet de serre. Autant l'atmosphère est relativement transparente aux rayonnements qui nous proviennent du soleil, autant elle est extrêmement opaque aux rayonnements infrarouges émis par la terre ; elle en absorbe 90 à 95 % environ. Les gaz responsables de cette absorption, sont dits gaz à effet de serre ; il s'agit de gaz très minoritaires dans l'atmosphère.

Une petite partie des infrarouges terrestres repart directement vers l'espace, le reste est intercepté par l'atmosphère qui reçoit de l'énergie sous forme de rayonnements et qui chauffe. L'atmosphère va à son tour émettre des infrarouges ; une partie est émise vers l'espace, et si l'on fait l'addition de ce qui est réfléchi dans le visible et de ce qui est réémis sous forme d'infrarouges, on équilibre l'énergie du rayonnement incident, parce que notre planète est à peu près en équilibre thermique ; une autre partie retournera vers le sol et c'est parce que ce dernier reçoit deux fois de l'énergie (une fois en provenance du soleil et une fois en provenance de l'atmosphère qui lui a renvoyé un surplus) qu'il est plus chaud que s'il n'y avait pas d'atmosphère sur terre ou une atmosphère qui n'intercepterait pas les infrarouges.

On a coutume de dire que la différence de température qu'il y a entre une terre fictive qui n'aurait pas cet effet de serre et la terre que nous connaissons est de l'ordre d'une trentaine de degrés. C'est fondamental car cela veut dire que l'effet de serre a permis l'apparition de la vie. Avec trente degrés de température moyenne en dessous de ce que nous connaissons, la surface de la terre serait à -15° ; il n'y aurait donc pas d'eau liquide et vraisemblablement pas de vie.

Les gaz qui sont responsables de l'effet de serre sont pour l'essentiel la vapeur d'eau (il y a l'effet de serre sur terre depuis 4 milliards d'années) et le gaz carbonique dont il y a toujours eu une présence dans l'atmosphère ; aux périodes anciennes il y avait des taux beaucoup plus élevés que ce que nous connaissons aujourd'hui. Il y a d'autres gaz qui sont :

— l'ozone (avec des sources naturelles) qui est dans les basses et hautes couches de l'atmosphère où il n'intervient pas de la même manière.

— le méthane, le gaz de la putréfaction. Dès qu'il y a un composé organique qui se décompose hors de la présence d'oxygène, il y a du méthane, par exemple dans les marécages, dans l'estomac des vaches, dans les décharges, dans les mines de charbon.

— le protoxyde d'azote, plus connu sous le nom de gaz hilarant. Il sert à anesthésier les enfants avec un goût à la fraise délicieux. Il est produit par les sols — il provient de la décomposition des composés azotés dans les sols — et l'homme en rajoute avec l'utilisation des engrais azotés.

Il y a du gaz carbonique dans l'air depuis toujours parce que les divers compartiments de la planète ont des échanges de carbone, essentiellement sous forme de gaz carbonique, avec l'atmosphère. Il y a un flux de l'atmosphère vers les écosystèmes terrestres, c'est la photosynthèse : les végétaux absorbent du gaz carbonique et c'est ce qui permet leur croissance. Mais il y a aussi des échanges dans l'autre sens : les végétaux meurent, se décomposent et restituent leur carbone à l'atmosphère à travers leur décomposition. Les végétaux respirent et c'est une activité qui conduit aussi à du retour de gaz carbonique dans l'atmosphère. On peut constater que globalement le bilan n'est pas loin de l'équilibre, les flux étant importants dans les deux sens.

Entre l'atmosphère et l'océan il y a aussi des flux très significatifs qui doivent assez peu à la vie marine. Il s'agit essentiellement d'un phénomène physico-chimique : le gaz carbonique se dissout plus facilement dans l'eau froide que chaude. Du gaz carbonique se dissout donc aux hautes latitudes, se promène avec la circulation océanique, et est restitué aux basses latitudes quand l'eau qui a plongé aux hautes latitudes ressurgit, et se retrouve sursaturée par rapport à la température ambiante. Les échanges dans les deux sens sont importants mais si l'on en fait le solde, ce dernier est relativement faible. L'homme rajoute un flux qui, en valeur absolue, est faible par rapport aux autres flux mais, par rapport aux échanges nets, il est très significatif, et c'est pourquoi on modifie la composition chimique de l'atmosphère. On accroît cet effet de serre.

Depuis un siècle et demi, les consommations de combustibles fossiles sont relativement faciles à retracer : c'est essentiellement du charbon, puis du pétrole, etc. Il est assez facile de savoir combien on en utilise et puisqu'on les brûle en général, il est assez facile de connaître les émissions engendrées. À ceci près qu'il y a quelques endroits où ce n'est pas aussi facile, pour la consommation de charbon, par exemple, qui n'est pas connue avec une précision extraordinaire. Depuis un siècle et demi on a une exponentielle concernant les émissions de gaz carbonique. Les guerres mondiales n'ont absolument pas freiné le processus.

On en émet de plus en plus parce que nous sommes de plus en plus nombreux. L'évolution démographique a connu une explosion spectaculaire depuis un siècle et demi et nous a situés au-delà de l'exponentielle. Le point où cette explosion a commencé est à peu près concordant avec le moment où l'on a commencé à utiliser des énergies fossiles de manière abondante, ce qui pose la question de savoir dans quelle mesure une énergie abondante n'est pas nécessaire au maintien d'une humanité nombreuse. Il y a un certain nombre d'éléments qui plaident dans ce sens. Manifestement, l'évolution en cours n'est pas stabilisée. La question de savoir si la terre peut supporter quelques milliards d'hommes pendant quelques siècles ou des milliers d'années est une question qu'on ne peut pas trancher en disant que si jusqu'à présent elle l'a supporté, elle le supportera à l'avenir.

Mais il n'y a pas seulement l'évolution démographique qui explique la hausse de la consommation d'énergie. Il y a aussi la hausse de la quantité d'énergie consommée par personne ; nous parlons bien là de la consommation d'énergie par terrien. Ce n'est pas seulement la consommation d'énergie des habitants des pays dits riches, catégorie dans laquelle nous nous rangeons, mais il s'agit bien de la consommation d'énergie par terrien qui a été multipliée par sept en un siècle (hors bois). Pour mesurer les quantités d'énergie consommées par individu, on utilise la tonne équivalent pétrole qui représente l'énergie obtenue en brûlant une tonne de pétrole. Quand on a du charbon, de l'électricité, du bois, les quantités physiques sont différentes. On considère par exemple que lorsqu'on brûle une tonne de charbon on obtient à peu près 0,6 tonne équivalent pétrole. C'est une unité commode pour comparer les différentes formes d'énergies entre elles. Pour information, un Français consomme entre 3 et 4 tonnes équivalent pétrole par an.

En apparence, la courbe se stabilise depuis 1980 mais, en réalité, la consommation par habitant augmente partout. Chaque consommation d'énergie de chaque habitant du globe augmente mais la démographie des gens qui sont sous la moyenne augmente plus vite que celle des gens qui sont au-dessus. C'est un simple effet arithmétique qui fait que la moyenne reste constante.

Les énergies dites fossiles (charbon, pétrole, gaz) représentent la quasi-totalité de l'énergie commerciale de l'humanité ; l'énergie non commerciale (le bois) représente 10 à 15 % de la quantité d'énergie que nous consommons. C'est mal apprécié car cette énergie sort des circuits commerciaux et personne ne déclare la quantité de bois brûlée dans l'année. L'Agence internationale de l'énergie peut difficilement faire des statistiques. En revanche, en ce qui concerne l'énergie commerciale, il y a des traces écrites, et donc on arrive à savoir à peu près ce qu'il se passe. 85 % de l'énergie consommée dans le monde est d'origine fossile donc non renouvelable et productrice de gaz à effet de serre.

Le pétrole est l'énergie du XXe siècle. Toutefois le charbon n'est pas du tout en décroissance, notamment parce qu'il a deux usages majeurs dans les pays développés : faire de l'acier (Arcelor consomme à lui seul

15 % de l'énergie française) et faire de l'électricité (à peu près 50 % de la production d'électricité de l'OCDE est faite à partir de charbon). Pour l'anecdote, je rappelerai qu'un Américain consomme quatre fois plus de charbon qu'un Chinois. Le charbon n'est donc pas du tout l'énergie des pays pauvres, contrairement à ce que l'on peut penser. C'est malheureusement l'énergie, quoiqu'elle soit de loin la plus polluante, qui est de très loin la plus abondante à la surface de la planète. Le pétrole est l'énergie de la mobilité : plus de la moitié du pétrole consommé dans le monde sert aux transports. Le gaz est de plus en plus l'énergie de l'industrie, de la production d'électricité, du chauffage. Chaque forme d'énergie connaît sa propre croissance et, même si la part du charbon en valeur relative peut diminuer, en valeur absolue elle continue d'augmenter.

Toutes les énergies fossiles émettent des gaz à effet de serre et plus particulièrement du CO_2 parce qu'elles sont toutes carbonées. Le charbon c'est beaucoup de carbone et un peu d'hydrogène, avec des tas d'impuretés diverses. Le pétrole c'est un peu moins de carbone, beaucoup d'hydrogène et des impuretés diverses. Le gaz naturel est l'énergie la moins carbonée qui soit, mais il y a quand même un atome de carbone pour quatre atomes d'hydrogène. À chaque fois que l'on utilise ces énergies fossiles, on émet du gaz carbonique ou du CO_2 (dioxyde de carbone). Entre le gaz naturel qui est l'énergie la moins riche en gaz à effet de serre et le coke de lignite, il y a un facteur deux en ce qui concerne les émissions de gaz carbonique pour une même énergie consommée. Le gaz naturel n'est pas du tout une énergie propre puisque son utilisation conduit à une perturbation climatique comme l'utilisation de toutes les énergies fossiles.

La teneur en gaz carbonique dans l'atmosphère a augmenté de manière extrêmement perceptible depuis un siècle et demi et cette augmentation est sans précédent si l'on regarde ce qu'il s'est passé pendant les 400 000 années qui viennent de s'écouler. Ce sont les calottes glaciaires des pôles qui ont fourni les informations. Il y a des scientifiques, dont des Français, qui sont allés en Antarctique, qui ont prélevé une carotte dans la glace, ont plongé un tube avec lequel ils ont extrait un cylindre de glace et ont analysé les petites bulles d'air qui se trouvent emprisonnées dans la glace. Au moment où elle se forme, à partir de neige, celle-ci se tasse et la glace formée emprisonne l'air qui enrobait les flocons de neige. En datant la glace on est capable de dater l'air qui est emprisonné avec et d'analyser sa composition.

Le gaz carbonique étant inerte quand il est emprisonné dans les bulles d'air, la teneur que l'on est capable d'y mesurer aujourd'hui est très exactement celle qu'il y avait dans l'air au moment où la petite bulle d'air a été formée. On peut remonter sur 400 000 ans parce que les couches les plus profondes auxquelles on a eu accès dans l'Antarctique datent à peu près de cette époque. Le résultat extraordinaire obtenu est le suivant : si l'on regarde sur 400 000 ans, la concentration en gaz carbonique dans l'atmosphère a fluctué entre 180 et 280 parties par million, une partie par million représente un gramme par tonne. Depuis 1958, on mesure directement le gaz carbonique dans l'air où il augmente de manière extrêmement rapide. On est capable de dire sans aucune équivoque que cette modification de la composition de l'atmosphère, cet enrichissement en gaz carbonique, sont dus à l'homme. Il y a un consensus total de la communauté scientifique sur ce fait.

Mais on ne met pas que du gaz carbonique dans l'air et pas toujours en brûlant des combustibles fossiles. La deuxième cause de son introduction dans l'atmosphère est liée au changement d'usage des sols qui correspond, pour l'essentiel, à la déforestation pour la mise de terres en culture. Il faut savoir que ce que font les pays en voie de développement en déforestant est très exactement ce qu'ont fait nos ancêtres il y a quelques siècles quand l'Europe a connu une poussée démographique. On a alors coupé des arbres et mis des terres en culture. En l'an 1000, la couverture forestière de l'Europe était de 70 à 80 % de la surface ; aujourd'hui elle est de 20 à 25 % et, dans l'intervalle, on a connu une poussée démographique, on a mis des champs à la place des bois… C'est ce qu'il se passe actuellement dans les pays en voie de développement.

Le stock de carbone qui est dans les arbres part dans l'air. Ces arbres, pour l'essentiel, ne servent pas à faire des meubles de jardin en teck mais sont brûlés comme bois de feu. Par ailleurs, la majeure partie du carbone dans les écosystèmes n'est pas dans les parties aériennes des plantes mais dans les sols sous forme d'humus, de racines, de débris végétaux ; le rapport est entre 1 pour 1 dans les écosystèmes tropicaux et jusqu'à 5 pour 1 dans les écosystèmes boréals. Si l'on brûle le bois, le gaz carbonique est envoyé dans l'air et c'est la première cause d'émission. Si la terre est mise en culture, elle va être labourée, le sol retourné et on va exposer les composés organiques du sol à l'action oxydante de l'oxygène de l'air ; ce sont aussi des émissions de gaz carbonique, plus difficiles à appréhender. C'est pourquoi la part de la déforestation est difficile à apprécier : la quantité de carbone située dans le sol peut varier de manière très forte d'un endroit à un autre.

Il y a d'autres gaz à effet de serre comme le méthane, le protoxyde d'azote, et des gaz purement industriels, qui n'ont pas de cycles naturels. Les halocarbures sont des gaz purement industriels, des hydrocarbures dans lesquels on a substitué tout ou partie de l'hydrogène par des halogènes (fluor, chlore). Ils servent à beaucoup d'applications industrielles diverses. Il y en a dans la fabrication des composés électroniques (téléphones, téléphones portables), dans la chaîne du froid (réfrigérateurs, congélateurs, climatisations de voitures), dans les bombes aérosols, dans l'expansion des mousses, etc. Une famille particulière d'halocarbures regroupe les CFC (ceux qui font le trou dans la couche d'ozone et qui sont désormais interdits).

Comment fait-on pour comparer ces gaz ?

C'est un long problème technique. Ce n'est pas du tout évident parce qu'il faut être capable de savoir comment le climat va réagir sur une longue période au fait de rajouter dans l'atmosphère un kilo de gaz carbonique plutôt qu'un kilo de méthane. Le problème est loin d'être simple car il dépend des pouvoirs d'absorption des infrarouges (les gaz à effet de serre sont à effet de serre parce qu'ils absorbent les infrarouges terrestres), mais aussi de la teneur préexistante parce qu'il y a des effets de saturation, et quand on rajoute un gaz à effet de serre avec une concentration de départ, ce n'est pas le même effet que si on rajoute la même quantité avec une concentration de départ triple…

Ces gaz à effet de serre n'absorbent pas tous toute la gamme des infrarouges. Ils absorbent certains infrarouges et pas d'autres, outre que différents gaz, comme le méthane et le protoxyde d'azote, peuvent absorber les mêmes infrarouges. Le problème se complique parce que, quand on rajoute un peu de méthane, il faut non seulement savoir combien il y en a déjà dans l'air, mais aussi combien il y a de protoxyde d'azote. C'est un problème compliqué et la comparaison des gaz est une notion approximative. Beaucoup de physiciens ont hurlé quand on a mis une unité de mesure unique pour tous les gaz qui est l'équivalent carbone. Cependant, il n'y a pas de possibilité d'action sans savoir s'il vaut mieux pour un industriel ou pour moi éviter de mettre un kilo de méthane ou de gaz carbonique dans l'atmosphère. C'est une notion pour partie politique (avec le côté noble de la chose), parce que sans unité de mesure il n'y a pas d'action possible ou du moins l'action se complique considérablement.

En ce qui concerne la concentration de méthane dans l'atmosphère, elle a commencé à augmenter il y a deux siècles et demi parce que ce gaz a beaucoup de sources agricoles (c'est le gaz de la putréfaction). On en trouve dans les rizières, dans l'estomac des vaches, dans les détritus organiques dont l'agriculture est un producteur important : l'agriculture est le premier producteur de déchets en France en tonnage. On rencontre le même phénomène au niveau du protoxyde d'azote qu'on mesure également dans l'air. On y trouve aussi l'hexafluorure de souffre qui sert dans l'industrie des transformateurs, dans les doubles vitrages.

L'homme n'émet pas que des gaz à effet de serre au travers de ses activités modernes ; il émet aussi des aérosols. Un aérosol est une suspension dans l'air de petites particules ; ce peut être des poussières solides, des gouttelettes liquides (un nuage est un aérosol). L'homme peut émettre soit directement des aérosols (une carrière, un feu de forêt) soit des précurseurs d'aérosols, c'est-à-dire des composés gazeux qui, une fois dans l'atmosphère, vont conduire à la formation de gouttelettes, ou de particules solides, et c'est le cas du dioxyde de souffre qui amène à des aérosols souffrés ardemment combattus parce qu'ils ont des effets locaux indésirables. Ils sont à l'origine des pluies dites acides, et il est frappant de constater qu'à la différence des gaz à effet de serre, dont la teneur augmente indéfiniment depuis qu'on a commencé à en émettre, le dioxyde de souffre, toujours avec le même processus d'examen des carottes, décroît depuis une cinquantaine d'années, ce qui correspond au moment où l'on a commencé à imposer des contraintes à l'industrie. La grosse source d'émission de dioxyde de souffre concerne les usages industriels. On trouve du souffre dans tous les hydrocarbures. Il y a donc des émissions importantes de dioxyde de souffre dans les centrales électriques qui fonctionnent au fioul ou au charbon, chez les aciéristes qui utilisent du charbon, etc.

Les durées de résidence des gaz à effet de serre dans l'atmosphère sont longues. On ne parle pas de durée de vie, au sens où l'on parle de demi-vie pour un atome radioactif. Pour les gaz à effet de serre, pour que l'on puisse parler de périodes, il faudrait avoir un processus de disparition unique, indépendant des conditions du moment. C'est ce qu'il se passe pour une désintégration radioactive : un atome de carbone 14 se désintègre à la même vitesse, qu'il soit dans l'air, dans l'eau, associé à de l'oxygène, tout seul, etc. Nous ne sommes pas dans ce cas de figure parce que l'élimination d'un surplus de gaz carbonique dans l'atmosphère n'est pas indépendant des conditions du moment ; tout dépend de la concentration, si la circulation océanique s'est arrêtée ou pas, etc.

Pour savoir combien de temps les gaz vont rester et comment vont évoluer les concentrations et, en conséquence, comment va évoluer le climat à l'avenir, il est nécessaire de faire des scénarios. C'est un point fondamental sur lequel j'insiste beaucoup : le futur n'est pas seulement le résultat d'une modélisation. L'incertitude sur l'élévation de température que l'on a l'habitude de mentionner d'ici à un siècle n'est pas seulement le reflet de l'incertitude des outils de modélisation. Il est aussi le reflet de l'incertitude quant au comportement que l'humanité va adopter pendant le siècle qui va s'écouler. Il y a bien évidemment une part d'incertitude liée aux modèles mais ce n'est pas la principale.

Il y a une dispersion des scénarios. Aujourd'hui, l'émission liée aux combustibles fossiles est de 6 milliards de tonnes de carbone par an. D'ici à 2100, entre le scénario qui pourrait être qualifié de plus optimiste, et le plus pessimiste, il y a un facteur 5 sur les émissions annuelles de CO_2. J'attire votre attention sur le fait qu'il s'agit de scénarios et non de prévisions. Les concepteurs de ces scénarios se refusent absolument à qualifier un scénario comme étant plus probable qu'un autre et c'est un point fondamental. Cela veut dire que l'avenir n'est pas écrit, et c'est heureux, et que tous les gens qui critiquent les projections de température en disant que tel ou tel scénario n'est pas réaliste ne font que reprendre sous une forme négative une précaution mise au résultat par tous les modélisateurs.

Que peut-il en résulter ?

Si l'on met en perspective la concentration des gaz à effet de serre dans l'atmosphère sur les mille dernières années, celles qu'on a connues au XXe siècle et celles qu'on pourrait connaître au cours du XXIe siècle, selon les divers scénarios qui ont été faits, on s'aperçoit que dans tous les cas de figure on continue à perturber de manière très significative, avec les scénarios utilisés, la composition de l'atmosphère : entre l'époque dite préindustrielle et ce qu'on aurait au XXIe siècle, on oscille entre un doublement et un quadruplement.

Que fait-on de ces scénarios ?

On les met dans un modèle. Un modèle est une représentation informatique, qu'on espère aussi fiable que possible, de la manière dont se comporte le système climatique. La première chose consiste à regarder le passé et à voir si un modèle reproduit correctement ce qui a été observé jusqu'à ce jour. C'est indispensable et c'est ainsi qu'on règle certains paramètres pour les phénomènes qui ne sont pas explicitement pris en compte, notamment les nuages, qui sont des phénomènes de trop petite échelle pour que les ordinateurs, avec leur puissance actuelle, soient capables de résoudre explicitement les équations de la physique liées à la dynamique des nuages.

Mais, même avec cette imprécision des modèles, si on superpose les évolutions de températures et les simulations de plusieurs modèles, on obtient quelque chose qui, si le recouvrement n'est pas parfait, est suffisant pour pouvoir considérer l'indication du modèle quant à l'avenir comme pertinente.

Ces modèles ne sont pas faits pour faire des simulations régionales fiables. Quand Météo France donne le temps qu'il va faire demain, ils utilisent pour ce faire un modèle qui est très voisin dans sa conception du modèle utilisé pour savoir quel est le temps qu'il fera dans un siècle ou dans deux mais qui est utilisé sur des échelles de temps beaucoup plus courtes et sur des échelles d'espaces beaucoup plus petites.

Comment fonctionne un modèle ?

Un ordinateur ne sait pas traiter une infinité de points. On transforme donc le monde en parallélépipèdes et l'ordinateur ne se préoccupe que de ce qu'il se passe aux coins de ceux-ci ; on parle de maillage. Si l'on est en deux dimensions, on recouvre la planète d'un filet imaginaire et en trois dimensions on met des parallélépipèdes imaginaires. Ce qui se passe aux coins peut dépendre d'un certain nombre de paramètres fixés pour l'intérieur comme par exemple les nuages, l'occupation du sol (de l'eau, de la terre). On fait tourner ce modèle, c'est-à-dire qu'on lui donne une situation climatique de départ, afin qu'il en sorte le temps qu'il fera dans dix, vingt, trente ans. On observe comment il est éventuellement susceptible de se modifier en fonction de la quantité de gaz carbonique contenue dans l'atmosphère.

On peut ainsi produire un diagramme qui met en perspective l'augmentation future avec la température probable du passé, la barre d'erreurs concernant la période précédant la mise en place d'un réseau de stations. Le thermomètre a cinq siècles d'existence mais il n'y a qu'un siècle et demi qu'on considère qu'on a un protocole de mesure (température au soleil ou à l'ombre, dans un endroit venté ou pas) et un nombre d'observations suffisant pour avoir une température moyenne fiable.

L'élévation de température qui a été constatée au XXe siècle est encore du même ordre que la barre d'erreur pour les mesures concernant les époques plus reculées, d'où l'interrogation consistant à se demander si l'élévation de température au XXe siècle est purement le résultat de l'utilisation déjà intensive des combustibles fossiles où si elle est due à la variabilité naturelle (le soleil qui envoie plus ou moins d'énergie, le volcanisme plus ou moins actif, etc.). La réponse est en deux temps : pour la première partie du XXe siècle, l'effet de serre anthropique n'est vraisemblablement pas intervenu ; pour la deuxième partie du XXe siècle, on ne sait pas expliquer l'élévation de température intervenue sans ajouter l'effet de serre anthropique, juste avec la variabilité naturelle.

L'une des caractéristiques de l'élévation de température qui a eu lieu dans la seconde moitié du XXe siècle, qui est parfaitement cohérente avec l'effet de serre, est qu'elle a lieu plus l'hiver que l'été et plus la nuit que le jour, c'est-à-dire d'une manière générale davantage quand il n'y a pas de soleil. Or, les infrarouges émis par le sol existent le jour mais aussi la nuit alors que le chauffage solaire n'existe pas la nuit et moins l'hiver. Cette structure dans la modification des températures est l'explication la plus probable de l'augmentation de l'effet de serre anthropique pour la seconde moitié du XXe siècle.

Toutefois, il n'est pas nécessaire d'avoir une certitude sur ce point pour pouvoir dire que le climat va se modifier à l'avenir. La question de savoir si le climat s'est déjà un peu ou beaucoup modifié de notre fait, est une question qui peut rester dans le flou tout en ayant des certitudes fortes sur la manière dont la situation va évoluer à l'avenir. Il y avait des signaux antagonistes dont on sait que l'un va l'emporter sur l'autre de manière beaucoup plus claire à l'avenir.

Comment la situation peut-elle se passer régionalement ?

C'est un point sur lequel les modèles ne sont pas tous d'accord. Cela étant, il y a quand même quelques convergences : il devrait y avoir une plus grande augmentation aux hautes latitudes qu'aux basses latitudes, et au-dessus des continents qu'au-dessus des océans parce que l'inertie thermique des océans est plus importante. L'écart de température entre la moyenne et ce qu'il peut se passer dans les hautes latitudes est d'un facteur 3, entre ce qu'il se passe en moyenne et ce qu'il se passe au-dessus des continents, il y a un facteur 2.

Si l'on regarde un scénario plus intensif, où l'élévation de la température moyenne est d'un peu moins de 4°, il y a plus 10° dans les hautes latitudes, jusqu'à 8° au-dessus des continents, beaucoup moins sur l'Atlantique nord. Cette modification de température ne sera absolument pas homogène selon les saisons et les zones du globe ; il peut y avoir des endroits qui se refroidiraient temporairement dans un réchauffement global.

S'il y a une seule chose à retenir c'est la suivante : quelques degrés de différence de la température planétaire entraînent une modification radicale de l'environnement. À l'époque où la température de la terre était de quelques degrés plus bas nous étions en période glaciaire ; il y avait quelques kilomètres de glace sur le Canada et le nord de l'Europe, la mer était plus basse de 120 mètres, et la France couverte d'une maigre steppe dont il était hors de question qu'elle puisse nourrir quelques millions d'hommes et a fortiori certainement pas 60 millions. Quelques degrés en moins sur la moyenne planétaire entraîneraient à coup sûr une catastrophe.

On ne sait pas avec précision ce que causeraient quelques degrés en plus, par contre on est certain que cela engendrerait une modification significative. Autre point important : la dernière transition climatique que nous avons connue, la déglaciation, s'est passée en 10 000 ans alors que, si nous continuons sur notre lancée, nous sommes partis pour une élévation de température qui est du même ordre de grandeur en un siècle. C'est une transition 100 fois plus rapide et vous savez tous qu'une même différence entre une valeur de départ et une valeur d'arrivée, selon le temps mis à faire la transition, est inoffensive ou est une catastrophe. Prenons le cas d'une voiture qui roule à 100 km/h : si elle arrive à 0 km/h en 30 secondes, tout le monde est sain et sauf, si c'est en une fraction de seconde en entrant dans un mur c'est beaucoup plus douloureux. L'image peut être reprise : ce n'est pas tant les valeurs de départ et d'arrivée qui sont nécessairement très significatives, c'est aussi et surtout la vitesse à laquelle va se passer la transition.

Quand on en vient à l'eau qui est un élément absolument indispensable à la vie, les modèles nous donnent toujours des indications concordantes mais, quantitativement, la dispersion des résultats commence à être plus importante. On est tenté de penser qu'il pleuvra plus où il pleut déjà, et moins où il ne peut pas beaucoup. Globalement à la surface de la planète il pleuvra plus parce que la capacité à contenir de la vapeur d'eau de l'air croît avec sa température (plus l'air est chaud, plus il peut emmagasiner de vapeur d'eau). L'évaporation augmente sur une planète globalement plus chaude ; elle redescend sous forme de pluies plus abondantes.

Après avoir parlé des grands déterminants du climat que sont la température et les précipitations, on en vient aux écosystèmes et la question est de savoir quels risques nous courrons. Le risque est une approche probabiliste ; on ne peut absolument pas parler de certitudes, mais ce n'est pas pour autant qu'il ne faut pas agir.

Si l'on cartographie les écosystèmes présents à la surface de la terre en fonction de la température et de l'eau qui tombe, on se rend compte que le premier déterminant pour connaître des conditions hospitalières, est beaucoup plus l'eau qui tombe que la température. On peut avoir une température moyenne qui varie de 20 degrés, tant que la pluviométrie ne varie pas trop il y aura toujours des prairies. Les variations de pluviométrie sont donc beaucoup plus déterminantes pour l'avenir des écosystèmes que les variations de température. Malheureusement c'est sur ce domaine qu'on a la plus mauvaise visibilité. Il y a aura une remontée vers le nord des températures moyennes, c'est-à-dire qu'il y aura des parasites qui n'existaient pas auparavant à ces latitudes mais qui ont une aptitude à s'adapter généralement meilleure que les grosses bêtes, etc.

Par ailleurs, on ne sait pas comment va évoluer la variabilité, l'importance et/ou la fréquence avec laquelle une valeur s'écarte de la valeur moyenne. S'il y a une température moyenne de 10° et qu'il fait cette température lundi, mardi, mercredi, jeudi, vendredi, c'est une température peu variable, s'il y a 10° de moyenne sur la semaine avec 0° lundi, 20° mardi, 0° mercredi, 20° jeudi, etc., c'est une température fortement variable avec exactement la même moyenne. Or, le problème est que, pour toutes les valeurs climatiques (température, hydrologie), il y a des seuils de résistance (un arbre d'une certaine espèce doit recevoir x litres d'eau par an, ne peut pas rester x mois sans recevoir de l'eau, etc.). La question est de savoir si ce seuil sera franchi de temps en temps à l'avenir. En ce qui concerne le vent, il suffit qu'il souffle une fois, tous les 50 ans, un ouragan à 300 km/h sur les forêts de feuillus en France pour qu'on n'en ait plus.

Sur l'évolution de la variabilité, il y a des indices qui suggèrent — qu'en phase transitoire — il pourrait y avoir une augmentation ; mais, pour le moment, nous sommes loin d'avoir des certitudes et il est vraisemblable que nous n'en aurons pas avant de constater d'éventuels ennuis.

Il y a une possibilité d'augmentation des zones endémiques de maladies à vecteurs parce que les moustiques, les parasites qui les portent aiment la chaleur. On pense souvent au paludisme mais les maladies à vecteur comprennent aussi la fièvre jaune, et de nouvelles maladies concernent aussi bien les hommes et les animaux que les plantes.

La mer va monter, c'est une certitude, parce que l'eau chaude occupe plus de volume que l'eau froide. La transmission de l'élévation de température aux océans va se produire sans que les bassins océaniques ne se déforment beaucoup, à l'échelle de quelques siècles. Ce ne sera plus vrai à des échelles de temps beaucoup plus longues. La grande inconnue, c'est la manière dont vont se comporter les calottes glaciaires. Si la température moyenne monte de 2,5° degrés d'ici 100 ans, la glace du Groenland va fondre en partie. L'élévation du niveau de l'eau a une inertie considérable mais il y a aussi un système glaciaire instable en Antarctique et, s'il fond, la disparition de cette calotte occidentale de l'Antarctique ferait monter le niveau des océans de 6 mètres. Entre le Groenland et le système glaciaire en Antarctique, l'océan pourrait monter de 12 mètres en 1 000 ou 2 000 ans ; cela pourrait monter plus, mais il est très peu probable que le reste de l'Antarctique soit concerné. Depuis son établissement il y a quelques dizaines de millions d'années, il semblerait que la calotte Antarctique n'ait jamais fondu ; dans le cas contraire, il y aura 60 mètres de plus, mais c'est un risque que l'on peut écarter pour le moment.

Il y a plus ennuyeux : actuellement, l'océan global est animé d'un mouvement de circulation mondial. L'un des moteurs de cette circulation est la plongée des eaux, processus qui se passe dans l'Atlantique nord. L'eau y devient salée et particulièrement froide ; l'océan de surface a en effet restitué toute sa chaleur en montant depuis l'Équateur. En hiver, l'eau devient par ailleurs particulièrement salée parce que la mer qui gèle, pour former la banquise, expulse une partie de son sel. L'eau de mer qui ne gèle pas devient donc très dense, plus dense que celle qui est en dessous ; elle plonge et c'est le moteur principal de la circulation océanique globale.

Il va se mettre à pleuvoir plus globalement dans un climat réchauffé et cette augmentation de la pluviométrie concernera particulièrement les hautes latitudes comme le bouclier canadien, le nord de l'Europe, le Groenland, l'Atlantique. Et s'il pleut suffisamment, l'eau douce apportée en excès ralentira la plongée des eaux, outre que l'élévation de température et une moindre formation de banquise vont aussi contribuer à rendre l'eau de surface moins dense, donc moins apte à plonger. Avec une élévation de température moyenne en 2100 (de 2,5°), il y a un certain nombre de modèles qui indiquent que cette circulation pourrait fortement se ralentir. Si cette circulation s'arrête, il pourrait y avoir en Europe quelques °C de température moyenne en moins, malgré un réchauffement climatique global.

Autre conséquence. Ces courants vont de la surface vers les profondeurs et vice versa ; ils ont deux fonctions : ils oxygènent les fonds marins et ramènent les sels minéraux des profondeurs ; ces derniers sont nécessaires à la croissance du plancton. Ce sont généralement les sels minéraux qui sont limitants sur la vie marine et non le carbone, l'azote ou le soleil. Si leurs concentrations baissent, on peut se poser la question de savoir comment évoluera la vie marine. Il faut noter cependant que lorsqu'on regarde les conséquences des prélèvements opérés par la pêche, on constate une division par 10 de la biomasse dans l'Atlantique nord en un siècle : il n'y a donc pas que le climat qui joue.

Cela pourrait avoir aussi des effets sur la couche d'ozone. Le trou dans la couche d'ozone dans l'Antarctique est notamment rendu possible par l'apparition de très basses températures pendant l'hiver austral. Il faut savoir aussi que le composé chimique qui est à l'origine de la dégradation de cette ozone stratosphérique n'a pas vu sa concentration décroître fortement depuis le protocole de Montréal qui en interdisait la production, parce que ce sont des produits à durée de vie longue dans l'atmosphère, durée qui se compte en décennies ou en siècles. Avec un changement climatique, les températures dans la stratosphère vont baisser. S'il y a plus d'énergie captée au niveau du sol, il y a moins d'énergie pour chauffer les hautes couches et l'on craint une aggravation de la détérioration de l'ozone stratosphérique au moment de la formation du « trou ».

Et les tempêtes, les inondations ? Il n'est pour le moment pas possible de se prononcer sur la fréquence de ces événements dans un climat modifié. Il est possible de se prononcer avec prudence sur leur intensité due aux gradients de température qui pourraient être accrus, aux dépressions qui pourraient être augmentées dans certains cas de figure. On pense que certains phénomènes pourraient devenir plus intenses mais, par contre, en ce qui concerne l'augmentation du nombre d'ouragans ou de leurs zones de survenance, il n'existe pas de tendances claires aujourd'hui.

Dans un climat qui aurait commencé à se modifier et qui deviendrait moins hospitalier pour les écosystèmes qui renferment des stocks de carbone, la pression sur les écosystèmes pourrait conduire ceux-ci non seulement à moins bien absorber le gaz carbonique, mais aussi à en relâcher. Les sols contiennent l'essentiel du carbone des écosystèmes et des microbes y décomposent les détritus organiques qui s'y trouvent. Dans un climat plus chaud et plus humide, on peut penser que les petites bêtes iraient mieux, qu'elles décomposeraient plus vite les résidus organiques des sols avec une augmentation des émissions des sols.

Je vais parler de deux modélisations réalisées dans deux centres distincts : l'un en France et l'autre en Angleterre. Ils prennent en compte la rétroaction du climat sur le cycle du carbone, c'est-à-dire l'effet d'un début de modification climatique sur la manière dont le carbone s'échange entre les écosystèmes et l'atmosphère. Si les hommes mettent seulement 700 parties par million de gaz carbonique, l'effet de décomposition accélérée des sols les fait monter jusqu'à 1 000 et cela rajoute trois degrés supplémentaires à l'élévation de la température en 2100. Il est donc fort possible que l'effet de puits joué par la nature aujourd'hui aille en s'affaiblissant et, si la circulation océanique mondiale se ralentit, on aura le même effet puisque c'est cette circulation qui charge les eaux froides en gaz carbonique, les met dans le fond des océans pendant que les eaux qui ressurgissent des profondeurs vers la surface sont des eaux qui ont plongé il y a quelques siècles et qui ont donc la teneur en gaz carbonique d'alors. Pour le moment l'océan emmagasine du carbone ; mais il ne va pas le faire indéfiniment et de moins en moins au fur et à mesure que la concentration augmente, que la température s'élève parce que les eaux des hautes latitudes vont devenir plus chaudes.

Quand on regarde les variations comparées de la teneur en gaz carbonique, en méthane et de la température au niveau de l'Antarctique sur les 400 000 années écoulées, on constate une corrélation entre les trois, ce qui signifie que pour le moment on ne connaît pas d'exemple où la teneur en gaz carbonique aurait pu monter pendant que les températures baissaient. On ne connaît pas aujourd'hui d'exemple de survenance d'un phénomène d'amortissement qui permettrait miraculeusement à la température de baisser alors que les concentrations continuent d'augmenter.

Supposons que l'on ne souhaite pas courir le risque d'une modification majeure du climat, et qu'on veuille s'arrêter d'enrichir l'atmosphère en gaz carbonique, ce qui est un premier pas vers un arrêt de l'élévation des températures et de la modification du climat. Très concrètement, il faut diviser par 2 à 3 au minimum les émissions mondiales d'ici quelques siècles. Le gaz carbonique étant inerte dans l'atmosphère, on a à faire à un simple problème de robinet : on trouve dans l'atmosphère ce qui y a été mis moins ce qu'on en retire. Si l'on veut que le CO_2 atmosphérique cesse de croître, on ne peut pas mettre plus que ce que les puits retirent, et en régime équilibré ils ne retirent rien du tout. À terme, on pourrait dire qu'il ne faut absolument plus rien mettre mais si l'on raisonne à l'échelle de quelques siècles le bon ordre de grandeur est une division par 2 à 3. Passée la stabilisation du CO_2, la température continuera cependant d'augmenter, de plus en plus doucement, pendant un millénaire, et l'océan continuera de monter pendant des millénaires.

Quels sont les émetteurs de CO_2 aujourd'hui ?

— la première source, avec 35 % du total, est la production d'électricité, conséquence de l'utilisation du charbon, du fuel et du gaz pour ce faire. Le nucléaire et l'hydroélectricité, qui ne font pas de CO_2, représentent chacun 17 % de l'electricité mondiale ;

— une petite partie (5 %) concerne le raffinage ;

— un quart est lié à l'industrie, pour l'essentiel à cause de la fabrication des matériaux de base comme l'acier, le plastique, des produits chimiques divers ;

— un quart vient des transports ;

— environ 15 % vient du chauffage.

Si l'on regarde la France et que l'on s'intéresse non pas au seul gaz carbonique mais à tous les gaz à effet de serre (avec le méthane, le protoxyde d'azote), l'agriculture est en première place. Elle permet de manger et d'exporter nos produits alimentaires et c'est la première cause d'émission de gaz à effet de serre. Cela concerne non pas la déforestation (en France on ne déforeste plus), mais l'élevage bovin (en France le poids des vaches est supérieur au poids des hommes) et l'utilisation des engrais azotés. Le méthane et le protoxyde d'azote sont aux deux tiers d'origine agricole. Les transports occupent la deuxième place mais pourrait occuper la première si on ne considérait que l'émission de CO_2. L'industrie arrive à égalité avec les transports. En cinquième position, on trouve la transformation d'énergies, c'est-à-dire le raffinage et les centrales électriques. En France, contrairement à ce qu'il se passe dans le monde, l'essentiel de ce poste est dû au raffinage. Le résidentiel (le chauffage des maisons, des bureaux, etc.) représente des émissions presque égales à celles des transports.

Que peut-on émettre au maximum si l'on divise les émissions par 2 pour 6 milliards d'humains ?

Si on a 3 milliards équivalent carbone à notre disposition pour 6 milliards d'habitants, on se rend compte que pour arrêter de perturber toujours plus le climat dans ce système égalitaire, un Américain devrait diviser ses émissions par 12, un Allemand par 6, un Français par 4 (malgré le nucléaire), les Suisses à peu près pareil (ce sont les plus vertueux de l'Europe), les Chinois sont au-dessus du quota, les Indiens sont un peu en dessous, les Népalais ont encore une marge de manœuvre…

On dit souvent que les pays pauvres ont le droit de se développer, et je voudrais vous poser une question très iconoclaste mais qui est essentielle : quand cesse-t-on d'être pauvre ? Si l'on prend un comparatif simple, c'est-à-dire un Indien de l'an 2000 et un Français de 1900, sur à peu près n'importe quel point l'Indien de l'an 2000 a mieux que le Français de 1900 et pourtant il ne viendrait à personne l'idée de qualifier la France de 1900 de pauvre et l'Indien de l'an 2000 de riche. Cependant, quand on regarde, le moindre ouvrier aujourd'hui vit beaucoup mieux qu'un noble du Moyen Âge : il vit beaucoup plus longtemps, il a accès à une meilleure santé, à une alimentation abondante ; l'Indien de l'an 2000 vit mieux, et a accès à beaucoup plus de services que le Français de 1900. C'est un point fondamental parce que la pauvreté est un épouvantail très souvent agité quand on commence à parler des marges de manœuvre (on ne peut rien faire parce que les pauvres n'aiment pas être pauvres, etc.). La question est que nous vivons dans un monde fini : quand arrête-t-on d'être pauvre ? C'est une question importante.

Que fait-on avec les technologies en vigueur si l'on est limité à 500 tonnes équivalent carbone ?

— On peut aller une fois dans l'année à New York en avion et après c'est fini : on ne mange plus, on ne se chauffe plus, on ne fait plus construire de maison ;

— Si on ne fait pas le voyage, on peut consommer de l'électricité en quantité variable suivant la manière dont elle a été faite (80 % de l'électricité consommée n'est pas celle que l'on paie sur une facture) ;

— Ou alors, on peut acheter des produits manufacturés en quantité limitée parce qu'il a fallu fabriquer l'acier, le plastique, etc.

Notre civilisation actuelle n'est absolument pas compatible avec une préservation du climat et l'effort à accomplir pour y arriver est considérable. Si l'on rajoute aux émissions directes de l'agriculture, les émissions indirectes liées à la fabrication des engrais, à l'essence du tracteur, à sa fabrication, à la fabrication des silos, etc., manger un kilo de bœuf ou faire 100 km en voiture est similaire. On mange littéralement du pétrole aujourd'hui. Dans un kilo de bœuf, il y a 2 kg d'hydrocarbure parce que les beaux champs de blé blond que vous voyez cultivés iront pour moitié nourrir des cochons et des vaches et il en faut 50 kilos pour faire un kilo de bœuf.

Il y a des émissions de gaz à effet de serre dans les transports, moins dans les transports anciens et plus dans les transports récents qui sont ceux qui se développent le plus vite et qui émettent plus pour un même service rendu. L'avion par passager.kilomètre est à peu près équivalent à la voiture.

En ce qui concerne l'habitat, les émissions dues au chauffage et celles dues au transport peuvent varier d'un facteur trois pour une même surface habitable, selon que vous habitez un appartement (avec une déperdition faible, et situé en centre ville) ou une maison ancienne (moins bien isolée et située en banlieue).

La manière dont on fait l'électricité n'est pas sans incidence. Si l'on regarde le contenu en gaz à effet de serre d'un kw/h selon le pays, on s'aperçoit que la France occupe une bonne place avec la Suède et la Suisse du fait que ces trois pays produisent la quasi-totalité de leur électricité sans recourir aux énergies fossiles. En revanche, le Danemark est le pays qui a le contenu en gaz à effet de serre par kw/h le plus important et surtout c'est le pays le plus gros émetteur par habitant de toute l'Union européenne…

Certains disent que si brûler des combustibles fossiles pose un problème, il suffit d'attendre qu'il n'y en ait plus. Malheureusement, cela nous mènerait trop loin, parce que si les combustibles les plus commodes sont le gaz et le pétrole, il y a sur terre 3 000 milliards de tonnes équivalent pétrole de charbon. La consommation annuelle de l'humanité se situe à 9 milliards de tonnes équivalent pétrole aujourd'hui. Sachant que la consommation augmente de 2 % par an depuis des décennies, quand aurons-nous vidé nos tiroirs si nous continuons au même rythme ? En intégrant 2 % de croissance par an nous avons un siècle de consommation de combustibles devant nous. On peut utiliser le charbon pour se déplacer, ce qui est possible puisqu'on peut le liquéfier : on l'a fait pendant la dernière guerre. On perd cependant 50 % de l'énergie pendant la transformation et ce ne sont plus 3 mille milliards de tonnes équivalent pétrole de charbon mais 1 500 qui sont disponibles pour l'usage final. Si l'on souhaite prendre le charbon pour faire de l'électricité et mettre le CO_2 dans un grand trou (ce que l'on envisage de faire), on divise également la quantité d'énergie finale disponible par 2. Cela démontre qu'en prolongeant les tendances, nous ne sommes pas à une distance temporelle considérable d'une situation ennuyeuse, même en faisant abstraction du changement climatique.

Admettons que l'on veuille réduire les émissions : pour diviser la consommation par 2 en 30 ans, il faut qu'on la diminue de 2 % par an et si l'on veut la diviser par 2 en 20 ans, il faut la diminuer de 3 % par an. Tout ceci pour vous donner un pourcentage annuel en fonction d'un objectif de réduction, parce que quand on dit qu'il faut diviser par 2 on prend peur, en croyant toujours que c'est pour la semaine prochaine. C'est pour illustrer le fait que si l'on se donne un objectif sur une durée qui a un sens, compte tenu des ordres de grandeur, on arrive à des pourcentages de variations annuelles beaucoup plus en rapport avec ce dont on a l'habitude.

Comment peut-on diminuer la consommation d'énergie ?

On peut utiliser moins d'énergie pour un même service. Si on mettait par exemple les meilleures technologies disponibles en œuvre aujourd'hui en France, on pourrait à peu près diviser la quantité d'énergie utilisée par 2 : avec la meilleure isolation possible dans tous les logements, etc. Bien évidemment, on ne pourra pas le faire en une semaine, le renouvellement du parc de logement par exemple est de l'ordre de 1 % par an, le renouvellement du parc de voitures prend de l'ordre de 15 ans, etc. On peut diviser la consommation unitaire mais cette marge de manœuvre n'est accessible que pour autant que la consommation matérielle n'augmente pas dans le même temps. Si elle augmente de 3 % par an pendant que l'efficacité énergétique augmente de 1,5 % par an, il est facile de comprendre que la quantité globale ne diminue pas.

On peut utiliser des énergies moins carbonées mais dont il faut analyser les marges de manœuvre qu'elles permettent :

— L'hydroélectricité n'émet rien en fonctionnement, mais il faut construire les barrages avec du béton et cela émet des gaz à effet de serre. La grande hydraulique est une énergie renouvelable qui est la première à avoir été exploitée de manière significative pour l'électricité. Elle a comme intérêt que ce sont les bassins versants qui concentrent pour nous alors que, d'une manière générale, les énergies renouvelables ont l'inconvénient de demander des occupations d'espaces qui sont très significatives (ce sont des énergies diffuses). On a la chance, avec les hydrocarbures, d'avoir la nature qui a concentré et stocké l'énergie pour nous. Si l'on veut utiliser les renouvelables, il faut faire les deux « au fil de l'eau ». La concentration demande de grandes quantités d'espaces disponibles et l'hydro-électricité est la plus intéressante, mais elle n'est pas parfaitement neutre pour l'environnement ni pour les populations. Il y a un facteur 10 entre ce que l'on a déplacé pour le barrage des Trois-Gorges, et ce qu'on a déplacé pour Tchernobyl. Les barrages sont très loin d'être des implantations mineures pour l'environnement.

— La fission nucléaire n'émet pas de gaz à effet de serre mais, pour construire la centrale, il faut de grosses masses de béton et de l'énergie pour extraire l'uranium avec des pelleteuses, etc. Si on met bout à bout les pays pour lesquels on considère que le risque de prolifération est derrière nous du fait que les centrales sont déjà implantées (États-Unis, Russie, Inde, les pays de l'Europe de l'ouest), y augmenter significativement la part du nucléaire permet d'envisager une économie de l'ordre de 30 % des émissions mondiales. Cet exercice est théorique parce qu'il y a une partie de la production d'électricité qui ne peut pas être faite de cette manière ; c'est la partie variable qui a lieu parce que tous les gens allument et éteignent leur télévision au même moment, mais il n'en reste pas moins que le nucléaire permettrait une marge de manœuvre significative. Cependant, il y a des inconvénients qui ne sont peut-être pas ceux qu'on a l'habitude d'entendre. Le premier est que les filières utilisées actuellement consomment des ressources aussi limitées que le pétrole, la fission de l'uranium 235 ne permettant pas d'avoir des horizons de temps considérables. Pour passer à un facteur 100 supplémentaire, il faut utiliser une autre filière dite à neutrons rapides qui permet de brûler 99 % de l'uranium naturel. En revanche, la fusion ne sera pas prête avant un siècle et, la première qui sera maîtrisée est une fusion où l'une des matières premières utilisées ne vient pas de l'eau mais du lithium, assez peu abondant sur la terre. La deuxième réticence concernant le nucléaire peut être sanitaire. Le nucléaire ne me fait pas peur personnellement car je fais confiance à l'OMS. Par contre, le problème de prolifération reste un vrai problème et ma vraie crainte n'est pas celle du nucléaire civil mais du nucléaire militaire. Le troisième motif de crainte courant est celui des déchets. Pour moi, ils ne sont pas un vrai problème : ils sont mis dans une poubelle, certes différente de celle utilisée pour d'autres déchets, mais qui présente un avantage considérable en évitant la dispersion, contrairement à ce qui se passe pour le gaz carbonique. Les déchets nucléaires sont surveillés, de même que les déchets de l'industrie chimique comme les piles. En termes de quantité jetée, chaque Français est à l'origine tous les ans de 300 kg de déchets industriels spéciaux, quand sa consommation d'électricité a engendré quelques grammes de déchets radioactifs à haute activité. Si l'on faisait notre électricité au charbon en France, on relâcherait aussi de la radioactivité au travers de nos déchets parce que le charbon contient des tas d'impuretés dont des éléments radioactifs, et par kw/h produit, il y a parfois plus d'activité dans les cendres de charbon que dans les déchets nucléaires.

— Le photovoltaïque est relativement intensif en émission de gaz carbonique parce qu'il faut faire le panneau ; c'est de l'industrie des semi-conducteurs très gourmande en énergie et en particulier en électricité. En couvrant en France la moitié des surfaces de toits de panneaux photovoltaïques, on obtient la consommation électrique de la France qui représente entre 20 et 40 % de l'énergie consommée. On a donc une marge de manœuvre importante en apparence, mais quelques problèmes restent à résoudre : il n'y a du soleil que le jour, il faut donc stocker et disposer d'une masse considérable de batteries. Il y a un faux problème de coût, mais un vrai problème de rendement : il faut mettre beaucoup d'énergie pour faire un panneau solaire et beaucoup pour faire une batterie et les semi-conducteurs et les batteries sont polluants.

— Le solaire thermique. Le solaire est beaucoup plus intéressant en utilisant l'eau comme fluide de captage et de stockage : le rendement est 3 à 4 fois meilleur. On sait stocker la chaleur : on met un gros réservoir de saumure contenant éventuellement des cailloux, bien isolé, et la chaleur peut être stockée sur des semaines. De plus, le retour sur investissement énergétique du panneau solaire thermique est rapide.

— L'éolien. L'électricité fournie par une éolienne varie de manière extrêmement rapide et un apport significatif d'éolien sur le réseau pose de gros problèmes parce que l'intermittence oblige à remplacer rapidement l'éolien par autre chose lorsque le vent baisse. En France, ce mode, s'il était déployé en masse, ne conduirait pas à un gain pour les émissions de CO_2. L'éolien raccordé au réseau reste une énergie centralisée et non une énergie locale, à la différence du solaire. Si on n'utilise que l'éolien pour remplacer les centrales françaises, avec les rendements actuels pour le stockage, il en faut 1 million et couvrir 10 à 20 % du territoire : on voit bien qu'il n'y a là, malheureusement, qu'une petite marge de manœuvre. Avec l'éolien raccordé au réseau, sans stockage, il faut disposer de moyens de production capables de démarrer très rapidement en face des éoliennes, c'est-à-dire concrètement, soit de l'hydroélectricité soit des centrales à gaz. En France, si l'on avait 30 % d'électricité éolienne, on remplacerait une grosse partie du nucléaire par du gaz et en termes d'émission de gaz à effet de serre ce n'est pas une démarche gagnante.

— La biomasse replantée. Le potentiel intéressant en biomasse concerne la combustion directe du bois, donc le chauffage et d'autant plus qu'on est près des zones d'approvisionnement en bois. Pour abattre l'arbre, il faut une tronçonneuse, pour le transporter, on utilise un camion, etc. S'il s'agit de biocarburants, il y a une quantité significative de pétrole ou de gaz parce que les dépenses intermédiaires d'énergies sont réalisées avec des énergies fossiles. On plante des végétaux, ils sont fertilisés, récoltés avec des engins agricoles (de l'essence), il faut éventuellement faire fermenter ce qui est obtenu et le distiller avec du fuel ou du gaz, de telle sorte que les procédés les moins avantageux de production de biocarburant consomment 1 litre de pétrole pour faire 1 litre de biocarburant.

— Les biocarburants. Pour remplacer la consommation française actuelle de pétrole par des biocarburants, simplement en disponibilité de sol, il faudrait disposer de 2 à 6 fois la France. Pour 10 % du pétrole français substitué par des biocarburants, il faudrait disposer de 75 % des terres agricoles. Le potentiel est malheureusement minime aujourd'hui.

— La géothermie exploite la chaleur des entrailles de la terre sans engendrer d'émission directe ; par contre, il faut utiliser un peu d'énergie pour forer un trou, mettre les canalisations, etc. La géothermie en tant qu'énergie qui se contente d'exploiter le flux géothermique de la terre et non le stock de chaleur déjà dans le manteau est ridicule. En revanche, elle est considérable lorsqu'elle concerne le stock de chaleur accumulé dans la croûte terrestre, mais cela implique qu'on diminuerait — très légèrement — la température de la croûte. Il y a là un potentiel significatif puisque, au niveau européen, le potentiel de la géothermie profonde est d'à peu près 1 fois la consommation de la France.

Mystique du gène et marchandisation du vivant

SAVOIRS À L'ŒUVRE

SAVOIRS À L'ŒUVRE / SAVOIRS À L'ŒUVRE / SAVOIRS À L'ŒUVRE / SAVOIRS À L'ŒUVRE / SAVOIRS À L'ŒUVRE / SAVOIRS À L'ŒUVRE / SAVOIRS À L'ŒUVRE / SAVOIRS À L'ŒUVRE

Jacques Testart

La science moderne a engendré une véritable mystique du gène. Il aurait la vertu suprême de singulariser la personne, c'est-à-dire ses qualités, sa santé, son comportement et ses risques. Il serait aussi un outil absolu pour comprendre le vivant. Dans ces arguments, il y a une confusion entre l'ADN et la vie. L'ADN est une molécule chimique inerte qui a à voir avec la vie comme à peu près toutes les molécules du corps, mais elle n'est pas la vie à elle seule. Il y a aussi une confusion entre ce qu'est une information — ce que l'ADN apporte effectivement ce sont des informations — et un programme, c'est-à-dire un système qui est déjà complètement dicté et qu'il ne reste plus qu'à jouer.

On entend toujours parler du programme génétique, du grand livre de la vie, ce sont des absurdités qui induisent cette mystification. Il y a dans la génétique moderne une volonté réductionniste affirmant que tout se trouve dans l'ADN. Il suffirait alors de connaître l'ADN, par le biais des fameux programmes génomes, pour connaître absolument tout du vivant, et également pour soigner toutes les pathologies car elles seraient toutes d'essence génétique ; les thérapies géniques nous permettraient de venir à bout de tout ce dont nous souffrons.

Avec cette mystique, il y a un grand risque eugénique de mise à l'écart des personnes qui n'auraient pas un génome « normal ». C'est une nouvelle définition de l'eugénisme par rapport à celle des périodes précédentes, mais qui soulève, avec plus d'acuité encore, le problème de la tolérance par rapport aux déviants de la carte génétique. Ces affirmations des généticiens — à l'exclusion de quelques-uns, critiques — sont largement répercutées par les médias, fondamentalement impressionnés par les progrès, ou l'apparence de progrès, qui viendraient de la génétique. Tout cela est renforcé par les enseignants qui, dans les écoles, répandent un discours assez mystificateur, et renforcé même par les artistes. Le gène est devenu un héros de bandes dessinées, de romans et de films. Il est la référence de base dans les pratiques et dans la recherche médicale : aujourd'hui, toute maladie ou marginalité est d'essence génétique.

Le gène a un rôle croissant dans l'économie, dans l'industrie du vivant, en particulier par le biais des organismes génétiquement modifiés. Il a un rôle dans la justice, nous observons par exemple que l'ADN — qui détermine les empreintes génétiques — est appelé par les juges eux-mêmes « la preuve absolue », ce qui n'est pas rien. Il a un rôle croissant dans le droit des brevets et des assurances. Si bien que la recherche en biologie est aujourd'hui complètement polarisée par cette option génétique. Il y a une appropriation des moyens matériels et intellectuels dans ce secteur, et les secteurs de recherche non concernés par la génétique sont sinistrés. Toute spécialité de recherche doit se référer au génome : ceux qui travaillaient sur les maladies du foie travaillent aujourd'hui sur la génétique des maladies du foie, ceux qui travaillaient sur la stérilité travaillent dorénavant sur la génétique de la stérilité, ceux qui travaillaient sur le comportement animal, voire humain, travaillent sur la génétique du comportement, etc. Il y a en même temps le développement d'un système caritatif très important avec des exploits surévalués ; je fais ici allusion à l'opération du Téléthon, opération annuelle qui, en 24 heures, rapporte l'équivalent du budget utile à la recherche médicale française.

À partir de cette mystification, il y a création d'un appareil de savoir et de pouvoir, autour du génome, qui entraîne la perte des autres savoirs, pour cause de monopole. Pourtant, ces autres savoirs redeviendront certainement indispensables. Il y a en particulier une uniformisation des critères de recrutement des chercheurs et une orientation des subventions publiques qui vont dans le même sens que les subventions des industriels. Tout cela renforce la polarisation de la recherche vers ce qui est génétique, en excluant le reste. Nous devons reconnaître que la recherche sur le génome fonctionne remarquablement bien, mais elle n'est qu'un système d'anatomie moléculaire. Le décryptage du génome c'est la dissection d'une molécule, l'ADN, et nous pouvons faire une analogie avec la dissection des cadavres à laquelle se livraient les médecins de la Renaissance, c'est-à-dire un système descriptif qui n'est pas encore un système de compréhension, une intelligence de la physiologie.

Ces éléments de connaissance sont utiles, il ne s'agit pas de le nier, mais ils sont absolument insuffisants pour expliquer le vivant, et surtout incapables de soigner. Le principal succès pratique de la génétique aujourd'hui est le diagnostic et non la thérapeutique. Il y a un certain succès que l'on pourrait nommer au deuxième degré « thérapeutique », avec les organismes génétiquement modifiés de laboratoire (OGM). Ce ne sont pas des plantes ni des animaux, mais des bactéries ou cellules isolées que nous avons modifiées en introduisant dans leur génome un gène qui permet de les faire travailler comme de petites usines afin de fabriquer des substances utiles à la médecine, par exemple des hormones, des substances de croissance, etc.

Effectivement c'est utile mais, pour le reste, nous ne voyons pas pour l'instant les avantages de la génétique malgré les moyens qui lui sont donnés et surtout malgré le formidable battage qui est fait autour de ces avancées. Il faut s'interroger si le succès de la génétique devait demeurer le diagnostic et non la thérapeutique. N'y a-t-il pas une menace d'exclusion de ceux que nous aurons reconnus comme non conformes mais que nous serons incapables de normaliser ? Nous parlons déjà de gènes de risques pour des maladies très variées. Cette découverte des gènes de risques est inépuisable, elle durera jusqu'à la fin des temps puisqu'il ne s'agit pas de gènes qui commandent automatiquement des maladies (par exemple la mucoviscidose).

En ce qui concerne le cancer du sein, où en général on parle d'un ou deux gènes, nous en sommes aujourd'hui à 70 gènes de risques ; ce sont donc des systèmes très complexes qui sont difficilement maîtrisables.

Nous parlons de gènes de risques non seulement pour des maladies mais aussi pour le crime, la paresse, l'homosexualité, l'alcoolisme, la schizophrénie et même pour la soumission.

Cette mystique génétique repose sur l'idée que le génome est le grand livre de la vie. Alors qu'à l'école j'avais appris qu'un gène code une protéine, cela est aujourd'hui complètement dépassé. Nous savons aujourd'hui que 98 % environ de la molécule d'ADN ne code rien du tout, qu'il y a des grands morceaux d'ADN qui ne comptent pas de séquences codantes mais qui malgré tout contrôlent l'activité des gènes. Ils ont donc des implications dans les malformations et dans les maladies. Lorsque l'on découvre un gène qui semble lié à une pathologie, nous sommes donc aussi obligés de tenir compte du contrôle par toute la partie de l'ADN qui n'est pas le gène lui-même.

Nous savons également qu'il faut plusieurs gènes pour fabriquer une seule protéine et réciproquement, qu'un seul gène peut fabriquer plusieurs protéines dans différentes situations, à différents moments ; bien sûr, les choses sont plus complexes que ce schéma simpliste. Le nombre de gènes est assez éloquent d'ailleurs ! Il y a moins de dix ans, on nous disait que les humains avaient environ 100 000 gènes et que nous en connaissions déjà les deux tiers : nous devions donc en connaître 60 000. Aujourd'hui, on nous dit qu'il y en a 30 000 et que nous les connaîtrons tous bientôt ! Il y a donc une contradiction qui recouvre le fait que nous ne savons pas ce qu'est un gène. On ne peut affirmer que c'est un gène que lorsque nous l'avons défini par sa fonction, mais pour le moment nous sommes dans la phase de description anatomique.

Qu'est-ce que l'identité génétique ? Est-ce que des individus peuvent être définis de cette façon ? Même pour les animaux et les végétaux, l'identité génétique n'a pas beaucoup de sens. J'aime bien prendre l'exemple des jumeaux : les vrais jumeaux qui ont le même génome, et donc les mêmes empreintes génétiques, n'ont pas les mêmes empreintes digitales, ils n'ont pas non plus la même anatomie fine du cerveau, il y a donc beaucoup d'autres choses que le génome. Il y a encore un exemple beaucoup plus simple : si vous prenez un arbre, un chêne par exemple, et que vous allez arracher toutes ses feuilles, il y en aura des dizaines de milliers et si vous les examinez au microscope, vous vous rendrez compte qu'il n'y en a pas deux identiques car elles ne sont pas exposées de la même façon au soleil, au vent, et elles ne sont pas au même niveau. Elles sont donc différentes et pourtant elles ont toutes le même génome qui est celui de ce chêne. Sans nier qu'il y ait des informations dans le génome, il est loin d'être un programme.

Quelques exemples de la mystique génétique : aujourd'hui, nous trouvons le site www.goodgenes.com sur internet qui, pour 30 dollars, ménage pour les universitaires des rencontres avec des universitaires de sexe opposé ; ils pourront ainsi faire des enfants qui pourront aller à l'université ! C'est une réminiscence de cette fameuse « banque de Nobel » dont nous avons longtemps parlé où, à ma connaissance, un seul prix Nobel a déposé son sperme, un sperme de vieillard qui ne doit pas être très bon. Cette banque contiendrait surtout des spermes de footballeurs, de chanteurs et de présentateurs de télévision. De même, sur internet nous trouvons des sites pour acheter des spermatozoïdes ou des ovules, avec description complète des curriculum vitae des donneurs de gamètes, comme s'ils allaient transmettre ces mêmes qualités.

On nous dit aussi qu'entre l'homme et le chimpanzé il y a 1 % de différence, ce qui illustre très bien que la génétique ne définit pas tout. Mais on nous dit aussi que, grâce au programme génome, il a été démontré qu'il y avait une grande proximité entre l'homme et l'animal. Tous les naturalistes depuis le début des temps le savaient : quand ils regardaient un lézard, un tigre ou une mouche, ils retrouvaient toujours des traits qui étaient communs à l'homme, et ils n'avaient pas besoin de détailler le génome pour en être persuadés. Prenons l'histoire de la résurrection du mammouth trouvé en Sibérie, pris dans les glaces. On a dit qu'on allait en extraire de l'ADN et, qu'à partir de là, on allait recréer des mammouths. Le programme est intellectuellement soutenu par un académicien des sciences. Or c'est une absurdité totale.

Que fait-on avec de l'ADN ? L'ADN n'est rien, ce n'est pas la vie. L'ADN n'est rien s'il n'y a pas un ovule de la même espèce où le loger ; nous en reparlerons à propos du clonage. Pour le moment, il doit être de la même espèce. Quand bien même nous aurions créé un embryon en mettant de l'ADN de mammouth dans l'ovule d'un mammouth — que nous sommes très loin de posséder car un ovule se conserve très mal —, il faudra avoir un utérus de mammouth pour y mettre l'embryon : je ne vois pas comment nous allons pouvoir recréer un mammouth.

Il y a d'autres exemples stupides : on a pu lire, dans l'un des journaux les plus sérieux de la communauté scientifique, *Science*, sur plusieurs pages, l'histoire du repeuplement d'une espèce de perroquet que l'on croyait disparue au Brésil. Après avoir trouvé un perroquet dans la forêt, seul, les savants locaux et internationaux ont alors payé des Indiens pour courir après le perroquet, afin de ramasser des crottes et des plumes dans le but de rechercher l'ADN en vue de connaître le sexe de cet animal. Ils l'ont trouvé, ce qui montre que le diagnostic fonctionne, et ont libéré un perroquet de sexe différent en espérant que la population reparte. Je pense qu'il aurait été beaucoup plus simple de libérer deux perroquets de cette espèce, un mâle et une femelle (il en existe plusieurs dizaines en captivité...), et d'attendre qu'ils se débrouillent.

On a pu lire dans *Le Monde* un article d'une page entière sur l'histoire des huîtres qui souffrent de maladie, ce qui arrive environ tous les trente ans sans que ce soit jamais la même maladie ; il s'agit de bactéries variées. La solution proposée serait de faire une manipulation génétique pour avoir des huîtres transgéniques qui résisteraient au dernier parasite connu, mais bien évidemment le temps que nous le fassions, c'est-à-dire dix ou quinze ans, et que ce projet fonctionne contre ce parasite, il y en aura un autre. De mon point de vue, il vaudrait mieux que l'eau de la mer soit propre, ce qui permettrait d'éviter une telle situation.

Beaucoup de choses sont dites à propos de la mouche tsé-tsé, face à laquelle nous sommes très démunis et qui fait beaucoup de victimes. Elle a dans son intestin un parasite, une bactérie, qui semble lui être indispensable car elle lui fournit des vitamines. D'où l'idée des généticiens de provoquer une modification génétique pour modifier la population des bactéries qui peuplent l'intestin des mouches tsé-tsé qui alors n'auront plus de vitamines et disparaîtront. Sur de tels programmes qui sont presque surréalistes, il y a beaucoup d'argent investi et un snobisme des solutions génétiques.

Nous pouvons donc parler de mystique génétique. Pourtant la démystification arrive par l'actualité, par l'échec des thérapies géniques après une quinzaine d'années d'essais. Malgré des victoires annoncées imminentes, la thérapie génique ne fonctionne pas. On m'oppose en général le cas de l'hôpital Necker et des enfants qui souffraient d'une déficience immunitaire. Il faut souligner que c'est un cas tout à fait original : on a fait une thérapie cellulaire avec des cellules de malades qui ont subi une transgenèse. Nous avons pris des cellules de ces enfants, nous les avons modifiées et les leur avons remis dans la moelle osseuse. Mais nous ne pouvons pas le faire pour des myopathes, ni pour beaucoup d'autres maladies. C'est un cas tout à fait isolé et en plus, hélas, aujourd'hui un de ces enfants manifeste un cancer du sang parce que le gène s'est positionné à un mauvais endroit, ce qui a activé une autre pathologie que celle que nous avions réussi à guérir.

En général, nous imaginons que l'introduction d'un gène dans un organisme, je pense là aux plantes génétiquement modifiées, est quelque chose de complètement maîtrisé. En fait, ce sont des « canons à gènes » qui bombardent les cellules végétales ; parfois un, voire dix gènes se mettent sur un chromosome ou sur un autre et, selon leur nombre et l'endroit où ils se sont logés, la cellule et donc la plante, vont être complètement différentes. Nous ne pouvons absolument rien prévoir, et nous ne maîtrisons rien ; nous constatons après coup la façon avec laquelle, de façon empirique, nous avons réalisé une plante qui a telle ou telle propriété. C'est important de le dire, car on essaie de nous faire croire que les OGM et les plantes en particulier, sont de grands succès de la maîtrise génétique alors que ce sont des techniques complètement hasardeuses.

Il y a aussi une grande déception avec les plantes transgéniques ou les animaux transgéniques dont on parle de temps à autre comme si ils existaient déjà. En ce qui concerne les plantes, on dit qu'il y a des tomates qui poussent dans le sel, des variétés de riz qui produisent de la vitamine A ; c'est exact mais pas suffisamment pour apporter un réel intérêt. En ce qui concerne les animaux, il y a un projet classique : les animaux qui procurent des protéines utiles dans leur lait. Pour le moment, il n'y a aucun usage industriel après plus de dix ans de recherche et de propagande, y compris avec des investissements industriels importants. On parle ainsi de la chèvre qui fabrique de la soie d'araignée dans son lait. Pourquoi de la soie d'araignée ? Parce que c'est un textile très intéressant, résistant, souple, qui a beaucoup d'avantages. Depuis une bonne dizaine d'années, une société américaine (NEXIA) nous dit fabriquer ces chèvres ; mais jusque-là rien. Récemment ils ont obtenu cinq grammes de soie et ce n'est plus du tout avec les chèvres mais avec des bactéries modifiées en laboratoire comme nous savons le faire depuis quelque temps pour d'autres protéines.

Pour résumer : nous savons relativement nous débrouiller avec des cellules isolées en laboratoire ; quand nous les modifions, nous arrivons à peu près à obtenir une modification souhaitée. Mais lorsque nous avons affaire à un organisme complexe, ne serait-ce qu'une tomate, une asperge, une vache ou une souris, alors là c'est beaucoup moins facile.

Enfin, pour démystifier encore ce gène, prenons le cas du prion. C'est une protéine qui existe normalement chez tout le monde, y compris dans l'espèce humaine mais peut apparaître sous une forme modifiée, comme dans la maladie de la vache folle, dont nous ne savons d'ailleurs pas grand-chose. Ce prion est tout de même assez extraordinaire : ce n'est pas un gène, c'est une production du gène, mais les animaux ou les humains qui ont un prion pathologique, donc modifié, ont un gène normal. Nous avons en conséquence un gène normal et une protéine anormale, mais il y a mieux : cette protéine est autoreproductible, propriété que l'on ne donnait jusque-là qu'au gène. Nous sommes donc dans la confusion complète et le cas du prion dément les propriétés exclusives du gène.

En ce qui concerne la leçon donnée par le clonage qui, à mon avis, est la leçon essentielle, elle dément que toutes les informations sont dans le génome. On prend une cellule du corps, cellule que l'on dit somatique, de l'oreille, de la mamelle, de n'importe où, dont le génome est celui de l'individu où elle se trouve mais qui progressivement s'est spécialisée dans le travail à faire dans l'oreille, dans la mamelle, dans l'intestin, là où on l'a prise, elle n'est capable de faire que ce pour quoi elle existe. Si vous la fusionnez avec un ovule que vous avez stérilisé en lui retirant son propre génome, le noyau de la cellule qui ne savait faire que très peu de choses se met à refabriquer un embryon entier.

La leçon est la suivante : s'il y a un programme, il n'est pas dans l'ADN mais dans ce qui est autour de l'ADN, en l'occurrence dans le cytoplasme de l'ovule qui a pu induire un travail, qui a pu demander à l'ADN de travailler d'une certaine façon pour reconstruire un individu entier et pas seulement ce que l'on fait dans une oreille, dans une mamelle ou dans un boyau. On voit beaucoup de choses dans ce genre, que les généticiens ne commentent pas en général, car elles ruinent les illusions attachées à leurs pratiques.

Un petit mot sur la génétique et l'économie : rappelons que de tout temps, le vivant a été un objet de commerce. Pour les plantes par exemple, il y a depuis un demi-siècle ce que nous appelons « un certificat d'obtention végétal », qui n'est pas un brevet mais qui protège le semencier. Pour les animaux, depuis longtemps, le sperme des étalons est vendu et, dans le cas des humains, nous avons d'abord vendu des personnes entières, les esclaves, puis nous avons vendu plus récemment des organes à greffer, et aujourd'hui nous commercialisons des gamètes et des embryons. Tout ceci échappe aux nouvelles connaissances de la génétique.

Qu'est-ce qui est nouveau ? Ce sont des règles économiques, celles de la mondialisation libérale, qui changent complètement l'aspect des choses puisqu'elles ouvrent des marchés considérables. Ce sont surtout de nouvelles entités biologiques qui jusque-là étaient cachées dans le corps, qui étaient dissimulées dans les organismes. Qu'est-ce que ces entités ? Par exemple les gamètes femelles que nous appelons les ovules ; il y a très peu de temps que nous sommes capables d'extraire les ovules du corps. C'est le cas aujourd'hui chez tous les mammifères. Depuis un demi-siècle, nous pouvons extraire aussi les embryons du corps, nous pouvons les regarder, les étudier, les remettre ou ne pas les remettre dans l'organisme. Plus récemment, ce sont les cellules souches qui donnent beaucoup d'espoir thérapeutique. Ce sont enfin les gènes eux-mêmes, qui sont des entités biologiques jusque-là dissimulées. Tout cela crée des conditions nouvelles pour un marché autour du vivant.

Je vais évoquer un peu la marchandisation de ces différentes entités : ovules, spermatozoïdes, embryons, cellules souches…

Les ovules n'ont pas d'enjeu commercial pour le génome, sauf les absurdités de banque de Nobel ou apparentées, c'est-à-dire l'illusion eugénique, car les ovules que produit une même femelle, humaine ou animale, sont tous différents les uns des autres. Si une femme est amenée à produire dix ovules par des traitements hormonaux (c'est ce que nous faisons en moyenne pour la procréation assistée), il n'y a pas deux ovules identiques. De plus, si nous voulons étudier un ovule, nous sommes amenés à le détruire. Nous n'avons aucune chance de pouvoir là-dessus construire un marché génétique sur de telles incertitudes.

Pour les spermatozoïdes, c'est exactement la même chose : ils sont tous différents. Nous en fabriquons 200 millions par jour et il n'y en a pas deux identiques. C'est à la fois merveilleux et déroutant pour les généticiens.

Pourquoi l'ovule est-il un objet de marché ?

Il peut servir à la procréation d'une femme qui ne produit pas d'ovule, soit une femme stérile, soit une femme ménopausée. Il peut être le point le plus critique pour réaliser le clonage que l'on appelle « thérapeutique », pour l'opposer au « reproductif ». Le clonage consiste à prendre un ovule, lui retirer son génome nucléaire et introduire le noyau d'une cellule somatique ou cellule banale, afin de refaire un individu entier. Ce que je disais tout à l'heure à propos du mammouth, est vrai pour les humains, les souris, etc. : il faut absolument avoir d'abord l'ovule ; c'est la cellule la plus originale de l'organisme, la cellule la plus grosse, la plus rare puisque la femme produit normalement un ovule par mois. Cette cellule a une qualité extraordinaire : on dit que les cellules souches sont totipotentes, c'est-à-dire qu'elles peuvent faire beaucoup de choses, mais l'ovule est la seule cellule omnipotente, car elle est capable de diriger le développement d'un noyau qui vient d'une cellule totipotente.

Il y a un marché qui va très certainement se développer ; aujourd'hui, il concerne encore simplement le domaine des recherches. L'augmentation du nombre d'ovules humains servirait à la procréation assistée, soit pour la recherche, soit pour la médecine à partir du clonage thérapeutique, soit pour la sélection humaine en fabriquant de nombreux embryons que l'on pourrait identifier génétiquement. On peut multiplier ces ovules avec des hormones que l'on appelle gonadotropes, par un traitement de la femme qui permet d'obtenir une dizaine d'ovules. C'est très peu encore si l'on veut faire de la sélection ou de la production intensive et l'avenir n'est pas là. Il est certainement dans le prélèvement de petits fragments d'ovaires plutôt chez une jeune femme, l'idéal étant le fœtus humain. On peut imaginer qu'au moment d'une opération de l'appendicite d'une adolescente, on prélève un tout petit morceau d'ovaire, ce prélèvement n'ayant aucune conséquence, il serait congelé, on sait déjà le faire et, à partir de ce morceau d'ovaire, on pourrait arriver à fabriquer des ovules en laboratoire.

Certains travaux menés aujourd'hui chez la souris, la vache, la brebis et un peu chez l'humain, montrent que l'on va arriver à une productivité de l'ovaire bien meilleure que celle de la nature. Il y a dans la nature, non seulement chez l'homme mais aussi chez les animaux, un empêchement de la plupart des cellules germinales femelles à devenir des ovules. Nous pourrions en discuter, et cela a peut-être un sens dans l'évolution, sans être finaliste bien évidemment. Il y a donc un système très malthusien qui fait qu'une cellule sur 10 000 de celles (les ovocytes) qui pourraient devenir des ovules va devenir un ovule. Il y a donc un gâchis énorme : s'il était réduit de cent fois nous ne produirions pas dix ovules par cycle féminin mais mille. Il suffirait alors d'un prélèvement sans embêter la femme avec des traitements, etc., en gérant en laboratoire les stocks d'ovules et de spermatozoïdes pour fabriquer des embryons.

Le concept de fabrique d'ovules permet, à échéance de dix ou vingt ans, de révolutionner notre façon de concevoir les enfants, qui séparera absolument la sexualité et la procréation. J'emploie le terme « procréation » et non « reproduction » car, pour moi, la reproduction signifie le clonage. Maintenant qu'il est souvent question du clonage, je suis désolé que l'on continue de faire cette confusion. On ne peut parler de reproduction puisque le mélange d'un spermatozoïde et d'un ovule produit un individu qui n'est jamais le même que les géniteurs et jamais le même que ses frères ou sœurs, sauf le cas très rare des vrais jumeaux. La procréation, c'est fabriquer de l'original et de l'imprévu, alors que la reproduction est la photocopie du même.

Des techniques se développent actuellement, dans le cadre surtout de la sélection vétérinaire des animaux mais également dans le cadre du maintien de la fertilité de femmes qui subissent des traitements stérilisants, à cause du cancer notamment, pour prélever des ovaires, les conserver puis les cultiver en laboratoire. Il y a donc un matériel biologique humain qui est déjà à l'étude, et il y aura très certainement des avancées très rapides qui vont permettre de produire beaucoup d'ovules, l'ovule étant la base même du développement et de la variété.

L'embryon est déjà en système d'achat et de vente, pas en France car c'est interdit, sauf chez les animaux sélectionnés pour qui l'embryon coûte très cher ; c'est le cas chez les bovins de haute qualité laitière par exemple. Nous pouvons sexer les embryons et dire si ces embryons âgés de quelques jours seront des mâles ou des femelles, ce qui, notamment chez les bovins, a un grand intérêt économique. Pour ce qui est des embryons humains, le commerce existe au niveau international, même s'il est interdit chez nous, et il est fait au profit apparent des couples stériles, mais beaucoup aussi au profit des praticiens qui le gèrent.

Contrairement à l'ovule, l'embryon peut être conservé à l'état congelé. Cela viendra peut-être pour les ovules, mais il n'est pas certain que ce soit sans risque car ce sont des cellules très fragiles. L'embryon peut être conservé ou congelé pendant des dizaines d'années voire davantage. Il peut être analysé génétiquement, ce que l'on ne peut pas faire sur l'ovule, puisqu'il faudrait le détruire dans la foulée et nous ne pourrions plus en avoir l'usage. Sur l'embryon, même s'il n'a que quatre cellules, nous pouvons en prendre une, l'analyser génétiquement, savoir ce que l'embryon peut donner d'un point de vue strictement génétique et, si nous avons beaucoup d'embryons sélectionnés, choisir ceux qui paraissent les plus dignes d'être transformés en enfant.

Cette technique s'appelle le diagnostic génétique préimplantatoire (DPI). Il y a actuellement trois équipes en France qui le pratiquent. Nous ne pouvons pas accuser aujourd'hui ces équipes d'eugénisme car elles utilisent ces techniques pour éviter des maladies très graves chez des couples qui ont déjà eu des enfants atteints, ou qui ont été obligés de pratiquer des avortements pour des pathologies graves. Mais, dans d'autres pays, et je ne doute pas que cela arrive chez nous, cette pratique est déjà utilisée pour le sexe des enfants, par exemple en Inde, avec l'argument qu'il vaut mieux faire le tri des embryons plutôt que de tuer des petites filles à la naissance. C'est un argument que nous lisons dans les revues scientifiques. On utilise aussi ces techniques pour éviter des risques de pathologies, non pas seulement des pathologies monogéniques mais des risques composites, risques de cancers, etc. Cette pratique est déjà utilisée dans ce sens en cas de risque de cancer : il y a déjà dix ans, en Angleterre, les chercheurs ont trié les embryons chez un couple risquant de transmettre des gènes pouvant amener un cancer du colon. Quant à la sélection du sexe, elle se fait dans beaucoup de pays, de façon plus ou moins discrète.

Le DPI deviendra important car nous allons produire beaucoup d'ovules à partir d'une seule femme. L'ovule représente la clef de la variété et non les spermatozoïdes ; ceux-ci ne sont pas le facteur limitant, sauf chez des hommes — cas rarissime — où il n'y a pas un seul spermatozoïde. Si nous possédons dix ovules, nous n'avons pas besoin comme durant la dernière décennie d'environ 50 000 spermatozoïdes pour les féconder en éprouvette mais d'un par ovule, puisque nous l'injectons directement avec la technique d'ICSI : injection intracytoplasmique du spermatozoïde. À tel point que, dans des cas de stérilité masculine, il nous arrive d'avoir davantage d'ovules que de spermatozoïdes ; c'est le monde biologique à l'envers.

Que va-t-il nous manquer pour faire ce que j'appelle un eugénisme mou et consensuel, qui ne sera pas autoritaire, qui sera certainement demandé par les géniteurs, qui aura très vite l'agrément de la Sécurité sociale car il y aura des économies de santé importantes, qui fera fonctionner tout un secteur à la fois médical et industriel ? Imaginez que l'on produise cent ou mille embryons pour un couple un jour donné ; l'embryon à transplanter dans l'utérus de la femme sera choisi par le couple, c'est-à-dire qu'ils s'en remettront aux techniciens car, vu le nombre de paramètres qui entrent en jeu, c'est beaucoup trop compliqué. Il y a aujourd'hui le développement rapide de techniques diagnostiques que l'on appelle les biopuces, mariage de génétique et d'informatique, pour rechercher la présence de gènes ou de mutations très nombreuses dans une cellule. J'ai lu récemment que des Américains proposaient ce système pour quelques dizaines de gènes et à un prix exorbitant. Quinze jours plus tard, les Anglais ont proposé de faire la même chose pour cent fois moins cher et la semaine dernière les Japonais, et je pense que c'est sérieux, ont annoncé que l'année prochaine ils vont proposer une sonde biopuce que l'on pourra appliquer sur une cellule et qui pourra rechercher 30 000 gènes, c'est-à-dire l'équivalent de ce qu'on imagine qui est contenu dans le génome, et ce pour mille dollars. Vous voyez à quel point cette technique avance.

L'acuité de ces techniques diagnostiques est le grand succès des programmes de génétique aujourd'hui et elles deviennent redoutables car si nous produisons des centaines d'embryons pour un couple et que nous pouvons identifier tout le génome, alors nous allons nous mettre en tête de fabriquer ce que les médias appelle « l'enfant parfait » qui n'existera jamais puisque l'on n'est même pas capable de le définir. La vieille aspiration eugénique — « vieille » car elle existe dans toutes les cultures et depuis le début des temps — est d'éviter d'avoir des enfants anormaux. Chez les Anciens, on tuait à la naissance les enfants malformés ; au début du XXe siècle, on a stérilisé les gens, on leur a interdit la procréation, on a inventé plus récemment l'avortement dit « médical » en cas de grande pathologie de l'enfant. Mais ce sont des techniques lourdes et pénibles qui sont souvent contraires à la dignité humaine. Si nous arrivons à faire ce tri chez les embryons nombreux, alors non seulement nous résolvons de nombreux problèmes d'éthique, car l'embryon n'est qu'un petit amas cellulaire et le but est de faire naître un enfant, le meilleur, mais surtout nous nous donnons une efficacité extraordinaire que l'eugénisme n'a jamais connu. L'eugénisme va enfin connaître sa technologie adéquate, si bien que l'on pourrait penser que le handicap devienne illégal car il deviendra évitable.

Jusqu'où aller ?

Nous pouvons imaginer qu'une certaine normalité génétique peut être utile à la compétitivité d'un pays, d'une industrie : il vaut mieux avoir des gens bien conformés et qui sont rarement malades ; elle peut avoir un sens économique. Nous pouvons donc penser à une certaine normalisation de l'humain comme un être biologique utile à la mondialisation biologique. Certains de mes collègues disent, en particulier aux États-Unis, en évoquant ce que je viens de tracer comme projet et qui me terrorise, que c'est formidable, que cela entraînera une grande liberté pour les couples de choisir leur enfant, que c'est le bonheur pour tout le monde, les enfants, les parents, moins de charges pour la société… mais c'est une stratégie d'uniformisation car je ne vois pas quel couple va demander d'avoir un enfant nabot, handicapé moteur, qui verrait mal, qui aurait du diabète, etc.

L'image que nous avons de la qualité, c'est-à-dire de la norme, est la même pour tout le monde ; reste à voir la couleur des yeux et des cheveux mais ce sont des détails qui n'ont pas d'intérêt économique.

La génétique va travailler plus sérieusement dans la qualité humaine effective, et dans l'évitement des pathologies. Elle aura certains succès même si, comme elle n'aura pas la maîtrise de tout, il y aura également des déceptions qui seront peut-être plus dures à vivre que celles d'aujourd'hui car on nous aura fait rêver à des choses qui semblaient possibles. Cette stratégie d'uniformisation va dans le sens d'une indifférenciation générale, d'un refus de l'altérité ; on peut dire qu'elle peut instituer une biopolitique qui correspondrait à un clonage social. Quelle liberté sera laissée à l'enfant issu de ces techniques ? C'est autre chose.

Il y a aujourd'hui trois propositions théoriques, afin de normaliser et formater les enfants dès le stade embryonnaire : le clonage, l'amélioration de l'embryon, le tri des humains.

Le clonage : il conserve, perpétue. Contrairement à ce que l'on dit, il est le contraire d'une manipulation génétique : il consiste à conserver un génome à l'identique. Il peut soit relever de l'élitisme (qui va-t-on cloner ?), soit relever de l'absurde si l'on envisageait de cloner tout le monde. Il ne peut avoir un intérêt pseudo-médical que dans des cas assez particuliers et fort critiquables, où l'on veut faire revivre par exemple un enfant qui est mort très tôt, qui n'aurait pas vécu, ou donner une descendance à un homme stérile en faisant porter l'embryon, qui serait issu du clone constitué avec un ovule de sa femme et une cellule de cet homme, par sa propre femme qui porterait son enfant/mari puisqu'il serait les deux à la fois. Ce sont des situations qui font beaucoup fantasmer et qui ont été à la une de l'actualité avec la secte des Raëliens.

Ce clonage est appelé « reproductif » dans les comités d'éthique, pour le différencier du clonage thérapeutique alors que c'est exactement le même techniquement. Mais avec le clonage thérapeutique, on va très tôt couper l'embryon en morceaux et, plutôt que d'en faire un enfant, dissocier les cellules et les utiliser en les faisant évoluer en laboratoire pour s'orienter vers des différenciations variées, afin de fabriquer des cellules du foie, du système nerveux, du sang, pour guérir la personne qui a donné le noyau et qui est malade. C'est une version thérapeutique, mais elle commence de la même façon et, quand on sait faire l'une, il suffit de remettre l'embryon dans l'utérus au lieu de le couper en morceaux pour obtenir un petit Raël.

Cette solution, la première que j'évoque, pour normaliser, formater les enfants dès l'embryon, n'a pas beaucoup d'avenir parce qu'elle est artisanale, pas seulement parce qu'elle heurte la morale, mais parce qu'elle resterait artisanale. Il faudrait recommencer à chaque fois et on ne pourrait pas l'appliquer à de grandes populations, sauf à s'opposer complètement à l'évolution humaine ; elle restera anecdotique, elle fera la joie ou la déception de quelques milliardaires, la fortune de quelques biologistes et gynécologues mais elle n'ira pas beaucoup plus loin.

Améliorer l'embryon humain : c'est faire ce que j'ai décrit tout à l'heure pour la chèvre qui produirait de la soie d'araignée, pour les plantes OGM dans les champs, pour l'humain, en introduisant des gènes qui n'appartiennent pas à l'espèce humaine et qui proviendraient d'autres espèces animales ou végétales, bactériennes, afin de donner des propriétés nouvelles à l'homme. La question est de savoir quelles propriétés on veut donner à l'homme. On butte, on est incapable de définir ce que serait un « homme de qualité », comment définir un surhomme. On peut toujours dire qu'on pourrait augmenter la production laitière, la taille, mais je ne pense pas que nous allons nous donner beaucoup de mal pour arriver à un tel but.

Cette solution de formatage de l'humain, non seulement n'est maîtrisée ni pour les plantes, ni pour les animaux, mais on ne voit pas du tout comment l'utiliser chez l'homme puisqu'on ne voit pas ce qu'on demanderait. On peut demander à une vache de faire plus de lait, à une brebis de faire une laine de bonne qualité, à une poule de pondre davantage d'œufs, etc., mais qu'est-ce que l'homme peut décider de l'homme ?

Le tri des humains : c'est la sélection, à partir d'embryons nombreux, du « meilleur » de ce que peut produire un couple et je répète qu'aucun embryon n'est semblable à son frère, sauf les vrais jumeaux et ils sont très rares. En sélectionnant ceux qui auraient la meilleure qualité génétique, on fait ce que j'appelle du libéralisme génomique. Pour en arriver là, il reste à augmenter le nombre d'embryons, ce qui va aller assez vite, à diminuer les servitudes pour la femme (la fécondation in vitro se fera complètement en dehors du couple car, auparavant, on aura prélevé un tout petit morceau ovarien pour produire des ovules en laboratoire). Les coûts vont énormément diminuer ; tout à l'heure je vous parlais des biopuces japonaises, mais cela est vrai pour toutes ces technologies. Il nous manquera quand même la corrélation entre le génotype (les informations de l'ADN) et le phénotype (la réalité d'un individu qui existe). Nous n'arriverons jamais à tout connaître. Mais on n'a pas non plus besoin de tout comprendre pour être efficace. Il suffit de faire des statistiques, c'est la fonction de l'épidémiologie : recenser toutes les pathologies, regarder si l'on peut les rapprocher d'un défaut du génome et d'établir une relation statistique qui est vraie même si elle ne l'est que statistiquement. Cette pratique éventuellement ne marchera pas pour chaque individu mais grossièrement, au niveau d'un État, elle fonctionnera pour une politique de santé publique. Elle a un intérêt indiscutable pour les médecins et les biologistes puisque c'est une activité supplémentaire, et pour les industriels qui vont produire les outils permettant les tris. Ne rien connaître de l'enchaînement du gène aux caractéristiques de l'individu n'empêche pas d'avoir les deux bouts, de savoir que lorsqu'il y a telle caractéristique du génome il y a telle caractéristique de l'individu, ce qui peut suffire pour faire de la sélection.

Un généticien critique, Pierre Sonigo a parlé de « l'horoscope génomique » à propos de cette divination que voudrait avoir la génétique ; j'aime l'expression car elle montre que ce n'est pas très scientifique, qu'on ne connaît pas grand-chose et qu'il y aura beaucoup d'aléas et d'imprévus.

Concernant les cellules souches, il s'agirait de prendre chez un embryon ses cellules totipotentes cinq jours après la fécondation. On peut avoir quelques dizaines de cellules avec différents devenirs selon qu'elles seront mises dans telle ou telle condition d'environnement. C'est un matériau biologique précieux qui pourrait servir aux greffes tissulaires (on n'en est pas aux greffes d'organes parce qu'à partir d'une cellule on voit mal comment fabriquer un véritable organe). Pouratnt, on peut trouver aussi des cellules qui ont (presque) les mêmes qualités chez le nouveau-né, dans le cordon ombilical. On peut même apparemment en trouver chez l'adulte.

Toute cette discussion autour des cellules souches et du clonage thérapeutique (obtenir un matériel biologique pouvant être greffé avec une compatibilité parfaite puisque le génome provient de la personne malade) est prématurée. S'il y a vraiment des cellules souches chez l'adulte, il n'y aurait pas besoin d'en passer par le clonage thérapeutique, ce serait plus léger et éthiquement moins problématique, de même avec les cellules récupérées sur le cordon ombilical à la naissance. Il y a surtout une carence actuelle de recherche chez l'animal : on a montré des choses intéressantes en mettant des cellules dans le cerveau de souris chez lesquelles on avait créé artificiellement des pathologies ; on a obtenu des améliorations mais elles ne durent pas très longtemps. Jusqu'à ce jour, à ma connaissance, il n'y a pas eu d'expérience d'un animal réellement malade qui ait été complètement et définitivement guéri par ces greffes de cellules.

Ce n'est pas aussi simple et il manque l'expérimentation animale. Quand on en parle aux collègues qui veulent absolument passer à l'embryon humain, ils répondent qu'ils n'ont pas le temps parce que les Japonais, les Américains, les Anglais le font et qu'on ne va pas être « compétitifs ». C'est le mot-clef, chaque fois qu'on parle aujourd'hui de technologie.

Il existe des embryons qui sont actuellement stockés et dont on ne sait que faire, les embryons surnuméraires qui proviennent de la fécondation in vitro, congelés par dizaines de milliers, dont les parents qui les ont conçus ne veulent plus. Il me semble qu'on pourrait les utiliser dans ce but, ce n'est pas choquant puisqu'ils seront alors détruits. Autant alors les impliquer dans une pratique médicale avec l'accord des géniteurs, non pas pour en faire des enfants mais pour en tirer des cellules qui pourraient refabriquer des organes chez des malades. Il y a tellement de ces embryons qu'on pourrait à peu près recréer toutes les possibilités immunitaires, c'est-à-dire les compatibilités sans recourir au clonage. Actuellement, on peut faire des greffes d'organes sans que l'organe vienne du patient. On a tellement d'embryons, qu'on pourrait arriver à typer immunologiquement ces embryons pour leurs compatibilités afin d'avoir des stocks de cellules identifiées.

Le fond de ma pensée est que si nos amis généticiens nous mettent tellement en garde contre le clonage reproductif, avec raison, focaliser sur ce sujet est une façon de nous leurrer sur ce que peut être le clonage dit thérapeutique, qui va très vite déboucher sur une situation commerciale contraire à l'éthique. Très vite, on va fabriquer des souches cellulaires caractérisées, compatibles avec tel ou tel individu, qu'on va congeler, breveter et puis vendre. Les enjeux sont là et ça ne me paraît pas être seulement médical. Notons aussi que de fabriquer des embryons humains pour traiter un malade reviendrait à fabriquer un être humain dans le but de le détruire. C'est une révolution anthropologique. Ce serait la première fois que l'on fabriquerait de l'humain dans le seul but de le détruire, ce n'est pas rien.

La grande carence éthique est que la recherche chez l'animal n'a pas abouti. Or, il y a d'autres solutions (les cellules souches du cordon ombilical de l'adulte et les embryons surnuméraires) qui pourraient suffire pour ce problème. J'imagine qu'il y a là un marché gigantesque pour des lignées cellulaires qui stimule beaucoup l'activité des pionniers très pressés…

En ce qui concerne les OGM : les OGM de laboratoire fonctionnent assez bien puisque des micro-organismes, des cellules isolées, permettent de fabriquer des hormones, des vaccins, des protéines à usage thérapeutique. Mais pour les animaux et les plantes, il y a jusqu'à maintenant un problème important, malgré les discours des industriels et des généticiens qui travaillent pour eux, y compris dans la recherche publique : on ne voit pas les succès annoncés. Si en France, on cultive très peu de plantes transgéniques, dans le monde il y a plus de 60 millions d'hectares de plantes transgéniques cultivées, aux États-Unis, au Canada, en Argentine et en Chine essentiellement. L'Amérique du nord a une expérience qui date de 1996 sur des surfaces énormes et, quand on regarde les statistiques qui sont publiées tous les ans sur les succès de ces cultures, on s'aperçoit qu'il n'y en a pas. Parfois ils améliorent les conditions de l'agriculture, mais le plus souvent ils les détériorent et l'on a vu des paysans ruinés par des semences qu'ils avaient payées beaucoup plus cher, qui n'ont pas été à la hauteur, qui n'ont pas résisté aux parasites, en particulier au bout de quelques années.

Les parasites sont malins. On fabrique par exemple du maïs qui va résister à la pyrale, un papillon parasite très méchant. Au bout de quelques années, la pyrale a refait de petites pyrales en grand nombre, et il y a là toutes sortes de génomes, toutes sortes de qualités, certains résistant à l'insecticide fabriqué par le maïs transgénique. Ce sont finalement des solutions à court terme et, très vite, la nature reprend ses droits et ces semences coûtent cher parce qu'elles sont brevetées. Le paysan n'a pas le droit d'exercer son droit ancien, de toujours, de garder 10 ou 20 % de sa récolte pour la plantation de l'année suivante. Je pense au cas d'un Canadien qui a été contaminé par un transgène venant du champ d'à-côté ; il a été condamné sur plainte de Monsanto, le fabricant de la plante transgénique, pour vol du gène, ce qui est assez extraordinaire puisque ces plantes OGM sont venues seules contaminer son champ. Les multinationales ont beaucoup de pouvoir et en usent largement, y compris dans notre beau pays puisqu'on voit, pour la première fois depuis l'Occupation, des militants syndicalistes mis en prison (ceux-là pour avoir arraché de l'herbe). On connaît parmi les responsables politiques des individus qui ont une plus grande responsabilité et culpabilité, et qui sont plus qu'en liberté.

C'est la première fois dans l'histoire des technologies, qu'est répandue une innovation qui n'a pas montré son avantage. Beaucoup de gens s'opposent aux centrales nucléaires, j'en suis, mais elles produisent malgré tout de l'électricité, c'est indéniable. On peut appliquer le principe de précaution : est-ce que l'intérêt de ces centrales pour faire de l'électricité mérite que l'on prenne le risque de déchets qui vont durer des centaines de milliers d'années ? On peut avoir une discussion honnête, même si elle ne l'est pas souvent à cause du lobby nucléaire.

Là, le lobby des OGM n'a aucune réponse à donner, ils n'ont pas été capables de démontrer quelque avantage. Quand on en parle aux chercheurs qui travaillent dans ce domaine, qui le défendent puisqu'ils ne savent faire que cela, ils répondent que cette pratique devrait finalement marcher. Ils sont dans la croyance mais ce sont eux qui traitent les anti-OGM d'obscurantistes ; il y a là un renversement complet.

C'est donc la première fois qu'une technologie sans avantage est répandue, et de façon irréversible puisque, lorsqu'un gène est dans la nature, il n'en sort pas ; je ne vois pas comment on va l'en extraire. Et même s'il n'y avait pas de problème de santé, ce que prétendait l'Académie de médecine récemment alors qu'il n'y a aucune étude qui le démontre, il y a des conséquences socio-économiques, politiques, biologiques, environnementales indéniables.

En conclusion, je dirai que c'est aujourd'hui le marché mondialisé qui justifie les orientations de la recherche, qui vont vers des actions de masse puisqu'on investit pour un usage large et universel. C'est pourquoi je ne crois pas du tout à l'intérêt économique du clonage reproductif. C'est de l'artisanat ; il ne présente aucun intérêt pour le marché mondialisé contrairement au clonage médical. Ce marché mondialisé stimule le développement d'applications qui sont souvent imposées aux populations, sans qu'on leur demande leur avis, ce qui va dans le sens d'une uniformisation de la science et des sociétés humaines.

Les arguments pour travailler dans ces domaines, je les entends souvent de la part de collègues, font appel à la liberté du chercheur. Mais si le chercheur a toutes les libertés, alors qu'il est un salarié de l'État — je parle du chercheur du service public —, il serait bien le seul qui pourrait faire tout ce qu'il veut sans rendre de comptes et sans que les citoyens aient décidé des objectifs. Mais quoi qu'il en soit, cette liberté est totalement illusoire car, dans le cadre de la compétition, l'attribution des moyens se fait sans que le chercheur n'y puisse rien, il va là où on lui dit d'aller, et les découvertes deviennent de plus en plus rares ! Ce sont les mises au point, les perfectionnements techniques qui sont fréquents, et il y a peu de surprises puisqu'on ne trouve que ce que l'on cherche et qu'on cherche là où on nous a demandé de chercher, là où on nous a donné les moyens de chercher. Il y a donc un grand abus de cette notion de liberté du chercheur.

Il y a aussi la croyance que le progrès se ferait par accumulation des moyens d'action sur le monde. Il n'est pas évident du tout que cette multiplication constitue un progrès ; on parle aujourd'hui de développement durable… C'est en quelque sorte une révision de ces concepts d'accumulation des technologies ; peut-être y a-t-il des technologies dont on pourrait tout à fait se passer et d'autres que l'on pourrait développer avec intérêt. Le réductionnisme génétique est incompatible avec la complexité du vivant ! Ce n'est pas en connaissant parfaitement les 30 000 gènes que l'on arrivera à comprendre et à soigner ou améliorer le vivant. C'est pourquoi je suis assez véhément contre cette mystique, parce qu'il me semble qu'elle est à la base de dérives, y compris dans les médias.

Une des premières choses est de s'y opposer, c'est-à-dire de démystifier les prétentions techno-scientifiques. En l'occurrence, le domaine des plantes transgéniques constitue un terrain extraordinaire pour démystifier les prétentions puisqu'on peut analyser les résultats et la façon dont les lobbies se démènent pour imposer ces technologies. Il faut aussi dénoncer les conflits d'intérêts entre les chercheurs, les médias et les industriels. Ainsi, quand on veut publier des articles contre les OGM dans la presse, on se rend vite compte qu'il est très difficile de les faire passer, y compris dans des journaux prétendant être objectifs. Il faut aussi dénoncer les enjeux commerciaux existant au sein de la recherche, qui n'est plus, aujourd'hui, une recherche de connaissances, exception faite peut-être de la physique théorique et des mathématiques. Elle est bien sûr obligée de recourir à quelques nouvelles connaissances, mais le but est déjà complètement cerné : il s'agit d'une recherche finalisée, qui a pour fonction de modifier le monde dans le sens que les décideurs (ni vous ni moi) ont choisi.

Pour finir, j'évoquerai le principe de responsabilité, dont on parlait il y a dix ans, principe qui avait été proposé par un philosophe allemand, Hans Jonas dans les années soixante-dix, et qui consistait à refuser éventuellement une technologie s'il s'avérait qu'elle était contraire à la dignité humaine, à la morale, à l'éthique. Il appliquait surtout ce principe au noyau de la matière vivante et à celui de la matière inerte, c'est-à-dire au nucléaire et à la génétique. Vous remarquerez que l'on n'entend plus parler de ce principe, qui a été remplacé par celui « de précaution ».

Le principe de précaution est indispensable, mais il se rapporte aux « bonnes pratiques » : quand on a décidé de faire quoi que ce soit, il vaut mieux le faire bien, proprement, en évitant les risques inutiles. Le principe de responsabilité pour sa part est beaucoup plus fort, puisqu'il introduit l'humain aux commandes et pose la question suivante : veut-on ceci ou cela ? Autrement dit, il faudrait à chaque fois passer d'abord par le principe de responsabilité pour définir ce que l'on veut faire, et ce par des procédures démocratiques telles les conférences de citoyens qui sont un modèle très intéressant mais sous-utilisé. Une fois que l'on aurait choisi d'aller dans cette voie, on pourrait appliquer le principe de précaution comme un principe technique tout simplement. Mais la technique ne doit pas induire le destin de l'homme[1].

[1] TESTART, Jacques, *Le vivant manipulé*, Paris, éditions Sand, 2003.
TESTART, Jacques, *Des hommes probables*, Paris, Le Seuil, 1999.

De la Mission de la Science à la science comme mission, parole d'un démissionnaire !

Michael Singleton

À la fin des années soixante, je me suis trouvé au fin fond de la brousse tanzanienne, dans un de ces fameux villages socialistes ou *ujamaa*[1], à la fois en anthropologue et en apôtre[2]. Les progressistes croyaient à l'époque que le socialisme africain en général, et celui de Nyerere en particulier, pourrait constituer une troisième voie au-delà du communisme et du capitalisme qui régnaient alors en chiens de faïence. Et il se peut que sans la crise énergétique des années soixante-dix, ce rêve aurait pu devenir réalité.

Je me suis donc retrouvé en 1969 chez les Wakonongo à aider à la culture sur brûlis (du maïs surtout) et, à l'occasion, à partir en forêt partager leur passion invétérée pour la chasse. C'était bien avant l'émergence et l'essor de la conscience écologique. De toute façon, nos rizières étaient souvent dévastées par des troupeaux d'éléphants, les patates douces déterrées par des babouins, et nos arachides arrachées par des phacochères.

J'avais un 22 long rifle et les Wakonongo, eux, se servaient des redoutables *gobori*, des fusils à l'ancienne… que les forgerons fabriquaient à partir des colonnes de direction (on n'avait pas intérêt à laisser son 4x4 trop longtemps sans gardien !). La première fois que j'ai accompagné des chasseurs, nous sommes vite tombés nez à nez avec un troupeau d'antilopes. Programmé par ma culture occidentale à réagir en Rambo, je me suis précipité en avant, tirant tous azimuts avec ma pétoire. Après quelques secondes, il n'y avait plus un animal à l'horizon et surtout aucune bête par terre !

Polis, mes amis m'ont fait remarquer que si chez moi, en Occident, on chassait comme ça, chez eux, il fallait s'y prendre tout autrement — et d'abord s'assurer de la permission du propriétaire des animaux de Limdimi, le Maître « spirituel » de la brousse[3]. En Afrique, la faune, loin d'être sauvage, est le cheptel domestique d'une figure ancestrale qui, s'il veut bien et moyennant une offrande symbolique, permettra au quémandeur de prélever ce qu'il lui faut pour satisfaire des besoins effectifs, mais non pour assouvir des désirs équivoques rationalisés, comme le sport ou le plaisir. Plus concrètement, bien que les animaux aient pu l'entrevoir, le chasseur africain fait semblant de n'avoir rien vu, il contourne le troupeau au loin jusqu'au moment où il a leurs derrières en face. C'est seulement alors qu'il commence à tirer. Nous dirions qu'il aura ainsi plus de chance et gagnera le gros lot mais, pour qui travaille avec des gris-gris *ad hoc*[4], ce qui est le cas du chasseur africain, le hasard n'est pour rien dans le résultat escompté et obtenu.

Ce fut la première d'une longue série de leçons apprises en Afrique : ne jamais aborder un sujet de front, mais toujours tourner autour du pot pour enfoncer le clou au dernier moment ! Je ne vais donc pas vous entretenir d'emblée et d'office du thème annoncé mais, jusqu'à la fin ou presque, vous parler des amateurs de chiens à Dakar[5].

Invité en 1982 avec une amie vétérinaire belge à présenter une communication lors d'un colloque organisé à Vienne en l'honneur du 80e anniversaire de Konrad Lorenz, Prix Nobel et fondateur de l'éthologie, nous avions réalisé une enquête auprès des Sénégalais de la capitale sur leurs réactions face à un phénomène inédit : la possession par l'élite de chiens de compagnie. Assistante dans la même université en Belgique que moi (l'université catholique de Louvain), elle était partie au Sénégal non

1 « Prêtre ouvrier = prêtre *ujamaa* », *Spiritus* (Paris), n° 61, 1975, pp. 427-436.

2 SINGLETON, Michael, « De la mission à la rémission en passant par la démission ; autobiographie d'un apôtre anthropologue » in *Nouvelles voies de la mission : 1950-1980*, Lyon, CREDIC, 1999, pp. 345-360.

3 « De l'intendance indigène du gibier à une gestion endogène de la faune » in VINCKE, Pierre Pol, SINGLETON, Michael (sous la direction de), *Gestion de la faune sauvage : facteur de développement*, Dakar, ISE/ENDA/MAB/Unesco, 1982, pp. 70-107.

4 « *Dawa* : beyond Science and Superstition », *Anthropos* (Paris), n° 74, 1979, pp. 817-863.

5 *Amateurs de chiens à Dakar : plaidoyer pour un interprétariat anthropologique*, Paris/Louvain, L'Harmattan/Academia, 1998.

pas pour châtrer des zébus ou pour faire des piqûres à des dromadaires, mais tout simplement pour s'occuper d'une clinique privée tenue par un vétérinaire sénégalais, et qui s'occupait des toutous, chats et autres hamsters des nouveaux riches.

Connaissant assez bien l'Afrique (pour y avoir vécu toute ma vie à droite et à gauche) et l'Afrique islamisée en particulier, je savais que le maintien à domicile d'un chien qui ne sert à rien, posait, pour le moins, problème aux yeux de la plupart des Africains « ordinaires ». Je ne vais pas détailler ici l'enquête en long et en large. La seule réponse qui nous interpellera est celle d'un jeune musulman de dix-huit ans, originaire de la Casamance, une région au sud du pays où sévit encore malheureusement une guerre civile larvée. Si je souligne son lieu d'origine, c'est parce qu'il est typiquement rural. Souvent, qui s'intéresse à l'Afrique, imagine que l'affiliation tribale est le facteur clef des réactions des gens du cru. Et de fait, les Sénégalais mettent en avant leur identité ethnique, qu'elle soit Wolof, Peul ou Diola. Pourtant dans le cadre de notre enquête, de toute évidence empirique, ce qui détermina le langage et la logique de nos répondants fut leur lieu d'origine, rural ou urbain.

La plupart habitaient depuis peu à Dakar, où ils étaient venus de leur plein gré chercher fortune, et non pas poussés dans le dos par la misère ou la sécheresse. Leurs ongles ne portaient plus de traces de terre, mais leurs têtes étaient encore pleines de philosophies et pratiques paysannes. C'est de cette préprogrammation villageoise dont on a un écho on ne peut plus clair dans la réponse de ce jeune Diola musulman à notre question : « Pourquoi, selon vous, vos compatriotes nouveaux riches ont-ils des chiens de compagnie ? ». En trois lignes, les répondants étaient invités à s'exprimer sur le sujet.

Dans un français aussi approximatif que le mien, l'adolescent en question m'a donné une belle leçon d'anthropologie. Ignorant qu'il avait affaire au pénultième assistant de Sir Edward Evans-Pritchard, mon répondant m'expliqua pourquoi dans l'Afrique des villages (pour plagier le titre d'un grand sociologue africain, Jean-Marc Ela), les ruraux possèdent des chiens. « Chez les Africains », disait-il, « les chiens servent à trois choses : surveiller le bétail contre d'éventuels prédateurs, appuyer les activités de chasse et avertir les habitants des dangers mystiques qui les menacent ». Ayant des chiens de berger et de chasse, les deux premières fonctions ne nous étonnent pas trop. C'est face à la troisième que le risque de dépaysement est grand pour qui n'a pas vécu dans l'Afrique profonde.

En Afrique noire, il peut faire très noir la nuit ! Je me vois encore chez les Wakonongo un soir pendant la saison des pluies, sous un ciel couvert de nuages… et sans le moindre reflet des réverbères des autoroutes pour éclairer au loin. Nous étions là, nous les notables, autour du feu, en train de palabrer, quand tout d'un coup, les deux ou trois chiens qui traînaient tranquillement dans les parages se sont mis à aboyer, pointant leur museau dans la même direction. Leurs poils se hérissaient, et tout le monde de chercher qui son fusil, qui ses flèches empoisonnées, non pas par crainte d'un ennemi visible, mais par peur du pire : une attaque sorcière. Les chiens ont cette espèce de sixième sens qui les avertit d'une menace invisible, de la présence des forces mystico-métaphysiquement malveillantes (j'ai recueilli des recettes ou remèdes dont l'ingrédient crucial était la chassie de chiots qui rend vos fusils infaillibles contre des sorciers invisibles[6]). Ce soir-là, ce n'était qu'un octogénaire incontinent parti se soulager dans la bananeraie, mais ç'aurait pu être un vrai sorcier.

En plus de cette leçon ethnographique sur le chien propre à l'Afrique ancestrale, notre jeune ami nous la présenta sous forme d'un syllogisme scolastique. La prémisse majeure campa les trois fonctions canines (protection du bétail, chasse sauvage et alerte aux sorciers) ; la mineure constata que les riches dakarois ne possèdent pas de bétail, du moins pas à portée de main, et que le seul gibier du Sénégal se trouve dans le Parc national à 900 km de la capitale et surtout que les évolués sont de vrais mécréants puisqu'ils « ne croient plus aux sorciers et aux esprits ». *Ergo*, cette manie d'avoir

[6] « Who's who in African witchcraft ? », *Pro Mundi Vita*, février 1980, pp. 1-40.

des chiens de compagnie ne pouvait être qu'une singerie aliénante des drôles de mœurs des Blancs.

Pour la petite histoire et surtout pour rester politiquement correct, j'avais demandé aussi dans l'enquête ce que les Sénégalais pensaient des Blancs qui possédaient des chiens. En plus de ceux qui affirmaient que c'était parce que les Toubabs préféraient l'amitié des chiens à celle des enfants ou des indigènes, certains insinuaient que les femmes blanches adoraient les gros chiens noirs.

Tout en sympathisant avec la position de notre jeune Diola, il ne faut pas être grand clerc pour savoir où il se trompe. Au lieu de reconnaître que *son* chien est, justement, le seul qui convient à la raison d'être villageoise, il en a fait *Le* Chien ut sic et en soi, LE Chien par excellence. Il l'a ab-solutisé (*ab-solutus* en latin voulant dire « découper d'avec »), là où tout chien ne peut naître et être qu'en fonction de sa relation à tel ou tel milieu socioculturel et moment sociohistorique. Il l'a naturalisé — l'identifiant à la nature canine en tant que telle quand il ne peut y avoir que des chiens culturels (même la définition scientifique du chien, *Canis familiaris*, n'étant que le chien de la culture scientifique et en aucune façon le chien faisant universellement foi et univoquement loi). Il l'a fétichisé — c'est-à-dire en pensant à la fois au sens étymologique du terme (fétiche renvoyant au mot portugais *fetiçao* et au mot français fabriquer) et à l'analyse marxiste de l'argent comme fétiche —, oublieux du caractère construit de son chien ; il en a fait une idole (là où tout au plus il aurait eu le droit d'en faire un idéal). En extrapolant la réalité canine propre à son expérience paysanne bien au-delà de son ancrage empirique, son chien prend les allures majusculaires propres aux archétypes de Platon. Les chiens autres que *Le* Chien ne seraient que des pâles reflets de la Réalité de Référence.

Un schéma pourra camper cette déculturalisation du chien villageois et sa métamorphose en un monstre métaphysique :

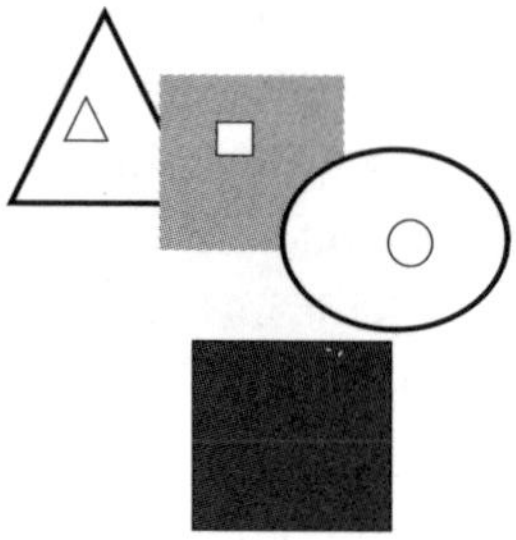

La ligne du haut représente le niveau culturel. Elle ne campe que trois cultures (en l'occurrence celle du riche Sénégalais (le triangle), celle du paysan typique (le carré) et celle de l'expatrié. Dieu sait, et encore, combien de cultures il y en a de fait… car, justement, une culture est toujours un champ clôturé en fonction d'une cause dont la crédibilité ne peut qu'être relative. La France et la Belgique, à supposer que le niveau d'analyse État-Nation soit plausible, peuvent représenter des cultures. Mais au sein même de la Belgique, au moins trois cultures distinctes se dessinent : la Flandre, la Wallonie et la région germanophone. Et, en Wallonie, il est tout à fait légitime de distinguer entre la culture rurale et la culture citadine, de même de différencier la culture de Liège et celle de Namur. Pour finir on peut même se demander si tout un chacun ne représente pas à lui tout seul une culture à part entière… abstraction faite que Freud ou Pirandello (pour ne pas parler de la philosophie bouddhiste ou d'une certaine tradition anglo-saxonne) ont des doutes sérieux quant à l'identité substantielle du soi !

Mais l'essentiel à ce stade-ci de notre analyse est moins de dire où s'arrête et où commence une culture donnée que de reconnaître que « Hors Culture il n'y a rien ! ». Or c'est cela que n'a pas reconnu notre jeune Sénégalais. Il a le droit le plus strict de préférer son chien à tout autre chien. D'ailleurs, tant qu'il se retrouve en villageois, il serait même contradictoire d'aimer davantage un autre type de chien que celui qui fonctionne si bien chez lui. C'est pourquoi nous avons grisonné son carré. Nous aurions pu faire de même pour le cercle ou le triangle. Car personne ne pouvant se trouver de fait hors culture (on peut donner l'accolade à un Français ou serrer la main d'un Anglais, mais on ne peut pas embrasser l'Homme tout court !), tout le monde est bien obligé, en dernière analyse, de se retrouver momentanément là où Dieu et/ou le Destin l'a localisé. Mais, au lieu d'accepter cette inéluctable relativité des choses — ici le fait que chaque culture se doit d'avoir son chien et nul autre —, notre répondant a projeté son chien hors culture villageoise sous forme du Chien quintessentiel (le carré noir). Avec cet étalon essentiel en tête, il débarque à Dakar et, confronté à des chiens triangulaires ou circulaires, il les déclare apodictiquement des non-chiens, des illusions d'optique, car le chien de luxe ne sert à rien ou, pire, sert à des choses immondes.

Il est assez cocasse de penser qu'aussi bien le riche Sénégalais que l'expatrié occidental peuvent affirmer que leurs chiens de compagnie représentent le chien libéré des corvées d'antan, devenu enfin le chien proprement et purement chien. Ce qu'il faut retenir, c'est que si tout le monde a droit à *son* chien, personne ne peut prétendre que son chien est *Le* Chien.

Le non-lieu total du hors culturel crève les yeux… du moins ceux de l'anthropologue. Mais il faut peut-être éblouir sinon aveugler davantage pour en finir une fois pour toutes avec le discours habituel sur la dimension culturelle et son respect. Bien définie, la culture fait figure et fonctionne comme un tout et nullement comme une partie parmi d'autres, souvent censées plus cruciales, telles que l'économique ou le politique. L'économie, par exemple, loin d'être infraculturelle en tant qu'infrastructure primordiale, n'est que la culture occidentale dans toute sa splendeur économiciste et plutôt que de la réenchâsser dans le social, il serait mieux pour tout le monde de la chasser tout court[7].

7 « Réenchâsser l'économique ou le chasser tout court ? », in Kioni, A.-R. (sous la direction de), *La République du Congo face aux défis du siècle : hommage à Michel Norro*, Louvain-la-Neuve, Academia, 1998, pp. 33-50.

Une illustration supplémentaire s'impose pour bien comprendre l'extrême équivoque que représente toute approche et appréciation de l'Autre en termes du carré noir, symbole de l'en soi objectif. Mettons que moi, qui suis Anglais d'origine, j'adore le tennis au point que je le considère comme le seul jeu digne de ce nom. Je débarque à Calais et qu'est-ce je vois ? Des dockers français en train de jouer au football lors de leur pause déjeuner. Comme je suis tout seul et comme ils ont l'air d'être des sacrés costauds, j'hésite à leur rentrer dedans sur-le-champ pour arrêter leur jeu en proclamant que leur ballon est trop grand, qu'il est aussi idiot qu'immoral de taper sur un ballon de cette taille-là, quand seule la balle de tennis fait universellement foi et univoquement loi. Avant d'intervenir, j'attends la mi-temps pour entamer une discussion sur leur choix totalement erroné.

Ayant semé la bonne parole (pour ne pas dire l'évangile) du droit de cité absolu et exclusif du tennis, je continue mon chemin du côté de la Belgique pour m'attarder à Charleroi où j'assiste à un désolant spectacle : les frères Saive, champions du monde de tennis de table, sont en train de donner un match d'exhibition. Comme la Belgique est un petit pays et comme je n'ai affaire qu'à des petits Belges, je n'ai aucun scrupule à interrompre leur jeu pour sauter à pieds joints sur leur minable balle de ping-pong. Brandissant la mienne, je leur dis que désormais ils devront, s'ils veulent encore faire partie de l'humanité, jouer au tennis, point à la ligne. Et que je reste sur place pour m'assurer qu'ils ne retournent pas à leurs errements passés.

Sauf exception (un mutant marginal qui trouve qu'après tout le tennis ça se défend et que le foot est un sport de brutes), les Français m'enverront paître et continueront à jouer comme bon leur semble. Les Belges, ne se trouvant pas en position de force, seront bien obligés de faire au moins semblant de prendre du plaisir en jouant au tennis — et certains même pourraient finir par trouver qu'ils avaient eu tort de se livrer au ping-pong. Il n'empêche qu'en gros et les Français et les Belges diront que je dois avoir mangé trop de vache folle. En effet, on ne peut pas plus faire de son jeu Le Jeu qu'on peut prendre son chien pour Le Chien. Tout au plus pourrait-on, face aux singularités irréductibles que sont les chiens vivants et les jeux concrets, créer une sorte de résumé dénominateur commun, une généralisation abstraite (exsangue et nullement essentielle) : la définition conventionnelle du chien et le concept d'un méta-jeu. Mais on ne saurait pas plus serrer la patte du premier que jouer, de fait, au second. « Je » — c'est-à-dire tout individu, incarné dans son corps propre et incorporé dans sa propre culture — ne peux rencontrer, « en chair et en os » comme l'aurait dit Unamuno, qu'un chien triangulaire, carré ou circulaire, parmi lesquels, étant moi-même carré, je peux préférer (et même dois tant que j'y reste) le mien. De même, ne pouvant en aucune manière jouer le méta-jeu (qui ne fait que camper les traits généraux de tout jeu — tels qu'une période fixe, l'arbitrage, le nombre limité de joueurs), je dois jouer soit au tennis, soit au foot soit au ping-pong, tout en gardant le droit de préférer personnellement le premier à tous les autres. Mais ce que je ne peux pas faire, c'est me représenter mon jeu préféré comme Le Jeu ut sic et en soi et le présenter ainsi à tout le monde — « à prendre objectivement d'office ou à laisser à vos risques et périls subjectifs ».

Un schéma pourrait camper de nouveau cet enjeu non seulement interculturel mais ontoépistémologique :

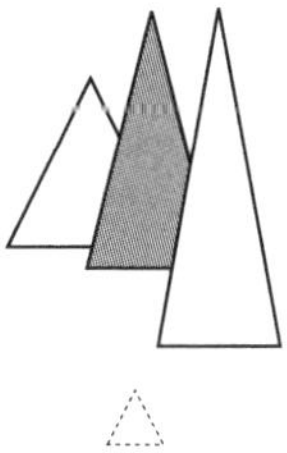

Le triangle sous-jacent, loin de représenter une substantialité significative, qu'on devrait pouvoir retrouver tel quel dans toutes ses incarnations superficielles et secondes (à l'instar de la prétendue nature humaine qui serait identiquement présente dans tout homme indépendamment de son âge ou sexe, de sa couleur ou de ses croyances[8]) n'est qu'une simple catégorie conventionnelle, faite de quelques traits sélectionnés (pour les besoins de telle ou telle cause culturelle) dans les irréductibles individualités de la première ligne. Ça pourrait être la notion d'une espèce canine ou le concept « jeu ». Si nous avons laissé un triangle gris c'est que certains individus peuvent paraître plus copie conforme de ou convenir davantage à la catégorie que d'autres — mais cela n'est qu'une illusion factice.

N'oubliez pas que nous sommes encore dans nos approches cynégétiques, que nous n'avons pas encore tiré une seule cartouche sur notre cible : la Science ! Considérons quelques instants un ultime exemple de l'ambiguïté absolue d'une altérité au contenu extra-culturel (ou supra ou infra ou para, peu importe quand elle apparaît foncièrement hors culture). Il s'agit du cas limite (mais nullement hors limite) de la Révélation. En effet la Bible ou le Coran (pour ne prendre que ces deux exemples-là) font figure d'un *nec plus ultra* en matière de carré noir, représentant quelque chose non seulement de naturel mais de surnaturel. L'énergumène qui part « à l'assaut d'autrui » (pour plagier le titre d'un classique de la littérature missionnaire du XIXe siècle *À l'assaut des pays nègres*) avec son chien rural en laisse ou sa balle de tennis en poche, nous fait sourire. Mais le missionnaire qui, son livre sacré en main, s'attaque à l'Hindou de l'Inde ou à l'animiste de l'Afrique, ne rigolait pas. Ayant affaire aux Indiens, pour ne pas se trouver martyrisé illico ou renvoyé au pays en 24 heures, comme notre Anglais face aux dockers de Calais, il faisait attention de bien sucrer la pilule. Il n'empêche qu'à ses yeux, tous ces temples tarabiscotés et toutes ces théories tortueuses n'ayant pas été prévus par le programme divin, devaient un jour ou l'autre disparaître à tout jamais. Face au carré noir de la Révélation, seul tiendra jusqu'au bout la civilisation chrétienne qui grisonne déjà dans son carré.

Confronté aux autorités d'un modeste village africain, l'apôtre peut se comporter avec autant de force de frappe que notre Anglais avec ses braves Belges. En inven-

[8] « De la déclaration définitive à la discussion décisive des Droits de l'Homme », *Annales d'études européennes*, n° 1, 2000, pp. 47-67.

tant la scène suivante, je n'invente rien ou presque. Dans un premier temps, le jeune père blanc somme le vieux chef chevrotant de lui montrer ce qu'il a en matière de religion. Le vieillard entre dans sa case et en sort avec un superbe fétiche à clous — une figurine humaine, ayant un miroir en lieu et place de son nombril, le corps bardé de clous rouillés, le tout dégoulinant de sang sacrificiel. Horrifié autant par l'inconscience païenne de son possesseur que par cet objet diabolique, le missionnaire sort sa boîte d'allumettes et fait brûler non seulement la stupide statue superstitieuse, mais toute la case à fétiches. Car face au triangle polythéiste, seul doit prévaloir le carré monothéiste. Et puisque derrière le missionnaire se profile le militaire avec sa mitrailleuse et l'administrateur colonial avec ses décrets antisorciers, le vieux païen se laisse faire... se faisant même parfois chrétien... surtout que, l'apôtre, sûr de son affaire, ne s'est pas contenté de rectifier le tir théologique. Il a demandé à son interlocuteur indigène de lui montrer ce qu'il avait en matière de mariage. Le chef fait sortir de sa case une vieille dame édentée. En la saluant, le missionnaire pense que du côté de la morale du moins, les païens, n'ayant qu'une femme, se sont retrouvés naturellement dans un carré qui commençait à grisonner, à se rapprocher de la Révélation. Mais, malheureusement, six femmes suivent la première. Le chef est polygame. Sidéré par tant d'ignorance crasse et d'immoralité grossière, le prêtre exige que l'indigène lubrique quitte son cercle polygame et renvoie sur-le-champ toutes ses femmes sauf une. Car le monothéisme va de pair avec la monogamie. Fatigué par sa ménagerie polygame, le vieux profite de l'occasion pour rejoindre le carré noir du Blanc en se débarrassant de toutes ses épouses, sauf la jeune vierge qui était arrivée la veille.

Si nous sommes ainsi passés du *dog* à *god*, du chien de la nature au Dieu de la surnature, nous n'avons pas changé de mode de penser ni de manière de faire. Celui qui (im)pose son Dieu sous forme d'un carré noir ne se (com)porte pas tout autrement que celui qui (pro)pose son chien de la même façon absolue. Qu'on soit en mesure d'imposer le carré noir ou qu'on ne soit provisoirement capable que de le proposer, peu importe si on le (com)prend comme fondamentalement hors culture et donc comme objectivement valable.

Et surtout peu importe que le contenu de ce qu'on pose soit de l'ordre de la Révélation ou de la Raison quand il est affirmé absolument. Car qui prend ce qui ne peut qu'être relatif pour de l'absolu, aboutit automatiquement à une intransigeance tout aussi fondamentalement inquisitoriale que foncièrement intolérante. En effet, si votre vérité vous paraît comme la Vérité (de Dieu et/ou du Destin, de nouveau peu importe), vous ne pouvez pas compromettre son contenu ou sa direction essentiels. Et de fait, les scientifiques ne sont pas plus prêts à renégocier les acquis de la Raison que les religieux à revenir sur le noyau dur de la Révélation. Tout au plus peut-on soigner l'emballage, jamais le cadeau.

Chasseurs de l'absolu, nous sommes enfin face à la bête à abattre : la Science comme faisant figure d'autre chose qu'un certain Occident[9]. Cet Occident scientifique s'imagine avoir repris des Arabes le flambeau que ces derniers avaient hérité des Grecs. La flamme de ce flambeau était d'abord timide, soufflée par des courants d'air culturels et surtout religieux. Mais désormais, elle brille de tous ses feux naturels. Née par accident en Occident, la Modernité est la première culture de l'humanité à s'échapper pour l'essentiel du carcan culturel, pour se rapprocher de la réalité naturelle des choses. Dotée, grâce à la prévoyance providentielle, d'une religion carrée, monothéiste et monogame, la civilisation romaine était naturellement prête à recevoir la plénitude de la révélation surnaturelle. De même, les meilleurs savants de la Grèce antique se sont affranchis des triangles de la superstition mythique et des cercles de la déraison païenne, pour se mettre « carrément » sur la droite ligne : la maîtrise du sens scientifique des choses et leur management technique. Le Catholicisme : non pas une religion naturelle parmi d'autres, mais la seule pleinement surnaturelle. L'Occident : la première civilisation qui, pour l'essentiel, n'est plus une culture, mais représen-

[9] « Galilée mort ou vivant ? La fin de la science ? », *La Revue Nouvelle*, septembre 1997, pp. 58-73 ; « Sciences et/ou ethnosciences ? » *Alliage*, n° 41-42, hiver 1999-printemps 2000, pp. 135-145.

tative de la nature même du réel. La conversion des cultures à la Raison a remplacé leur ralliement à la Révélation, mais pour l'essentiel rien n'a changé, puisqu'il s'agit toujours de faire disparaître définitivement l'altérité tout autre — les triangles et les cercles — pour la remplacer par un seul et unique carré noir. Un monde après Jésus étant absolument anathème, le chrétien ne peut croire qu'à un monde d'après Jésus. J'ai encore à rencontrer un vrai scientifique qui envisage avec sérénité un monde ou sa/La Science aura disparu, totalement transformée dans un savoir et savoir-faire tout autre.

Mais trêve de slogans. Si nos affirmations doivent apparaître plus que gratuites, il nous faut les enraciner dans un empirisme exemplaire. Pour avoir enseigné dans des instituts de médecine tropicale (à Anvers et Bâle), je suis relativement bien placé pour savoir que le médecin typiquement occidental, face à ce qu'il imagine être la médecine d'autres cultures, se comporte exactement de la même façon que le missionnaire d'antan. Convaincu que sa médecine fait désormais figure de La Médecine, au mieux il est prêt à intégrer des éléments circulaires et triangulaires dans son carré noir, mais au pire (du moins aux yeux de l'anthropologue) il se croit obligé d'écraser « carrément » (c'est le cas de le dire !) aussi bien le triangle de la sorcellerie sauvage du charlatan primitif que le cercle stupidement sophistiqué du tradipraticien chinois ou hindou. À moins d'admettre que la médecine occidentale n'est qu'une ethnomédecine parmi d'autres (celle de l'ethnie occidentale ou occidentalisée), le mot et la réalité « ethnomédicale » n'ont de sens qu'au vu de La Médecine tout court, d'une médecine foncièrement naturelle. Or, pour moi, ce prétendu sens non culturel de La Médecine est un non-sens absolu. Ce qui m'a fait dire et écrire que l'ethnomédecine est un ethnocide.

Un troisième schéma pour camper cet impérialisme de la médecine occidentale :

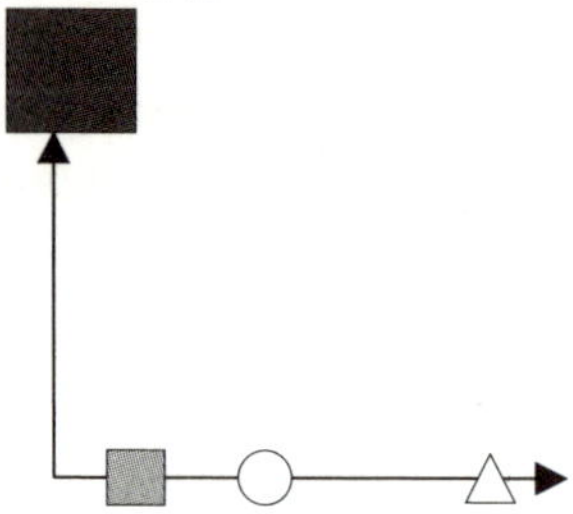

Sortant absolument du niveau culturel : le carré noir de La Médecine ut sic et en soi qui, en tant que scientifique, empirique, objective, rationnelle, a le droit de ranger toutes les autres médecines du monde en fonction de leur degré d'ethnicité croissant. C'est ainsi que, tout près de La Médecine, on rencontre le carré grisonnant de l'acupuncture. Dans un premier temps, celle-ci est classée par La Science parmi les ethnomédecines plus ou moins folkloriques. Mais on peut désormais mettre son côté ethnique entre parenthèses et parler d'(ethno)médecine. Car, grâce à la découverte par La Science (occidentale et non pas chinoise, évidemment) des endorphines (des analgésiques produits par le corps et pouvant être déclenchés par les aiguilles de l'acupuncteur), sa fiabilité naturelle est assurée. Plus loin, cheminant dans la direction du purement ethnique ou culturel, le scientifique croise le cercle ayurvédique, l'ethnomédecine de l'Inde. Suite à une analyse scientifique des plantes et la mise à jour de leurs agents actifs, cette philosophie et pratique de la santé, en dépit de son emballage excentrique (fait d'un mélange extravagant de bizarreries théologiques et de rites irrationnels), mérite l'appellation d'ethnomédecine en bonne et due forme — 50 % de culture plus 50 % de nature. Mais quand, en fin de parcours, le médecin moderne tombe nez à nez avec un sorcier africain (le triangle), vêtu d'une peau de singe crasseuse, avec ses osselets divinatoires en main et son sac magique plein de « médicaments» les uns plus excentriques que les autres (crottes d'éléphant, couilles de crocodile, feuilles de baobab, éclats de mica...), alors là, avec tout le respect qu'on doit à la dimension culturelle, l'esprit scientifique est face à l'ethno presqu'à 100 % car, dieu sait comment, il peut arriver que l'une ou l'autre plante employée par le charlatan ait, souvent à l'insu de ce dernier, une efficacité proprement médicale.

La bonne foi étant ce qu'elle est, je n'incrimine personne. Il n'empêche que le médecin, avec ou sans frontières, part soigner les Africains foncièrement de la même manière que le missionnaire d'antan s'expatriait pour les sauver : c'est-à-dire non pas, comme il le croit, au nom d'un Destin qui, en donnant la Raison à l'Occident, lui a donné absolument raison, mais en fonction d'une rationalité culturelle parmi d'autres. Une rationalité relative, mais qui peut, à juste titre, lui paraître relativement absolue. Loin de moi toute idée de prêcher pour un relativisme démissionnaire : à chacun son chien et son dieu, et on n'en parle plus. Je crois l'avoir suffisamment dit et montré : vous avez non seulement droit à votre *god* comme à votre *dog*, mais vous pouvez en parler à d'autres — et de toute façon, même si vous n'en dites rien, votre silence restera éloquent et d'autres chez vous et les autres en face en parleront. La seule chose (mais c'est une chose aux conséquences cruciales) qu'il faut tenir présente à l'esprit, c'est que qui veut le chien ou le dieu d'autrui ne peut les avoir pleinement qu'en se retrouvant dans le lieu d'origine des choses en question. Vous êtes un citadin mais vous préfériez le chien rural à tout autre ? Alors il faut que vous vous fassiez paysan avec les paysans. Vous êtes un bourgeois catholique et vous rêvez du dieu des premiers chrétiens plutôt que celui du Vatican actuel ? Alors il vous faut quitter le triangle de votre condition bourgeoise et vous relocaliser mentalement, moralement et matériellement dans le même type de milieu sectaire (genre *New Age* ou témoins de Jéhovah) qui a donné lieu à la théo-logique d'un saint Paul & Cie. Impossible de se retrouver dans trente-six lieux à la fois. En fin de compte, si on peut naître dans un triangle ou un carré, on ne peut être que dans l'un ou l'autre — et qui s'imagine entre les deux ou en transit, se retrouve malgré tout quelque part à son tour, même si ce n'est que provisoirement. Et de toute façon, puisque *panta rhei*, puisque c'est le Flux et non pas le Fixe qui est permanent, toute stabilisation sédentarisée ne peut qu'être temporaire. Qu'on le veuille ou non, la condition qui nous a été faite est foncièrement nomade ! D'où d'ailleurs le fait que le christianisme ou la science, face à la fuite en avant permanente qui est le lot de tout vivant, ne peuvent représenter que des étapes plus ou moins éphémères. Aux yeux du nomade (que je suis[10]), la cité de la Science ne peut pas prétendre à plus d'éternité que celle de Dieu.

Ce genre de propos provoque inévitablement chez l'empiriste extraverti et l'ontologue objectiviste une réaction d'incrédulité rabique : « Comment est-ce possible de ne pas voir que les choses sont réellement déjà en dehors de nous — quand un chien vous mord vous ne dites pas qu'un caillou vous a sauté dessus ? Comment est-ce possible de ne pas se rendre compte que des variations accidentelles ont lieu sur fond d'une substantialité, que derrière les divinités phénoménales de l'histoire des religions, il y a Dieu lui-même ? » Le médecin surtout posera une colle au culturaliste : « Si la couleur blanche dérange, mettons les Japonais, parce que couleur du deuil, on pourrait colorer des aspirines en vert — mais ce respect de la dimension culturelle n'enlève en rien la réalité neurophysiologique universelle des maux de tête. Noir, blanc, rose bonbon, la première chose à faire pour quelqu'un qui souffre d'un mal de tête est de lui donner une aspirine et si son problème n'est pas d'ordre psychosomatique, sucré ou pas, l'analgésique fera infailliblement ou mieux, tout naturellement, de l'effet. »

En dépit du bon sens évident de cette affirmation qui rétablit la distinction obvie entre le culturel — comme une dimension dont il faut tenir compte, voire promouvoir —, et le naturel — incontournable dans sa matérialité transculturelle —, elle est problématique pour ne pas dire fausse. Car il faut se demander pourquoi l'aspirine en tant qu'analgésique naturel, ciblant un désordre corporel, est née en Occident plutôt qu'ailleurs. Il y a à peine une

[10] « On ne bouge plus ! Une méditation d'anthropologue sur la mobilité humaine », *Spiritus* (Paris), n° 1, 2001, pp. 1-11.

génération, la réponse aurait été « à cause de la supériorité intrinsèque de la civilisation occidentale, la flèche montante de l'anthropogenèse ». Mais si répondre « par le plus grand des hasards » serait politiquement plus correct, ce serait aussi renoncer à répondre. En effet, cette naissance est en grande partie due à la fois à l'idée de la nature que l'Occident s'est faite et à la dichotomie dualiste que cette même culture a établie entre le corps et l'âme. Il faut avoir vécu longuement au ras des pâquerettes ailleurs, en Afrique par exemple, ou s'être promené philosophiquement dans les méandres métaphysiques d'autres cultures, mettons de la Chine, pour se rendre compte à la fois du caractère idiosyncrasique de la notion occidentale de la nature et de la pauvreté anthropo-logique de son dualisme manichéen : matière *versus* esprit.

Nous ne pouvons développer ici ni l'un ni l'autre de ces choix, socio-historiquement spécifiques à la tradition occidentale. Je ne peux que, d'un côté, énoncer ma thèse : il y a autant de natures que de cultures et tous ces naturels distincts et irréductibles surgissent toujours au-dedans de telle ou telle culture donnée ; et, de l'autre, faire allusion à l'extrême complexité et richesse de la plupart des anthropo-logiques africaines. Certaines visions africaines de la constitution humaine vont jusqu'à distinguer neuf parties composantes — le cœur, le souffle, l'ombre, le revenant ancestral... Parler d'un « moi multiple » serait ethnocentriquement trop timide, car il s'agit d'une multiplicité de « moi ». Le Mukonongo — pour revenir à « mes » Africains — qui la nuit devenait un homme-lion ou qui, de jour, n'aimait pas qu'on passe derrière son dos de peur de voir ses blindages mystiques détruits, et invoquait un mauvais esprit pour se disculper totalement du vol dont il était accusé (« ce n'est pas moi, mais un djin qui a fauté ») ne pensait pas, comme nous, en termes de modifications accidentelles d'une substance permanente, mais alignait des « moi » successifs comme autant de monades.

Dans ces circonstances, quand un Mukonongo sollicitait une aspirine pour ses maux de tête, je me suis demandé mais à qui est-ce qu'on la donne : à un équivalent foncier d'un Blanc qui demanderait la même chose pour un dérangement qu'il imagine purement matériel ? ou à un moi ancestral réincarné et mécontent ? ou à une ombre mal en point ? ou à des viscères troublés par des attaques sorcières ? ou... ? À cette perplexité s'ajoutait la certitude qu'en donnant une aspirine, je donnais à mon interlocuteur indigène Platon et Aristote, saint Thomas d'Aquin et Jean-Paul II. Car tous ces gens, et ce qu'ils représentent, sont inscrits en toutes petites lettres sur le mode d'emploi des analgésiques, mais en caractères tellement petits qu'on ne les voit malheureusement pas, sont inclus dans le prix et surtout dans le coût caché du cachet d'aspirine. En effet (et, en l'occurrence, à la manière d'un effet pervers), qui prend une aspirine prend en même temps la conviction qu'on peut venir à bout biochimiquement d'un problème de santé, pourvu qu'il ne soit que ce qu'il se doit en principe d'être, à savoir un dérangement neurophysiologique. Si jamais l'aspirine ne vient pas à bout du désordre corporel, c'est qu'il y a en supplément un problème d'ordre psychosomatique... qui se passe dans la tête du malade, dans son imagination et pas dans les neurones de son cerveau.

Par la force du terrain, j'ai passé ma vie en Afrique à côtoyer et à cheminer avec des *waganga* (pluriel de *muganga*). Ce terme est mal traduit non seulement par charlatan, mais par guérisseur (ou même sinon surtout tradipraticien). Car le *muganga*, loin d'être un médecin qui s'ignore, est un clairvoyant capable de remédier à toutes sortes de désordres grâce à des interventions rituelles, dotées d'une redoutable efficacité symbolique[11]. Le Mukonongo qui va consulter son *muganga* traitant ne s'attend pas à ce que ce dernier fasse des examens physiologiques pour diagnostiquer de quoi il souffre : en Afrique, c'est le malade qui déclarera à son « médecin » sa maladie — « j'ai mal à la tête » - et le « médecin » n'a pas à savoir plus, et n'est même pas attitré ou équipé pour en savoir plus dans le diagnostic purement corporel. Pour rapporter un cas vécu, la première question que le *muganga* posera à son client sera : « Et ta belle-mère ? ». Car et lui et son patient savent d'emblée et d'office que toute maladie

[11] « La médecine traditionnelle ? Connais pas ! », *Cahiers du CIDEP*, n° 12, *Soins de santé primaires en Afrique, cause perdue ?*, pp. 103-143.

n'est pas seulement (et encore moins principalement) somatique ou même psychosomatique, mais aussi et surtout sociosomatique. D'où la démarche suivante : une visite chez la belle-mère. Cette initiative fait partie intégrante du traitement. Celui-ci peut, à l'occasion, mais tout à fait accessoirement, inclure un « médicament » (*uganga*) sous forme de l'un ou l'autre mélange de plantes. Mais il ne viendrait jamais à l'esprit d'un Africain, malade ou soignant, d'imaginer que la plante d'elle-même est efficace. D'abord, il faut qu'elle ait été découverte non pas par la voie d'une expérimentation empirique, mais grâce à la voix d'un esprit révélateur. Ensuite, pour être suivie d'un quelconque effet, il lui faut une activation par le *muganga* s'appuyant sur une autorité ancestrale. C'est cet arrière-fond-là qui non seulement rend équivoque, mais aussi hypothèque nos recherches ethnopharmacologiques à base d'une idée tout à fait occidentale d'une causalité naturelle dite de l'agent actif… là où l'acteur africain typique sait qu'il est plus agi qu'agissant. Il n'est pas impossible, il est même plus que probable, que les plantes employées par les *waganga* (de nouveau mal traduits comme « herboristes, soignant par les plantes ») possèdent des agents actifs — mais supposer qu'ils les auraient découverts par hasard ou grâce à une intuition préscientifique, serait présupposer que seule la science peut mettre son doigt sur le vraiment (c'est-à-dire « naturellement ») efficace — ce qui représente non seulement de la récupération, mais un impérialisme qui s'ignore. L'ethnomédecine, comme nous l'avons dit, est ethnocidaire, vient à bout de l'intentionnalité identitaire d'autrui.

Et que s'est-il passé chez la belle-mère, veuve de son état et vivant seule ? Elle a accepté que sa nervosité récente puisse avoir rendu son beau-fils malade — une atmosphère sociale troublée empoisonne inévitablement les (r)apports humains. Mais pour s'excuser elle invoquait le fait que les pluies qui tardaient l'inquiétaient, compromettant ses semailles. Qu'a fait le *muganga* ? En tant que guérisseur, il est allé sacrifier un poulet noir sur les tombeaux des ancêtres royaux, nus propriétaires de la pluie… qui est tombée le jour même, témoignant ainsi de l'efficacité d'une sagesse africaine à des années-lumière de notre science étriquée : toute maladie (ou mieux désordre) étant à la fois et indissociablement — mais sans doute selon des dosages divers — somatique, psychosomatique, sociosomatique et écosomatique. C'est ce qui me fait penser que le plus grand médecin de notre temps n'est pas un Christian Barnard mais un José Bové, qui sait que tout le monde est malade de la mondialisation et que le monde ne se sauvera qu'après la fin du développement.

L'aspirine, donc, loin d'être une réalité naturelle et, par conséquent, universelle, n'est que l'Occident encapsulé. Elle ne symbolise pas la Science en général et la Médecine en particulier, elle représente l'ethnoscience et l'ethnomédecine d'une certaine ethnie occidentale. S'il n'y a ni *dog* ni *god* hors culture, *a fortiori* on ne voit pas pourquoi on pourrait administrer des analgésiques en innocence de toute cause culturelle. On ne peut pas plus débarquer à Dakar venant de la Casamance avec Le Chien ou de la chrétienté avec Dieu Lui-Même qu'on ne peut arriver au nom de La Science. La Science fait figure de l'Occident et fonctionne à l'occidentale. Une certaine Science fait partie intégrante d'une occidentalisation certaine du monde.

Cette conclusion catégorique paraîtra à plus d'un aussi kamikaze que contradictoire. « Quand vous avez mal à la tête, ne prenez-vous pas aussi des aspirines ? Et en tenant devant nous vos raisonnements relativistes, ne tenez-vous pas non seulement à avoir absolument raison, mais à la Raison même ? » N'étant pas de ceux qui imaginent pouvoir devenir plus africain que les Africains ou que l'Afrique détiendrait des secrets scientifiques de loin supérieurs à la science occidentale, je n'éprouve aucune difficulté à admettre que je n'ai jamais pris (sérieusement) des remèdes du cru contre mes maux de tête ou de ventre et que si l'Afrique a le secret de quelque chose, cette dernière est d'un tout autre ordre que celui établi par la science. Cet aveu, loin de démolir mon argument, ne fait que le raffermir. Personne ne pouvant se retrouver nulle part ou partout à la fois (c'est du pareil au même), tout le monde a intérêt à se retrouver (con)sciemment là où de fait et actuellement il se trouve. Je suis sûr que mes maux de tête épisodiques sont occasionnés non pas par ma belle-mère, pour laquelle j'éprouve beaucoup de sympathie, mais par des injustices instituées telles que des menaces de délocalisation ou le réchauffement climatique. Mais en attendant activement de venir à bout des causes, n'étant pas masochiste, je serais idiot de ne pas supprimer des symptômes.

Par ailleurs, « raisonner » n'est ni se référer à une Raison supérieure ni absolutiser tel ou tel résultat d'un raisonnement, telle ou telle rationalité. Si le relativisme absolu serait une contradiction dans les termes — puisqu'il y aurait au moins un absolu non relatif, le relativisme lui-même ! —, le relativement absolu me paraissant constituer un plafond paradigmatique increvable. « Je » — moi incarné dans mon corps propre et incorporé dans ma situation sociohistorique — ne peux pas être à la fois *hic et nunc* monothéiste et polythéiste, monogame et polygame : je ne peux pas me retrouver au même moment dans le triangle géocentrique de Ptolémée et dans le carré héliocentrique de Copernic ; je ne peux pas souscrire simultanément à la lettre de Darwin et à celle de Lamarck. Entre les non-lieux de l'absolument absolu et de l'absolument relatif, un seul milieu vivable — le relativement absolu.

Voilà pour ce qu'il faut penser. Mais que faire si les réalisations de la Raison (on pense à la science ou au développement, au progrès ou à la modernité) sont tout aussi relatives que celles de la Révélation (le christianisme ou l'islam) ? Ne rien faire ce serait déjà trop faire ! Nous sommes condamnés à agir. Une première chose à faire est de constater l'existence d'une pluralité phénoménale. Le sens immédiat et relativement neutre du verbe « phainomai » étant « ce qui de toute évidence crève les yeux ». Et c'est un fait, la diversité culturelle, en dépit d'une globalisation galopante, reste impressionnante. Le second sens du terme, « sidérant, époustouflant, extraordinaire » bifurque entre une appréciation positive, prometteuse et une condamnation négative, sans appel.

En effet, face à la pluralité des choses et donc des cultures, il n'y a pas trente-six attitudes imaginables et possibles, mais uniquement deux : soit opter pour un pluralisme permanent et positif[12], soit, au contraire, en venir à bout aussitôt que possible et pour le principe du « one best way », de la meilleure et unique solution. La plupart de mes auditeurs, de mentalité œcuménique et irénique, sentiront qu'ils font partie, sans ambages, des premiers. Mais qu'ils réfléchissent un instant aux limites de leur tolérance, ils risquent de trouver que leur ouverture d'esprit s'adresse à l'accidentel et aucunement à l'essentiel. La fidélité au carré noir nous fait tirer assez vite une ligne intrinsèquement infranchissable entre le culturel, acceptable puisqu'il n'engage à rien de bien sérieux, et le (sur)naturel absolument non négociable.

Le missionnaire catholique en Afrique est (ou plutôt était puisqu'il n'y en a plus beaucoup) prêt à africaniser l'emballage du message révélé, mais ne pouvait pas compromettre un iota du noyau dur dogmatique. Si les Africains préféraient leurs tambours à ses orgues, c'était envisageable de remplacer les dernières par les premiers lors de la messe. Mais il ne pouvait jamais être question de substituer une célébration eucharistique par une liturgie de la parole (comme j'ai eu le malheur de le suggérer et même de le faire, dans une autre incarnation, avant de me rendre compte que même Jésus pourrait se voir dépasser par un activateur d'énergie plus adapté aux temps modernes[13]). À son tour, le médecin moderne en Afrique est prêt aussi à inculturer certains aspects accessoires de la médecine scientifique. Mais il ne faut pas lui demander de renoncer à ce qu'il prend pour les acquis définitifs de la Science et encore moins espérer qu'il pourrait un jour accepter de voir sereinement une autre philosophie et pratique du naître et de l'être remplacer la Médecine. Le Vatican parle d'une certaine évolution des dogmes, mais uniquement dans le sens d'une éclosion ou explicitation de la Vérité déposée une fois pour toutes dans la Bible à la mort du dernier apôtre. Le *depositum fidei*, le Dépôt de la Foi, le carré noir ne saurait jamais connaître de révolution radicale ni d'ajout imprévu. N'en déplaise à ses amis et interlocuteurs musulmans pour qui le

[12] « D'une pluralité phénoménale à un pluralisme programmé », in *Races, Peuples, Cultures en question*, Louvain-la-Neuve, Centre Galilée, 1996, pp. 111-116.
[13] « The peasant priesthood », *New Blackfriars*, mai 1973, pp. 201-208.

Coran représente le sceau définitif de la Révélation, le chrétien croit que Dieu avait déjà dit tout ce qu'Il avait à dire avec le dernier mot de l'Apocalypse. L'Organisation mondiale de la santé prévoit de nouvelles découvertes et des prouesses techniques étonnantes dans le domaine de la médecine… justement, car, pour l'essentiel, ces innovations ne sauraient que confirmer et prolonger les acquis actuels en direction d'un apogée prévisible — celui dessiné d'avance par le carré noir. Dieu n'avait pas plus prévu une multiplicité de religions que le Destin ne peut tolérer des médecines autres que scientifiques. Qui en fin de compte voit et vit le monde en fonction d'un carré noir, ne peut aussi en dernière analyse que se révéler un militant monomane : le Même et pas l'Autre, l'Un et pas le Multiple.

En revanche, celui qui fait l'économie de quoi que ce soit hors culture (que ce soit de la Révélation ou de la Raison), peut non seulement envisager avec enthousiasme mais encourager positivement un irréductible pluralisme sans fin et jusqu'à la fin. Si je ne mets pas de majuscules à ce dernier mot, c'est que jusqu'à preuve du contraire, il n'est pas nécessaire de concevoir cette fuite indéfinie en avant, de délocalisation en relocalisation, comme un Progrès devant aboutir à une Fin en apothéose. Un esprit nomade peut très bien se contenter d'aller tout simplement de l'avant, progresser d'étape en étape, sans but précis, voire en sachant que le chemin s'arrêtera court un jour ou l'autre. L'essentiel c'est de « profiter » pleinement du présent tout en prévoyant un avenir autre.

Un dernier schéma pour illustrer cette émergence d'un inédit qui risque de reconfigurer radicalement toute figure actuelle (celle de la Science naturelle aussi bien que celle du Savoir surnaturel) :

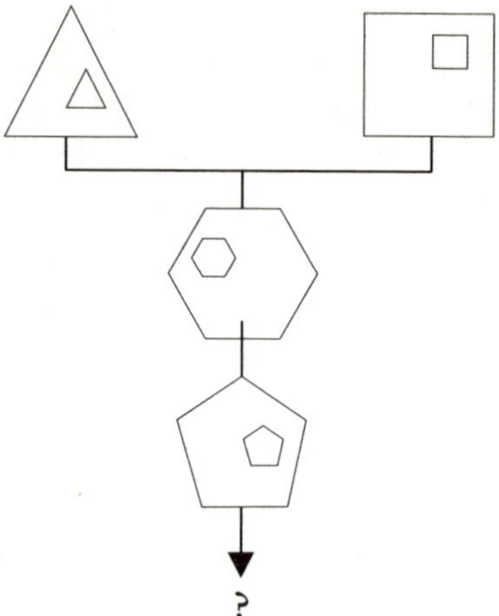

Deux cultures, le triangle et le carré, se rencontrent avec leurs valeurs et visions respectives. Une première possibilité, c'est que le triangle se transforme en carré (l'Africain qui se laisse occidentaliser à fond et renie son identité ancestrale) ou que le carré se délocalise entièrement dans le triangle (le hippie américain qui à Katmandou devient plus Népalais que les Népalais eux-mêmes). Mais dans la mesure où cela ressemble fort à une absolutisation de l'altérité qui fait disparaître la différence, ce n'est peut-être ni ce qu'il y a de mieux, ni même ce qui arrive dans la plupart des cas. En règle générale et heureusement, le contact interculturel donne lieu, dans le meilleur des cas, à une délocalisation/relocalisation des deux milieux en lice et surtout à une métamorphose profonde de leurs identités initiales. Qui entrerait dans la danse dialoguale avec l'espoir d'en sortir intact pour l'essentiel ne ferait que retourner à sa case de départ. Par contre, qui est prêt à relever le défi d'une rencontre qui pourrait l'amener à renoncer à ses racines pourrait, en traversant un seuil critique, se retrouver en mieux, tout à fait autrement ailleurs. Le scientifique et le *muganga*, s'ils ne peuvent pas être autrement que triangulaire et carré lors de leurs premiers échanges, peuvent, en quittant leurs lieux respectifs, se retrouver ensemble dans un hexagone tellement changés, enrichis, reconfigurés pour tout dire, qu'ils ne se reconnaîtraient plus dans leurs configurations d'antan… en attendant leur éventuel transfert plus loin, et ce jusqu'à l'épuisement de l'espèce.

Est-ce plausible ? Est-ce possible ? Je dirais que si cela ne se réalise pas, alors l'humanité, enfermée dans un seul et unique lieu, parlant une seule et unique langue selon une seule et unique logique, n'en sortira pas vivante. Le monde de demain sera post-scientifique ou il ne sera tout simplement pas !

Le mysticisme de la Kabbale et le rationalisme scientifique

SAVOIRS À L'ŒUVRE

SAVOIRS À L'ŒUVRE / SAVOIRS À L'ŒUVRE / SAVOIRS À L'ŒUVRE / SAVOIRS À L'ŒUVRE / SAVOIRS À L'ŒUVRE / SAVOIRS À L'ŒUVRE / SAVOIRS À L'ŒUVRE / SAVOIRS À L'ŒUVRE

Giorgio Israel

On peut se demander si les termes de notre thème, c'est-à-dire le mysticisme de la Kabbale et le rationalisme scientifique, représentent une opposition ou une relation. Apparemment il s'agit tout simplement d'une opposition. Même si on étend le discours du mysticisme de la Kabbale en général à la tradition de la pensée juive dans son ensemble, on a l'impression d'une opposition entre un point de vue naturaliste et un point de vue plutôt subjectiviste et finaliste. Pour entrer dans le discours, je voudrais citer un des plus grands spécialistes de la Kabbale, Gershom Scholem [1897-1982], qui écrivait à ce propos : « Un judaïsme vivant, quelle que soit sa conception de Dieu, devra s'opposer résolument au naturalisme. Il devra insister sur le fait que la notion si répandue d'un monde en progrès, qui serait lui-même la source d'une libre production du sens, ce qui de tous les phénomènes est le plus difficile à saisir, peut évidemment être proposée mais ne peut pas être sérieusement soutenue. Certes, l'hypothèse selon laquelle le monde est le lieu d'une absence de sens est recevable, à condition toutefois qu'il se trouve un seul homme qui soit prêt à en accepter les conséquences. La frivolité philosophique avec laquelle nombre de biologistes tentent de ramener les catégories morales à des catégories biologiques, est l'une des caractéristiques les plus sombres du climat intellectuel de notre époque, mais ne saurait nous leurrer sur le caractère désespéré d'une telle entreprise. Il n'est que d'étudier attentivement un seul de ces ouvrages pour percevoir les équivoques, les pétitions de principe, les latences théologiques, les lézardes et les fissures de ce genre d'édifice intellectuel ».

Et pour ce qui concerne la technologie, Scholem écrivait : « Si le monde technologique est clos sur lui-même et ne laisse pas de place à d'autres perspectives, alors le conflit entre un tel monde et le judaïsme se maintiendra dans toute sa force. Dans un tel monde, l'homme ne serait plus qu'un instrument impuissant au service de forces toutes puissantes, il serait atomisé, isolé, sans protection face à un isolement et à un anonymat oppressant et asphyxiant. »

Ce que Scholem oppose au naturalisme c'est une tradition vouée plutôt à la recherche du sens, qui s'oppose à une connaissance objectiviste et naturaliste. La recherche du sens est en quelque sorte aussi opposée à une conception purement épistémologique qui a été perçue plusieurs fois. J'ai été surpris de voir qu'en exergue du livre *Biology and Meaning, Towards a Theoretical Biology* d'un fameux biologiste, B. C. Goodwin, il était écrit que : « Les Grecs étaient très forts quant à la connaissance mais faibles quant au sens, que les Hébreux consacraient peu de temps à l'épistémologie mais pour eux le monde était rempli d'un sens tel qu'aujourd'hui seulement on ressent un affaiblissement ». En effet, on pourrait continuer sur ce thème pour approfondir cette apparente opposition et dire qu'il est tout à fait évident que pour l'Hébreu ancien, le problème de l'analyse objective de la nature n'a aucun intérêt. En général, la lecture de la *Bible* suffit pour le démontrer ; pour l'Hébreu ancien les phénomènes extérieurs tendent plutôt à se présenter comme des enchaînements de réactions psychiques plutôt que des phénomènes qui évoluent dans un monde dans lequel la conscience n'est pas présente, c'est-à-dire un monde purement objectif. Alors que dans la tradition grecque c'est la recherche des mécanismes qui déterminent le mouvement harmonieux de la nature, ce qui frappe le plus chez l'Hébreu ancien, c'est plutôt l'intention mystérieuse qui a créé le monde tel que nous le voyons.

Dans la nature, il se borne surtout à admirer la grandeur de l'ouvrage réalisé bien avant qu'il ne puisse le contempler. Il voit le ciel se déployer avec d'innombrables rangées d'astres, œuvre d'une main qui n'est pas la sienne et animée par une voix qui ne lui arrive pas directement. Par contre, dans son for intérieur s'ouvre un monde dans lequel il se sent exister réellement et où il se sent assez proche de Dieu. C'est plutôt l'univers éthique qui intéresse l'Hébreu ; c'est l'univers dans lequel Dieu n'est pas une forme obscure — qui se limiterait à déplacer les choses — mais une intelligence qui règle les rapports et l'harmonie de la cohabitation des hommes.

Pour donner une autre citation un peu plus lointaine que celle de Scholem, qui montre cette forme d'opposition entre un rationalisme objectiviste et une certaine tradition subjectiviste typique de la pensée juive, je citerai un kabbaliste du XVIIIe siècle, Moïse Hayyim Luzzatto de Padoue, qui écrivait dans *Le philosophe et le cabaliste* : « Puisqu'il [Dieu] cacha à la terre la splendeur de sa demeure et qu'il la confina dans les cieux il s'ensuivit que les hommes ne surent et ne comprirent plus véritablement les actes de Dieu et la manière dont il dirige en vérité son monde ». On voit là se répéter cette conviction que l'homme ne peut pas comprendre les mécanismes qui régissent le monde. « Alors les hommes firent tout dépendre de la nature, des constellations, des cieux et de leurs pléiades ». Voilà encore une fois, une critique du naturalisme qui est, en même temps, une critique de l'idolâtrie. Pour cette pensée, le naturalisme est vu comme la source primaire de l'idolâtrie.

Luzzatto écrit : « Les premiers renégats imaginèrent de rendre un culte à toute l'armée des cieux avec des procédés connus d'eux, en attirant vers le bas la puissance des astres ». C'est une condamnation de l'astrologie qui est vue comme une conséquence inévitable du naturalisme. Il ajoute : « Dieu au moment où il donna la loi déchira les cieux et dévoila ses mystères, ainsi tous surent clairement que l'ensemble de la direction des êtres d'en bas dans tout le détail concevable, dépend uniquement de la présence de Dieu, et il n'y a pas une chose au monde, si petite soit-elle, qui ne soit liée à des choses très hautes et très élevées. C'est ainsi qu'on s'est rendu compte de la profondeur du dessein divin et de combien les hommes marchent dans l'obscurité et sont séduits par des illusions. Ils se laissent entraîner par elles et commettent bien des erreurs en pensant que le monde ne suit que cette nature visible». Une des erreurs les plus graves serait de croire que Dieu a créé les lois de la nature et ensuite s'est retiré du monde en laissant ces lois gouverner le monde et agir en totale autonomie.

C'est une question que je voudrais souligner parce qu'elle nous amène directement au point central, à l'intérieur de la philosophie des sciences. Il suffit de penser à la polémique entre cartésiens et newtoniens, en particulier à la polémique entre le philosophe newtonien, Samuel Clarke et Leibniz et son école, qui étaient concernés exactement par ce point. Dans la tradition newtonienne, l'idée que Dieu avait créé un monde dont il s'était retiré en le laissant marcher d'une façon purement autonome, sur la base des lois qu'il avait posées une fois pour toutes, était inacceptable. C'était le «Dieu fainéant» de Descartes qui avait créé le monde, s'était retiré et qui n'avait plus aucun rôle. Nous retrouvons dans les mots de Luzzatto un thème exactement parallèle à un thème classique de l'histoire des sciences.

Opposition donc entre finalisme et naturalisme. «Ce qui compte [nous dit Luzzatto et Scholem le répète], c'est la fin de la création, la manière dont elle est dirigée, la fin ultime de toutes les choses. Il ne faut pas croire que le monde suit seulement le principe de la nature visible». On pourrait donc peut-être se demander si le discours ne s'arrête pas là, s'il y a cette opposition radicale entre une certaine tradition de la pensée juive et, en particulier, de la Kabbale et le rationalisme scientifique? Qu'est-ce qu'il y a à dire sinon remarquer cette opposition totale?

Les choses sont toujours plus compliquées qu'en apparence. Il y a une quantité de problèmes plus subtils qui montrent qu'il y a des connexions et des rapports, même à l'intérieur de cette opposition. Cette conception a eu un rôle important dans la formation de la science moderne elle-même. Mais avant d'aborder ce problème, je voudrais réserver quelques minutes à une question qui apparemment est secondaire, mais liée à tout ce que j'ai dit. Si vraiment, dans la tradition de la pensée juive, il y a ce genre d'opposition à l'objectivisme scientifique, que peut-on dire de la présence assez imposante des juifs dans la science moderne ? Est-ce que ce n'est pas une contradiction, à moins de ne pas admettre qu'il y a eu dans la présence juive à l'intérieur de la science une rupture complète avec leur tradition ?

L'historien François Furet écrivait tout à fait récemment : « Les juifs forment dans le monde moderne un groupe de gens, devrais-je dire un peuple, particulièrement attiré vers l'universalisme démocratique sous sa forme politique et philosophique. Les raisons en sont multiples, les unes relativement claires, les autres plus mystérieuses. Il est plus facile de comprendre pourquoi les juifs ont célébré avec enthousiasme l'émancipation égalitaire des individus que d'expliquer leur exceptionnelle contribution à la science de l'Europe dans les deux derniers siècles ». Furet s'est posé ce problème et a souligné que c'est peut-être la chose la plus difficile à expliquer.

Je me suis moi-même occupé de cette question il y a quelques années et j'ai proposé une explication de type sociologique qui renvoyait à l'hérédité de l'habitude au raisonnement logique (logique qui est caractéristique de la tradition du Talmud et de la Kabbale) — parce qu'elle utilise les mêmes types de raisonnements logiques que le Talmud. Une méthodie de raisonnement qui a été vidée de tous les contenus spécifiques de la tradition, une sorte d'adhésion donc aux valeurs de l'objectivisme et l'utilisation d'une certaine habitude de raisonnement logique. Scholem lui-même l'observe : l'adhésion enthousiaste (dont parle aussi Furet quand il dit que les juifs ont célébré avec enthousiasme l'émancipation et l'égalité des individus) aux idéaux des Droits de l'homme a sûrement eu des victimes et l'une d'entre elles a été le mysticisme, la tradition du mysticisme de la Kabbale et, en partie, la tradition talmudique. L'adhésion à la culture européenne a signifié aussi en grande partie l'abandon de toute cette tradition.

J'ai trouvé un bel exemple dans le cas d'un mathématicien français, Orly Terquem (XIXe siècle), dont le biographe écrivait qu'à l'âge de douze ans il fut confié à un hébraïsant versé dans les études talmudiques : « Terquem s'adonna à l'interprétation du Talmud avec une opiniâtreté qui ne le faisait reculer devant aucun obstacle. Il a avoué depuis que cette étude lui avait donné le goût des choses difficiles et c'est pour cette raison que les parties des mathématiques qui exigent la plus forte contention d'esprit furent toujours celles qui eurent pour lui le plus d'attrait ». C'est une confirmation de l'interprétation que j'ai donnée, c'est-à-dire l'utilisation de ce type de tradition, de méthode. Terquem lui-même écrivit en parlant d'une personne qu'il connaissait : « Il a perdu sa jeunesse dans l'étude la plus stérile, la plus niaise, la plus sotte, la plus inerte et la plus abrutissante lorsqu'elle est isolée, c'est-à-dire l'étude exclusive du Talmud ». C'est un exemple typique d'une méthode qui a été vidée de son contenu.

Mais, même si ce genre d'explication me paraît suffisamment fondée, peut-être est-elle incomplète ? Il y a peut-être un lien plus profond avec la tradition scientifique qu'on trouve même dans l'exemple de Terquem qui s'occupa pendant des années du problème de la réforme du culte juif et des fondements du judaïsme et qui, même en se détachant d'une tradition très orthodoxe, avait conservé un intérêt pour une problématique religieuse. Il y a peut-être quelque chose de plus profond qu'il faudrait examiner et voilà la question que je pose pour entrer dans l'argument : peut-on se demander si la science n'a vraiment jamais eu un rapport avec le problème du sens et de la finalité ? Le genre d'opposition que nous avons vu dans les paroles de Scholem, et qu'on trouve très facilement dans beaucoup de citations, nous laisse penser que la science s'est fondée, dès le début, sur un principe objectiviste radical et n'a jamais eu aucun rapport avec le problème de la recherche du sens et de la finalité. En effet, on peut se demander si la science ne s'est jamais vraiment complètement libérée de ce problème.

Jacques Monod écrivait dans *Le Hasard et la Nécessité* : « La pierre angulaire de la méthode scientifique est le postulat de l'objectivité de la nature ». C'est-à-dire l'idée que le monde est un monde purement objectif qui a été fait de quelque manière — par Dieu ou le hasard pur, c'est secondaire — mais qui depuis marche sur la base de lois purement autonomes. « C'est le refus systématique de considérer comme pouvant conduire à une connaissance vraie toute interprétation des phénomènes donnés en termes de cause finale c'est-à-dire de projets, postulats purs à jamais indémontrable, car il est évidemment impossible d'imaginer une expérience qui pourrait prouver la non-existence d'un projet, d'un but poursuivi où que ce soit dans la nature. Mais le postulat d'objectivité consubstantiel à la science, a guidé son prodigieux développement depuis trois siècles, il est impossible de s'en défaire, fut-ce provisoirement ou dans un domaine limité, sans sortir de celui de la science même. Mais, en même temps, il y a là une flagrante contradiction épistémologique. L'objectivité nous oblige à reconnaître le caractère téléonomique des êtres vivants, à admettre que dans leur structure et performance, ils réalisent et poursuivent un projet. Il y a donc là, au moins, en apparence une contradiction épistémologique profonde. » On le voit surtout clairement en biologie et encore plus dans les sciences humaines : le problème de la finalité est un problème dont il est difficile de se défaire mais, en même temps, la science a comme fondement le principe d'objectivité.

J'en reviens encore une fois à Newton : il a été présenté pendant des siècles comme le champion du rationalisme et de l'objectivisme scientifiques. Un doute à cet égard a été posé par l'économiste Keynes. Il y a un beau livre de Loup Verlet qui s'appelle *La malle de Newton*. Keynes a acheté une énorme quantité de papiers que Newton avait enfermés dans une malle que personne n'avait plus ouverte ; elle avait disparu puis était réapparue dans une vente aux enchères. Dans une conférence, Keynes raconta qu'il avait lu tous ces papiers qui ne représentaient qu'une partie des papiers de Newton et qu'il s'agissait de papiers non scientifiques mais théologiques et alchimiques. Il a dit qu'il avait été absolument frappé de l'image qu'il avait eu de la lecture de ces papiers : « Ce n'est pas le premier des rationalistes que j'ai devant moi mais le dernier des magiciens, le derniers des savants du Moyen Âge, je le décrirai comme un monothéiste judaïque de l'école de Maïmonide ».

Ces papiers théologiques et alchimiques de Newton dont seulement une toute petite partie a été publiée, représentent 70 % des papiers écrits dans sa jeunesse. Il les a écrits quand il faisait ses grandes recherches sur l'attraction universelle. C'est un champ de recherche encore ouvert et un passage fondamental pour comprendre comment la science, à ses débuts, a été une science ayant pour but une reconstruction rationnelle de tous les aspects du monde, de la nature jusqu'à la détermination des causes finales, c'est-à-dire la compréhension de l'action de Dieu dans l'univers, dans un contexte absolument non cartésien, c'est-à-dire dans lequel, selon la tradition newtonienne, Dieu est présent, actif dans le monde. Je souligne encore la polémique entre les newtoniens et les cartésiens qui montre de façon claire que la tradition newtonienne de la science croyait d'une façon ferme à l'idée que le monde n'a pas une structure purement objective, mais que Dieu est là, présent, et qu'il se réserve une activité importante pour corriger le fonctionnement de son monde.

C'est un point intéressant qui fait encore l'objet de recherches assez ouvertes, mais nous montre comment les débuts de la science n'ont pas été aussi simplement inspirés par un principe objectiviste, comme une certaine tradition positiviste a voulu le faire croire. Il y a eu d'autres interactions profondes avec la pensée religieuse qui doivent être encore largement explorées.

Revenons-en au thème central : de quelle manière cette tradition, qui apparemment n'a aucun rapport avec la tradition scientifique, a eu un certain rôle dans la formation de la pensée scientifique ? Je pourrai résumer cela en cinq points : 1) L'idée fondamentale dans la pensée de la Kabbale est que le monde a une structure linguistique et numérique. 2) L'idée de l'enchaînement : dans le monde tout est enchaîné d'une façon complète. 3) L'idée que le monde a été créé du néant, c'est-à-dire l'idée de la création ex-nihilo à partir du vide. C'est une idée qui a eu un rôle important dans la science moderne, dans l'introduction du concept de vide. Il y a là une opposition fondamentale entre la tradition newtonienne, fondée sur le vide, et la tradition cartésienne qui conçoit l'espace comme absolument plein. 4) Le concept qui serait résumé dans la formule spinozienne *Deus sive natura*. 5) Un autre aspect dont je ne parlerai pas : le mythe du Golem qui a un rôle très important dans la question des rapports entre naturel et artificiel et, en particulier, dans la question de la création de l'homme artificiel ou machine vivante. La preuve en est qu'il y a un livre du fondateur de la cybernétique, Norbert Wiener, qui est intitulé *God and Golem* [Dieu et Golem], où il reprend la tradition de l'automate du rabbin de Prague pour discuter du problème du rapport de l'homme avec la machine.

On pourrait ensuite montrer que ces idées ont inspiré des courants importants de la pensée de la Renaissance. On peut aujourd'hui faire une reconstruction assez précise de la manière dont certaines de ces idées sont passées du contexte de la pensée kabbaliste juive à ce qu'on a appelé la Kabbale chrétienne, qui est entrée dans le courant de la pensée de la Renaissance et, à partir de là, dans les premiers développements de la science moderne.

La tradition de la Kabbale est née au XIIIe siècle, même si elle a des antécédents qui remontent aux IIe et IIIe siècles. On peut résumer d'une façon très simple l'élément fondamental en disant que le développement des premiers mouvements kabbalistes, qui ont eu lieu en Espagne et en Provence, sont dus à un conflit qui s'ouvre à l'intérieur de la pensée juive au sujet de la représentation de Dieu. C'est un problème essentiellement théologique qui est à l'origine du développement de ce mouvement, qui remonte à une problématique plus lointaine et qui a ses origines aux IIe et VIe siècles. Il est résumé par une fameuse opposition entre ce qu'on appelait « l'interprétation de la création » — qu'on trouve dans les premières pages de la *Bible* — et les « faits du char » qui cherche une interprétation de la création dans la vision du chariot d'Ézéchiel qui devrait représenter avec sa structure hiérarchique la structure du monde : la création elle-même.

La raison pour laquelle la tradition des « faits du char » reprend de l'intérêt au XIIIe siècle est liée à un conflit à l'intérieur du monde juif et même à une réaction contre la tradition rabbinique. On lui reproche une adhésion trop forte, trop pure, à un monothéisme intégral qui sépare Dieu de l'homme d'une façon radicale et qui, en affirmant d'une façon absolue, totale et complète, l'impossibilité de toute forme de représentation comme la seule possibilité de dire que Dieu est unique et qu'aucune représentation d'aucun type n'est possible, ferme les portes à une vision populaire. C'est très dur, très difficile pour le peuple cette vision absolument monothéiste, abstraite de Dieu, dépourvue de toute possibilité de représentation. Le problème que les kabbalistes se posent est plutôt de rechercher dans la tradition — car le mot « kabbale » veut dire tradition — quelque chose qui permette de comprendre le sens de la présence de Dieu dans le monde, qui se rattache le plus possible à la sensibilité religieuse du peuple.

La tradition à laquelle les kabbalistes se réfèrent est celle des visions des prophètes qui, dans leurs images visionnaires, montrent l'organisation du monde et les directions de la présence de Dieu dans le monde. Mais, disent les kabbalistes : la tradition prophétique est terminée, c'est une phase à tout jamais close, tarie, nous n'avons aucune possibilité d'y revenir et de proposer à nouveau des images de style prophétique. C'est donc plutôt la reconstruction de cette tradition qui permettra la réappropriation de ces images. Cette reconstruction est essentiellement la Kabbale : les prophètes représentaient avec leurs images le sens du monde. Mais, pour comprendre ce sens, où faut-il le chercher ? On n'a que la *Bible* ; et l'un des thèmes fondamentaux de la tradition de la Kabbale est la recherche du sens caché de la *Bible*.

La littérature kabbaliste contient une polémique assez dure à l'égard de la tradition rabbinique. Ainsi, dans le texte le plus fameux de la Kabbale (le *Zohar*), on lit : « Malheur à celui qui considère la Torah comme un livre de simples récits et d'événements quotidiens car si elle n'était que cela nous pourrions aujourd'hui encore composer une autre Torah qui traiterait de ces choses et qui serait encore meilleure ». C'est une affirmation d'une radicalité extrême. Est encore plus radical ce que dit Moïse Cordovero : si on examine les interdits de la Torah d'un point de vue textuel ils paraissent « angoissants et misérables ». Ils sont compréhensibles avec la chute entraînée par le péché originel. Il faut donc plutôt voir ce qu'il y a en dessous de ce sens qui représente seulement la trivialité de la lecture de la *Bible*. La Kabbale présente une théorie très complexe des couches des significations, qui dans la tradition la plus importante, sont au nombre de quatre : l'interprétation textuelle, la Torah comme pur récit (c'est l'aspect le moins important); le résultat de la méthode herméneutique avec laquelle les talmudistes trouvent les dispositions dans le texte biblique; le produit de l'interprétation allégorique ou métaphorique; le mystère, c'est-à-dire le sens le plus enfoui qui est le dernier niveau, le plus profond, ce que les kabbalistes cherchent.

La réalité a, selon les kabbalistes, une multiplicité de significations qu'il faut rechercher et, de ce point de vue, l'analyse du texte est une analyse de la réalité elle-même. La Torah est la nature, elle équivaut à la nature, à Dieu ; son analyse révèle une ontologie qui se manifeste comme toute ontologie avec des images. On peut alors comprendre pourquoi la Kabbale se rapproche d'une vision de type scientifique car elle propose une ontologie du monde mais avec une conscience précise, c'est-à-dire avec la conscience qu'une appropriation de l'essence de Dieu est absolument impossible. La seule chose qu'on puisse s'approprier, c'est le sens de l'intervention de la volonté de Dieu, c'est-à-dire non pas l'essence de Dieu, mais sa volonté, la finalité de son intervention dans le monde. C'est plutôt une ontologie des finalités de Dieu que représente la Kabbale et, à partir de ce point de vue, voilà que la Kabbale essaie de proposer une représentation d'images de la structure du monde.

L'idée, et là j'en viens au deuxième thème, c'est qu'il y a un enchaînement qui descend de Dieu vers toutes les manifestations des différents niveaux du monde parce que, selon les kabbalistes, le monde est structuré en quatre mondes qui correspondent aux quatre niveaux du sens. Cet enchaînement va nous permettre de comprendre comment la volonté de Dieu se transmet du niveau suprême jusqu'aux niveaux les plus bas de sa présence dans le monde. Cette idée de l'enchaînement, c'est-à-dire du monde structuré dans une grande chaîne des êtres, est fondamentale et on la retrouve chez Leibniz. Il y a un très beau livre écrit en 1933 par un historien des sciences américain, Arthur Oncken Lovejoy, intitulé *The Great Chain of Being* [La grande chaîne de l'être], dans lequel il montre l'importance qu'a eu dans la tradition de la science moderne l'idée fondamentale que le monde est disposé en une sorte de chaîne continue.

Quand on pense à l'influence de la pensée kabbaliste sur Leibniz lui-même — et on en a des preuves —, on comprend qu'il y a là aussi certainement une influence de cette vision. Mais il y a en même temps quelque chose qui s'est perdu parce que, dans la vision des kabbalistes, le monde est structuré comme une grande chaîne mais cette structuration matérielle est aussi une structuration de signification.

Il y a des niveaux différents de signification qui font que l'image du monde n'est pas seulement celle d'une grande chaîne dont les maillons sont liés l'un à l'autre mais il y a l'image de structures l'une à l'intérieur de l'autre qui représentent les différents niveaux de la signification.

En hébreu, tout mot a une valeur numérique qui est l'addition des valeurs numériques des lettres qui composent le mot. Cette technique traditionnelle des kabbalistes peut paraître bizarre mais est largement justifiée par le fait que l'hébreu a, en lui, une ambiguïté due au fait que son écriture n'utilise pas de voyelles. L'introduction des voyelles appartient aux traditions plus récentes. Cela entraîne de très grandes possibilités d'interprétation des mots, d'où l'ambiguïté dans leur signification. Cette possibilité est utilisée en ayant recours aux valeurs numériques des lettres. Par conséquent des mots totalement différents mais qui ont la même valeur numérique sont considérés comme la même chose parce qu'ils ont cette même valeur.

L'une des équations les plus fameuses de la tradition kabbaliste espagnole a été l'identification d'un des noms de Dieu, Élohim, dont la valeur serait 86 avec le mot *Ha-teva* qui veut dire nature et tables (les tables de la loi) et qui représenterait en même temps la loi dans le sens matériel : les tables données à Moïse sur le mont Sinaï, qui représenteraient aussi la nature, les tables de pierre et en même temps la loi dans le sens abstrait du monde. Moshé Idel, qui est le plus grand spécialiste de la Kabbale après Scholem, a montré tous les passages de cette fameuse équation kabbaliste jusqu'à Spinoza en passant par la tradition de la Renaissance. C'est une idée fondamentale dans la conception de la philosophie scientifique moderne. C'est l'idée de Galilée, de Newton, de Descartes : l'idée que Dieu a créé le monde selon ses propres lois et que la nature est identifiée essentiellement avec l'ordre posé par Dieu, qui lui-même a une structure quantitative. La source d'une idée quantitative de la nature remonte sans doute à cette idée.

Un autre thème, qui est peut-être l'un des plus importants, est le problème de la création à partir du néant. C'est une idée qui détermine une opposition fondamentale dans la pensée moderne : doit-on penser que le monde a été créé à partir du néant ? Et que la structure du monde est ce vide à l'intérieur duquel « nagent » les corps matériels ? C'est en effet l'idée de Newton. Ou faut-il penser le monde comme un continuum plein, dans lequel il n'y a aucun vide, dans le sens cartésien ? C'est une opposition classique. De ce point de vue, sans doute, les origines d'une conception du monde, fondée sur le vide, sont typiques de la conception newtonienne qui s'oppose radicalement à la conception cartésienne et leibnizienne.

En général, la création du monde dans la tradition kabbaliste est considérée comme une création à partir du néant. On peut dire même plus : on arrive souvent jusqu'au point d'identifier le concept même de Dieu avec le concept du néant. Le kabbaliste espagnol, Azriel de Gérone, observait : « Comment Dieu a-t-il produit l'être à partir du néant alors que l'être est très différent du néant ? Celui qui produit l'être à partir du néant n'a rien de défectueux car l'être est dans le néant suivant la modalité du néant tandis que le néant est dans l'être suivant la modalité de l'être. Dieu a fait de son néant son être. » C'est une formule déroutante et assez radicale mais qui montre bien le sens de cette conception.

Le même Azriel de Gérone fait une analyse dans laquelle il reprend le classique discours d'Aristote sur le rapport entre matière, forme et vide que ce dernier posait dans les termes du rapport entre matière, forme : ce qu'il appelait « la privation ». Le commentaire d'Azriel de Gérone est le suivant : « Sache que l'existence concrète ne retranche, ni n'ajoute rien à l'existence de la forme, en effet la racine de la forme est dépourvue de toute existence concrète et pourtant elle entoure et environne de tous côtés, c'est que la forme de tout vase est seulement ce qui lui manque en existence concrète car c'est ce qui lui manque de toute existence qui le constitue et le fait subsister sans subir de changement ». L'idée est tout à fait analogue à celle d'Aristote : toute forme et toute existence sont dues au fait qu'un corps manque de quelque chose, qu'il n'est pas la totalité. Le fait même que quelque chose existe d'une façon délimitée est dû au manque de quelque chose.

Azriel de Gérone reprend ce concept et l'interprète d'une façon beaucoup plus radicale qu'Aristote parce qu'il devient directement « néant » alors que chez Aristote c'est tout simplement l'idée de « privation ». Il ajoute : « Le changement n'affecte, on le sait, que l'être qui vient à l'existence consécutivement à sa non-existence car ce qui enveloppe l'existant est présent dans toutes ses parties avec le mode d'être subtil qui lui est propre, sans exister pour autant concrètement, selon un mode changeant mais subsistant, selon un mode invariable. Ainsi la forme se reconnaît mieux par la vacuité de l'existence, concrète, dans ce sens qu'elle n'est pas venue à l'existence, qu'elle ne se reconnaît par son existence concrète. Tu peux vérifier cette assertion par l'espace vide qui est constitutif de tout corps. Le vide est le fondement de toute structure et il n'y a complétude de la forme que grâce au vide ». Dans cette conception, c'est l'émergence du néant qui accompagne tout procès réel, tout procès vivant, c'est l'acte avec lequel la forme investit la matière. La création donc, selon cette conception, a commencé et continue toujours à cause du contact avec le néant, c'est le miracle du début : « Le dernier miracle est encore plus grand que le premier », dit Azriel de Gérone. L'acte de création est toujours présent à cause de la présence du néant. Dieu est identifié essentiellement en tant que créateur avec le néant lui-même. Là aussi, on peut faire une reconstruction détaillée pour montrer comment ce genre de conception du néant n'était pas du tout évidente. À l'époque — nous sommes au XIVe siècle — dans toute la tradition de l'Occident chrétien, l'idée de la création à partir du vide était refusée totalement. C'est une tradition qui entre dans la tradition chrétienne, à partir de la lecture que fait Pic de La Mirandole des textes d'Azriel de Gérone et d'autres kabbalistes comme Abraham Aboulafia. C'est à partir de cette lecture que le thème du néant, du vide, de la création, entre dans la tradition de ce qu'ensuite on a appelé la Kabbale chrétienne parce que Pic de La Mirandole se définissait essentiellement comme un kabbaliste et avait comme but fondamental d'utiliser la tradition de la Kabbale juive pour démontrer à nouveau tous les fondements de la religion chrétienne.

Il y a toute une série d'éléments et de connexions qui, à partir de la tradition de la Kabbale, aboutissent à des thèmes fondamentaux de la Renaissance. Mais aussi de la tradition scientifique, pour ce qui concerne le thème de l'espace vide, de l'enchaînement, de la présence de Dieu dans le monde qu'il a créé, de l'identité entre Dieu et nature et ainsi de suite. Tout cela dans un cadre où la question du finalisme est fondamentale : c'est quelque chose que progressivement la science a abandonné. Il faudrait analyser plus en profondeur l'œuvre de Newton pour voir de quelle manière la science, au début, a été influencée en profondeur par tous ces thèmes et ensuite les a délaissés complètement. Ce qui, chez Newton, était un grand projet d'explication du sens du monde qui partait des faits de la nature jusqu'à ce qu'il appelait la cause première, a été abandonné pour choisir la voie de l'objectivisme pur de style cartésien.

C'est sans doute un thème fascinant sur lequel la recherche en est, à mon avis, seulement à ses débuts.

Les sciences arabes et leur circulation autour de la Méditerranée (du IXe au XVe siècle)

SAVOIRS À L'ŒUVRE

Ahmed Djebbar

Je vais diviser mon propos en plusieurs parties correspondant à une périodisation de l'histoire de l'empire musulman dans lequel ont eu lieu les pratiques scientifiques. Cette périodisation n'a aucune prétention, elle est juste un repère. Elle n'est pas pertinente pour analyser les différents aspects de cette civilisation et en particulier ceux de la pratique scientifique. Il est d'ailleurs prématuré de présenter une périodisation qui convienne à l'histoire des pratiques scientifiques. Pendant longtemps, on s'est contenté d'adopter, a priori, une périodisation plus ou moins pertinente et d'y insérer tous les événements, tous les phénomènes, tous les types de pratiques de la civilisation étudiée alors que, normalement, une périodisation devrait être une élaboration a posteriori, résultat de l'étude des phénomènes.

L'empire musulman était à la fois un immense espace géographique, économique, culturel, scientifique, mental et psychologique. Il est donc illusoire d'en saisir la complexité en se contentant de l'enfermer dans une périodisation empruntée à l'histoire d'un autre empire ou d'une autre civilisation. À titre d'exemple, il faut savoir que, pour l'empire musulman, la notion de moyen âge n'a pas de sens. Il y a la période préislamique et celle que j'appellerai classique, à défaut d'un autre mot, et qui s'est achevée avec l'avènement de la colonisation européenne.

Cette longue phase classique sera découpée ici en périodes correspondant à celles des grandes dynasties califales : la première commence en 622, date à laquelle le prophète Mahomet quitte La Mecque et va à Médine. Elle se termine en 750, date de la chute de la première grande dynastie musulmane, celle des Omeyades, et la prise du pouvoir par les

Abbassides, cousins des premiers, après un coup d'État sanglant qui a entraîné le massacre de presque tous les membres de la famille omeyade. Un seul a d'ailleurs survécu à ce massacre et a eu, quelques décennies plus tard, un destin incroyable. Il s'agit de 'Abd ar-Rahmân, « l'immigré » comme le surnomment les historiens. Il a été le fondateur d'une puissante dynastie et l'initiateur d'une brillante civilisation dans la péninsule ibérique.

La seconde période s'étend de 750 à 1055. Cette dernière date est celle du coup d'État perpétré par les troupes du califat de Bagdad qui étaient ethniquement d'origine turque et idéologiquement orthodoxes. Ils s'opposaient donc aux Chiites qui avaient géré le califat avant eux.

La troisième période va de 1055 à 1258, date de la chute de Bagdad sous les coups des Mongols. Cet événement a été très important pour ses conséquences politiques et pour ses effets psychologiques sur le comportement futur des sujets de l'empire musulman.

La quatrième période s'étend de 1258 à 1492. Cette dernière date marque la fin de la présence musulmane dans la péninsule ibérique. C'est l'année de reconquête de Grenade par les Castillans. Comme on le sait, cet événement a été, pendant des siècles, magnifié par les uns et par les autres. Il a été aussi pleuré abondamment dit-on par le dernier roi de Grenade et ses lamentations ont, semble-t-il, ému le grand Chateaubriand qui a écrit un livre sur *Le dernier des Abencérages*.

La cinquième et dernière période s'étend de 1492 à 1622. Cette dernière date, contrairement à toutes les autres qui viennent d'être évoquées, n'est pas celle d'un grand événement politique ou militaire. C'est celle de l'année de la mort de Bahâ' ad-Dîn al-'Âmilî, un modeste mathématicien qui a vécu en Anatolie, dont la langue maternelle était le turc mais qui a écrit des ouvrages mathématiques en arabe. L'ouvrage qui l'a fait connaître est un manuel de calcul. Ce n'est ni un chef-d'œuvre, ni un livre original renfermant des résultats nouveaux. Pourtant, il a connu un réel succès puisqu'il a été recopié et commenté des dizaines de fois du XVIe au XIXe siècle, notamment en Turquie. Ce livre est en fait important, aux yeux des historiens des sciences, parce qu'il illustre bien l'état de déclin auquel étaient arrivées les sciences arabes à la fin du XVIe siècle. Il nous informe aussi sur les limites et les obstacles auxquels se sont heurtés les hommes de science de cette civilisation puisqu'il contient une trentaine de problèmes que les mathématiciens arabes n'ont pas pu résoudre.

Mais revenons aux pays d'islam. C'est un empire immense qui s'est constitué entre 632 et 750. Il comprend tout l'espace économique et géopolitique qui s'étend, à l'est, jusqu'à la rivière Talas en Chine, où a eu lieu une bataille fameuse livrée et gagnée par les musulmans contre les armées chinoises. Il faut d'ailleurs remarquer que les armées musulmanes n'ont pas profité de cette victoire, peut-être parce qu'elles étaient trop éloignées de leurs bases arrière, mais peut-être aussi parce que des problèmes politiques internes les avaient contraint à se replier. Quoi qu'il en soit, la frontière est de l'empire musulman a fini par se stabiliser dans la région de Samarkand, ville qui a été un important foyer culturel et scientifique à différentes époques de l'histoire de l'empire.

À l'ouest, les cavaliers musulmans sont allés également très loin, au-delà des Pyrénées. Mais leurs conquêtes se sont stabilisées dans la région de Saragosse. Cette ville a d'ailleurs été la capitale de la province musulmane la plus éloignée d'al-Andalus.

Cet empire contrôlait un immense territoire, des centaines de peuples ou de communautés, pratiquant des centaines de langues parlées ou écrites. Quelques-unes de ces populations étaient les descendantes de civilisations prestigieuses ayant pratiqué la science pendant des siècles. D'ailleurs, certaines d'entre elles, dans le Croissant fertile et en Asie, avaient préservé un minimum d'activités scientifiques. Le nouvel empire était aussi synonyme d'un espace économique immense qui reposait en grande partie sur le commerce international. De la fin du VIIIe au milieu du XIe siècle, Les différents pouvoirs musulmans ont eu un quasi-monopole sur ce commerce et en particulier sur les grands axes terrestres et maritimes qui reliaient la Méditerranée à l'Inde, à la Chine, à l'Afrique noire et à l'Europe du Sud. Pour décrire ce monopole, le grand historien maghrébin du XIVe siècle, Ibn Khaldun [mort en 1406] avait dit, en substance, dans la fameuse introduction à son monumental ouvrage *Le livre des sentences*, que, du IXe jusqu'au milieu du XIe siècle, aucune planche ne pouvait flotter sur les eaux de la Méditerranée si elle n'était pas musulmane.

Sur le plan économique, le contrôle total du commerce international a provoqué un enrichissement considérable de l'empire et un développement important de son économie avec la diversification des industries, la multiplication des ports et l'apparition de mégapoles. À titre d'exemple, les historiens arabes ont estimé à un million le nombre des habitants de Bagdad au Xe siècle. Il faut également signaler que, ce phénomène d'enrichissement étant général, on a vu apparaître des capitales régionales qui ont commencé à concurrencer Bagdad à la fois sur le plan économique, scientifique et culturel. Ce fut le cas pour le Caire, Damas, Cordoue et, plus tard, Marrakech. Certaines villes n'ont pas atteint le volume et la puissance politique de celles que nous venons d'évoquer mais cela ne les a pas empêchées de devenir des foyers scientifiques importants. Parmi elles on peut citer Béjaïa et Tlemcen dans le Maghreb central, Tunis et Kairouan en Ifriqya, Tolède et Séville en Andalus. En Orient, les villes de Samarkand, Ispahan, Nichapour, Tus, Balkh, ont également eu une position éminente dans les domaines scientifiques et culturels.

Puisque l'actualité nous y entraîne, prenons l'exemple de Herat et de Ghazna. Ce sont des villes d'Afghanistan dont les médias ont souvent évoqué les noms ces derniers temps. Mais ces mêmes médias n'ont jamais précisé qu'elles ont été, à une période de leur histoire, des foyers scientifiques avec des collèges supérieurs et des hommes de sciences, et qu'elles ont produit et diffusé un savoir de haut niveau.

L'une des caractéristiques des conquêtes musulmanes est d'avoir contrôlé un immense territoire dans lequel se sont développées de très vieilles civilisations. Certaines d'entre elles avaient eu des activités scientifiques dont elles conservaient encore un patrimoine important sous forme de savoir-faire ou de manuscrits qui n'était pas toujours enseigné mais qui était relativement bien conservé.

Lorsque les premiers musulmans sont arrivés dans les régions du Proche-Orient et de l'Asie, ils ont trouvé aussi des communautés de confessions différentes. Les chrétiens étaient majoritaires dans le Croissant fertile où ils cohabitaient avec une minorité juive. Les Sabéens vivaient surtout en Anatolie et en Syrie. Il y avait aussi de nombreux païens dans presque toutes les régions, en particulier au Maghreb. Leurs croyances étaient liées aux phénomènes célestes (mouvement des planètes) et terrestres (mer, arbres). Dans la péninsule ibérique, le christianisme était fortement implanté au moment de la conquête musulmane. Il y avait aussi une importante communauté juive.

Il faut rappeler, à ce sujet, que l'Islam n'a pas eu, pour des raisons liées à sa vocation affirmée (qui est d'être un prolongement des messages des deux autres religions monothéistes), une politique de coercition ou de persécution pour obliger tous ces nouveaux citoyens à devenir musulmans. Il y a eu bien sûr des juifs et des chrétiens qui se sont islamisés, à tel point que cela aurait eu des incidences fâcheuses sur la collecte des impôts. Cela aurait tenté un des califes omeyades de freiner les conversions à l'islam pour ne pas affecter le trésor public. Cette anecdote, dont on ne peut pas assurer la véracité, témoignerait de l'importance de ce phénomène d'islamisation en particulier dans la première phase de l'histoire de l'empire.

Au cours de cette période, on est allé à la recherche des écrits scientifiques et philosophiques dans les bibliothèques privées et dans les monastères. On aurait même sollicité l'empereur de Byzance. Les ouvrages traduits concernaient l'astrologie, l'astronomie, les mathématiques et la philosophie. Paradoxalement, cette dernière discipline a été particulièrement favorisée pour des raisons théologiques. En effet, avant l'avènement de l'Islam, les intellectuels des minorités chrétiennes du Croissant fertile (monophysites, nestoriens, etc.) avaient pris l'habitude d'utiliser la philosophie comme arme pour lutter contre les orthodoxes de Byzance.

Quand toutes les conditions ont été réunies, et cela a eu lieu dès le début du VIIIe siècle, des individus et des groupes se sont lancés, progressivement, dans l'aventure scientifique en proposant leurs services aux premiers mécènes. Ces derniers ont été d'abord des califes omeyades, comme al-Walid qui a régné entre 705 et 715 et qui a créé la première bibliothèque califale. D'ailleurs, les livres qu'elle contenait n'étaient pas tous écrits en arabe : en dehors des copies du Coran, du recueil des paroles des prophètes et de quelques généalogies, la majorité d'entre eux provenaient des butins de guerre accumulés au cours des incursions dans des territoires chrétiens. C'est ainsi que de nombreuses Bibles ont été récupérées mais aussi des ouvrages profanes comme des livres de philosophie et de science. Ces livres ont d'abord étaient conservés par respect pour tout ce qui était écrit. Puis on a commencé à s'intéresser à ceux qui concernaient les problèmes pratiques de la vie quotidienne. Dans une seconde phase, on a commencé à chercher des manuscrits dans des bibliothèques privées. On en a trouvé à Alexandrie chez des chrétiens, comme Jean Philipon et Stéphane l'Ancien, à Nisibe, une ville située à la frontière entre la Syrie et de la Turquie actuelle, à Antioche, et parfois même dans des monastères comme ceux de Kénesrine et de Ras al-ʿayn.

Cela dit, la science arabe n'a pas eu comme seule source les documents traduits. Elle s'est également nourrie d'un savoir et d'un savoir-faire local qui est parvenu aux premiers hommes de science arabe d'une manière directe, c'est-à-dire sans le détour par la traduction. Il s'agit de toutes les connaissances qui étaient enseignées, d'une manière orale, dans le cadre de certains métiers de l'époque. Parmi ces métiers, on peut citer la médecine, l'astrologie, l'arpentage, le calcul de l'impôt et la répartition des héritages.

Il y avait, par exemple, une corporation, constituée de spécialistes de la répartition des héritages, qui utilisait des calculs relativement sophistiqués sur les entiers et les fractions. Il y avait aussi une forte communauté de marchands qui se servaient d'algorithmes et d'opérations spécifiques adaptées à leurs transactions. Il y avait enfin la corporation des arpenteurs qui possédait un savoir géométrique non négligeable.

Cela dit, il faut faire une remarque importante concernant les débuts des sciences arabes. Prises dans leur sens le plus large d'activités intellectuelles, ces sciences n'ont pas commencé avec la traduction des ouvrages grecs et indiens ou avec la récupération des savoirs locaux. On s'est d'abord préoccupé d'étudier le corpus de la nouvelle religion et la langue qui en était le vecteur exclusif, c'est-à-dire la langue arabe. Et pour ces deux domaines, les Arabes n'avaient pas besoin, du moins au début, des savoirs des autres peuples. Ils ont ainsi commencé à développer de nouvelles sciences : celles qui étaient liées au corpus religieux, comme l'exégèse du Coran et l'authentification des paroles du Prophète ; celles que l'on a appelées, plus tard, les « sciences de la langue », c'est-à-dire la grammaire, la morphologie, la lexicographie, la métrique et la linguistique, etc.

À ce stade, on peut s'interroger sur les raisons du dynamisme scientifique qui s'est manifesté dans l'empire musulman : est-ce l'islam qui en est la cause profonde, est-ce la disponibilité des héritages grec, indien, persan et babylonien ? À vrai dire, il n'y a pas de réponse définitive à cette question, mais seulement un ensemble d'hypothèses. Il est évident que le moteur premier est l'islam avec ce qu'il a provoqué comme événements décisifs sur le plan des conquêtes et sur le plan politique. Mais l'islam est un corpus constitué du Coran et du Hadith (paroles et actes du Prophète). Et ce qui nous importe ici, c'est ce qu'ont fait les musulmans de ce corpus, en fonction de leur diversité, de leurs sensibilités, des conflits sociaux, économiques, idéologiques qui vont les opposer. En ce qui concerne les sciences, les musulmans n'étaient pas tous favorables à leur développement ou du moins au développement de certaines d'entre elles qu'on appelait les « sciences des Anciens » et qui correspondaient aux sciences exactes et à la philosophie. Pourtant, lorsqu'on se réfère au corpus de la nouvelle religion, on y trouve des arguments solides en faveur des activités scientifiques et aucune condamnation de telle ou telle discipline. Dans le Coran, la science et les hommes de science sont évoqués plusieurs fois, toujours avec une opinion favorable. À titre d'exemple, on peut y lire l'affirmation suivante : « Dieu ajoute-moi de la science ». Comme on le voit, il n'y a, dans cette phrase, aucune connotation religieuse. Ce qui n'a pas empêché certains théologiens de l'interpréter en faveur, exclusivement, des « sciences religieuses ».

Dans le Hadith, il y a même, à plusieurs endroits, un encouragement explicite à l'apprentissage des sciences. Parmi les paroles du Prophète concernant les sciences, il y a celles-ci : « La quête de la science est un devoir pour chaque musulman » ; « Lorsqu'un être humain meurt son action s'interrompt sauf dans trois domaines : une charité pérenne, un enfant bienfaisant et une science utile aux autres » ; « Celui qui a acquis une science et qui ne l'a pas diffusée, Dieu le bâillonnera le jour du jugement dernier à l'aide d'un bâillon de feu » ; « On ne doit pas bénir les jours où on n'acquiert pas plus de science ».

Ces phrases pouvaient également susciter des débats et elles en ont suscité dans la mesure où, comme pour les versets du Coran, elles pouvaient être interprétées d'au moins deux manières différentes. Mais, comme il ne s'agissait pas de paroles divines, s'est posé un second problème qui a alimenté la polémique : celui de leur authenticité. Les débateurs pouvaient donc rejeter telle ou telle phrase parce que son degré d'authenticité (établi par des spécialistes) n'était pas jugé suffisant pour en faire un argument de poids dans les débats. Par exemple, on attribue au Prophète deux phrases qui disent, en substance : « Dieu encourage les sciences utiles » et « Dieu n'aime pas que l'on s'occupe des sciences dangereuses ». Or nous savons que la majorité des spécialistes du Hadith considèrent que l'authenticité de ces phrases est douteuse ou tout au moins faible. Ce qui atténue leurs effets dans d'éventuelles polémiques portant sur le statut de telle ou telle science.

Cela dit, dès le xe siècle, il y a eu des débats très riches, dont nous avons encore quelques échos, concernant la nécessité ou non de développer les sciences et le type de science qu'il fallait développer au détriment d'autres. On a également débattu de l'utilité et de l'inutilité de certaines sciences, du caractère dangereux ou neutre de certaines d'entre elles. Malheureusement, le contenu de ces débats et polémiques ne nous est pas parvenu mais, compte tenu de l'évolution des activités scientifiques en pays d'Islam, nous pensons que, durant les premiers siècles ce sont ceux qui interprétaient cette phrase dans un sens large qui ont imposé leurs vues. Pour ce courant de pensée, Dieu étant le plus grand des savants, il ne peut pas interdire à ses serviteurs d'acquérir une partie du savoir qu'il détient. Cela dit, certains religieux, tout en étant moins dogmatiques, appréhendaient la question de la pratique scientifique sous l'angle de l'utilité et de la dangerosité. Ils considéraient qu'il fallait éviter de pratiquer des sciences inutiles ou dangereuses pour la société. Ces arguments semblent se placer sur le plan éthique mais ils étaient compris à travers le filtre de la religion. Il s'agissait donc de l'éthique religieuse.

Le second facteur de développement des sciences en pays d'Islam a été, incontestablement, la présence — dans les territoires conquis — de communautés non musulmanes qui avaient conservé les trésors de la science et de la philosophie grecques, en particulier les livres d'Aristote, de Platon, de Ptolémée, d'Euclide, d'Archimède, d'Apollonius et d'autres. C'est en grande partie parmi ces communautés que se sont dégagés des profils qui ont joué un rôle important dans le développement des sciences. Il s'agit des premiers traducteurs dont les activités ont caractérisé la deuxième phase du développement de la civilisation arabo-musulmane, après celle de la conquête et de la consolidation du nouveau pouvoir.

Cette seconde phase englobe deux puissants mouvements : celui des traductions et celui du développement tous azimuts des activités scientifiques. Dans la réalité, il n'y a pas eu deux phases parce que, comme on l'a déjà vu, certaines branches du savoir n'avaient pas besoin de traduction. D'autres en avaient besoin mais se sont alimentées d'abord dans le corpus du savoir traditionnel local qui était enseigné dans les corporations de métiers. Lorsque les traductions se sont développées, elles se sont mises à alimenter et à réorienter les activités scientifiques en leur donnant un cachet encore plus scientifique grâce à l'apport décisif de la science grecque avec sa matière, sa méthodologie, sa philosophie et son discours sur la science, c'est-à-dire tout ce que l'on qualifie de science hypothético-déductive, par opposition aux apports scientifiques indiens et mésopotamiens que l'on qualifie généralement de savoirs algorithmiques. Mais, dans une première phase, les hommes de science des pays d'Islam ont réalisé une juxtaposition de ces deux savoirs, avec leurs contenus, leurs outils et leurs méthodes.

D'ailleurs, de ce point de vue, l'apport des Arabes n'est pas seulement d'avoir compris les sciences des civilisations antérieures, de les avoir assimilées, de les avoir enrichies et d'avoir favorisé leur circulation. Leur rôle essentiel a été d'élaborer, au travers de leurs conceptions et de leurs pratiques, une démarche nouvelle qui a consisté, dans un premier temps, à juxtaposer le savoir traditionnel et le savoir savant puis, dans le cadre de ce dernier domaine, les démarches grecques et celles des Indiens et des Babyloniens. Dans une seconde phase, ils ont élaboré une synthèse à la fois du contenu, des méthodes et des démarches qu'ils avaient hérité des grandes traditions scientifiques du passé. C'est cette synthèse qui a caractérisé, en grande partie, l'apport de la science arabe.

Les Européens latins en ont hérité au moment où ils ont entrepris de traduire les ouvrages grecs et arabes qu'ils avaient trouvés à Tolède, à Palerme et dans d'autres villes de l'Europe du Sud. Ils ont ainsi traduit des ouvrages mathématiques d'Euclide, d'Apollonius, d'Archimède, des ouvrages astronomiques de Ptolémée, de Ménélaüs, de Théodose et d'Autolykos, pour ne citer que les plus célèbres parmi les auteurs scientifiques grecs. Ils ont également traduit, en astronomie, une dizaine d'ouvrages indiens dont on ne connaît pas les titres précis. Ces traductions ont concerné également d'autres disciplines : chimie, astrologie, physique, philosophie, musique. En revanche, ni la littérature, ni la poésie arabes ne les a intéressés et, pour la traduction du Coran, il a fallu la ténacité de Pierre le Vénérable pour le faire traduire en latin au XIIe siècle.

Ce savoir scientifique et philosophique nouveau a été à la base du développement de la tradition scientifique européenne. Mais cette tradition a mis des siècles pour se constituer et atteindre une vitesse de croisière qui lui a permis d'innover, d'élargir les domaines du savoir et de renouveler les méthodes de recherche. D'ailleurs, le plus difficile dans ce processus n'était pas l'acquisition des savoirs grec, indien, mésopotamien et arabe à travers les traductions des XIIe et XIIIe siècles. C'était l'assimilation de nouvelles démarches et l'adoption de nouvelles attitudes vis-à-vis du savoir en général. En effet, pendant une grande partie du Moyen Âge, le savoir qui était dispensé en Europe était surtout religieux ; et quand il était profane, il ne visait pas la connaissance des lois de la nature, pour elles-mêmes, mais, essentiellement, la glorification de Dieu. Le changement d'attitude s'est opéré avec l'appropriation, par les Européens, du savoir arabe et du savoir gréco-indien arabisé. Cela peut paraître paradoxal mais c'est bien le savoir élaboré en pays d'Islam, c'est-à-dire dans un espace géré par une religion monothéiste, qui a permis aux hommes de sciences européens du Moyen Âge de changer d'attitude vis-à-vis de la connaissance en général en l'orientant progressivement vers des démarches qui visaient, elles aussi, la connaissance des lois et des phénomènes naturels. En fait, le paradoxe n'est qu'apparent parce qu'une meilleure connaissance de la pratique scientifique en pays d'Islam révélerait que cette pratique faisait la part des choses. Bien sûr on glorifiait Dieu dans la première page d'un livre de mathématiques ou d'astronomie avec la formule consacrée « Au nom de Dieu clément et miséricordieux ». Mais, jusqu'à ce jour, nous n'avons trouvé aucun ouvrage scientifique dont le contenu est rattaché, par son auteur, aux contenus du Coran ou du Hadith comme source d'inspiration. On ne trouve pas non plus de déclarations affirmant que les résultats exposés dans tel ou tel ouvrage scientifique visent à glorifier Dieu. Il s'agit bien d'un savoir profane à la fois dans son contenu, dans ses démarches et dans son discours.

D'ailleurs, les jeunes Européens du XIIe siècle qui se sont précipités à Tolède pour acquérir ce savoir et le traduire ne s'y étaient pas trompés. Ce fut le cas de Daniel Morley qui avait quitté l'Angleterre à la recherche de la science. Il a d'abord séjourné à Paris, mais il n'y est pas resté longtemps car, dit-il « les Parisiens étaient préoccupés par les subtilités de la Loi ». Il s'est alors dirigé vers le sud parce que, selon lui c'est « à Tolède que l'enseignement des Arabes, qui consiste presque entièrement dans les arts du quadrivium, est dispensé aux foules ».

Science déviante et savants fous

SAVOIRS À L'ŒUVRE
SAVOIRS À L'ŒUVRE / SAVOIRS À L'ŒUVRE / SAVOIRS À L'ŒUVRE / SAVOIRS À L'ŒUVRE / SAVOIRS À L'ŒUVRE / SAVOIRS À L'ŒUVRE / SAVOIRS À L'ŒUVRE / SAVOIRS À L'ŒUVRE

Michel Pierssens

Les débats d'aujourd'hui peuvent nous faire oublier qu'il y eut un temps sans « chercheurs » ni « scientifiques » : un temps des « savants ». Cette figure ignorée du répertoire mythologique des Anciens, apparue sous sa forme développée dans le contexte de la science classique, possède une histoire riche et tourmentée. Évidemment inconnue des sociétés prémodernes, elle tient un peu à la fois des trois fonctions de Dumézil[1]. Le savant prend le relais du paysan puisque l'on pourra compter sur lui pour accroître la fécondité naturelle de la Terre (tout ce qui touche à l'agriculture relève au XVIIIe siècle de l'avant-garde scientifique). Il est aussi guerrier, dans la mesure où son savoir se traduit directement en progrès dans l'armement (l'artillerie constitue un champ d'application de la géométrie — témoin Bonaparte, et l'ingénieur qui dirige une fonderie de canons a quelque chose d'Héphaïstos, le dieu forgeron qui, chez Homère, produit le bouclier d'Achille). Il possède aussi un rôle manifestement liturgique quand il s'agit de célébrer les valeurs transcendantes de l'effort collectif qui doit soutenir son entreprise (on ne dira pas longtemps que « la République n'a pas besoin de savants[2] »).

Numériquement bien moins présents que les prêtres ou les soldats, les savants sont pour autant surreprésentés dans l'imaginaire des deux derniers siècles, en particulier dans la littérature, foyer principal des représentations collectives en même temps qu'opérateur d'intelligibilité sociale — ceci avant que n'apparaisse la télévision. Raphaël de Valentin, dans *La Peau de chagrin*, se trouve présenté par Balzac comme le modèle du savant romantique, avant que la Science — la sienne et celle des autres — ne se brise sur l'Inconnu : « Le calme et le silence nécessaires au savant ont je ne sais quoi de doux, d'enivrant comme l'amour. L'exercice de la pensée, la recherche des idées, les contemplations tranquilles de la science nous prodiguent d'ineffables délices, indescriptibles comme tout ce qui participe de l'intelligence, dont les phénomènes sont invisibles à nos sens extérieurs. Aussi sommes-nous toujours forcés d'expliquer les mystères de l'esprit par des comparaisons matérielles. Le plaisir de nager dans un lac d'eau pure, au milieu des rochers, des bois et des fleurs, seul et caressé par une brise tiède, donnerait aux ignorants une bien faible image du bonheur que j'éprouvais quand mon âme était baignée dans les lueurs de je ne sais quelle lumière, quand j'écoutais les voix terribles et confuses de l'inspiration, quand d'une source inconnue les images ruisselaient dans mon cerveau palpitant. Voir une idée qui pointe dans le champ des abstractions humaines comme le lever du soleil au matin et s'élève comme lui, qui, mieux encore, grandit comme un enfant, arrive à la puberté, se fait lentement virile, est une joie supérieure aux autres joies terrestres, ou plutôt c'est un divin plaisir. L'étude prête une sorte de magie à tout ce qui nous environne. »

Le « mécanicien » Planchette est l'occasion d'un portrait parfaitement archétypique : « Planchette était un grand homme sec, véritable poète perdu dans une perpétuelle contemplation, occupé à regarder toujours un abîme sans fond, LE MOUVEMENT. Le vulgaire taxe de folie ces esprits sublimes, gens incompris qui vivent dans une admirable insouciance du luxe et du monde, restant des journées entières à fumer un cigare éteint, ou venant dans un salon sans avoir toujours bien exactement marié les boutons de

[1] C'est en 1938 que Georges Dumézil [1898-1986], enseignant de mythologie comparée indo-européenne à l'École pratique des hautes études, formule sa découverte d'une communauté de structures entre des sociétés indo-européennes en apparence très éloignées. Ces structures fondamentales concernent trois fonctions essentielles à partir desquelles s'organisent ces sociétés et leurs représentations : la première définit le domaine du sacré et de la réflexion ; la seconde organise tout ce qui touche à la guerre et aux guerriers ; la troisième se fonde sur tout ce qui a trait à la fécondité. Parmi les très nombreux ouvrages de Dumézil, cf. DUMÉZIL, Georges, *Mythe et épopée, I, L'idéologie des trois fonctions dans les épopées des peuples indo-européens*, Paris, Gallimard, 1968.

[2] Une tradition très douteuse rapporte que c'est ce qu'aurait dit le vice-président du tribunal révolutionnaire au chimiste Lavoisier, qui demandait du temps pour achever une expérience. Celui-ci fut condamné à mort et guillotiné en 1794, non pas à cause de ses découvertes scientifiques, mais parce qu'il était fermier général, l'un des quarante détenteurs (le nombre varie au cours du XVIIIe siècle) de la charge collective consistant, sous l'Ancien Régime, à collecter les impôts (la Ferme générale).

leurs vêtements avec les boutonnières. Un jour, après avoir longtemps mesuré le vide, ou entassé des X sous des Aa-gG, ils ont analysé quelque loi naturelle et décomposé le plus simple des principes ; tout à coup la foule admire une nouvelle machine ou quelque haquet dont la facile structure nous étonne et nous confond ! Le savant modeste sourit en disant à ses admirateurs : - Qu'ai-je donc créé ? Rien. L'homme n'invente pas une force, il la dirige, et la science consiste à imiter la nature. » Mais Balzac sait bien qu'il existe d'autres manières d'être savant, comme chez ceux à qui Raphaël va demander, en vain, la solution de son problème. L'un d'eux, spécialiste des canards (le terme ne manquait pas d'ironie, employé par Balzac, puisqu'il signifiait aussi au XIXe siècle « fausse nouvelle ») montre un visage moins éthéré, « à la fois la modestie et l'orgueil des savants, orgueil plein d'entêtement, modestie pleine de suffisance. »

De fait, la puissance démiurgique investie dans ce personnage inédit surgi des révolutions qui bouleversent la société depuis la Renaissance et s'accélèrent à partir du XVIIe siècle, devait fasciner par son ambivalence rapidement apparue. La littérature fantastique du début du XIXe siècle a tout fait pour amplifier les craintes, comme s'y emploie de manière exemplaire Pétrus Borel, le « lycanthrope », quand il évoque le savant Vésale dans *Don Andrea Vesalius, l'anatomiste* : « Nous voici dans l'ouvroir ou laboratoire de Vésalius : une grande salle carrée, en arc de cloître, à murailles et dalles de pierre. Quelques tables de bois sales et graisseuses, quelques établis, deux ou trois cuviers, un bahut et des armoires formaient tout l'ameublement. Quelques chaudrons étaient épars à l'entour d'une cheminée, dont le manteau évasé descendait de la voûte ; à sa crémaillère, était suspendue une chaudière qui bouillonnait sur un feu ardent. Les établis étaient chargés de cadavres entamés ; on foulait aux pieds des lambeaux de chairs, des membres amputés, et sous les sandales du professeur se broyaient des muscles et des cartilages. Sur la porte était appendu un squelette, qui, lorsqu'elle était agitée, bruissait comme ces bougies de bois que les chandeliers suspendent pour enseigne, quand elles sont remuées par la bise. La voûte et les parois étaient couvertes d'ossements, de râbles, de squelettes, de carcasses, quelques-uns humains, mais le plus grand nombre de singes et de porcs, animaux les plus approchants, par leur charpente, de l'ostéologie humaine, ayant servi aux études d'Andréa Vésalius, le premier, pour ainsi dire, qui fit de l'anatomie une science réelle, qui osa disséquer des cadavres, même de chrétiens orthodoxes, et travailler sur eux publiquement[3]. »

L'ambiguïté de la thématique du Progrès est assez connue pour ne pas y revenir ici[4] mais l'on voit bien que le Savant, sans porter à lui seul toute la responsabilité des bienfaits et des méfaits du progrès, en est assez solidaire pour expliquer à la fois la confiance aveugle de certains et les soupçons de beaucoup. Le roman, la forme la mieux adaptée qui soit aux interrogations suscitées par la complexité moderne, substitue très efficacement ce personnage plein de relief aux allégories désormais inintelligibles de l'époque précédente. Des poèmes épiques comme *L'Atlantiade ou la théogonie newtonienne* de Népomucène Lemercier (1812), une œuvre d'ailleurs étonnante, ne peuvent plus avoir de public. Le fond mythologique est toujours là, mais réinscrit dans une forme bouleversée par le romantisme qui insuffle une dynamique tout à fait neuve aux représentations.

Soutenue par la problématique qui oppose et lie à la fois dans des visions inquiétantes le génie et la folie, jumeaux d'une trouble créativité, la figure du savant se démultiplie aisément en versions contradictoires. On voit ainsi proliférer les bons et les mauvais anges, alliés de l'Homme en marche vers un avenir radieux ou, au contraire, adversaires maléfiques placés en embuscade pour précipiter sa perte[5]. Le savant

[3] Cf. Borel, Pétrus, *Contes immoraux*, Champavert, 1833.
[4] Cf. l'excellent petit livre de Taguieff, Pierre-André, *Du progrès*, Paris, Librio, 2001.
[5] Pour un bon échantillonnage, voir : *Les savants fous*, Paris, Presses de la Cité, 1994 comprenant Shelley, Mary, *Frankenstein*, Gautier, Théophile, *Avatar*, Rivière, H. L., *La possédée*, Villiers de l'Isle-Adam, Auguste, *Claire Lenoir*, Stevenson, Robert Louis, *Le cas étrange du Dr. Jekyll et de Mr. Hyde*, Verne, Jules, *Le château des Carpathes*, Machen, Arthur, *Le Grand Dieu Pan*, Wells, Herbert George, *L'île du Dr Moreau*, Boulgakov, Mikhaïl, *Les œufs fatals*, et plus de 17 nouvelles. Lire aussi Betchel, Guy, Carrière, Jean-Claude, *Le livre des Bizarres*, Paris, Robert Laffont, 1981 ; Betchel, Guy, *Délires racistes et savants fous*, Paris, Plon, 2002 ; Blavier, André, *Les fous littéraires*, Paris, Henri Veyrier, 1982 ; Oberlé, Gérard, *Fous à lier + fous à relier, Catalogue de livres hétéroclites, fous littéraires, autodidactes et autres singuliers*, Manoir de Pron, 1985.

rayonnant d'intelligence altruiste peut donc être aussi un fou pervers résolu à ne s'embarrasser d'aucun obstacle. Depuis le Frankenstein de Mary Shelley et le *Strange Case of Dr. Jekyll and Mr. Hyde* de Robert Louis Stevenson, on ne compte plus les *remakes* de pareil scénario et le savant fou est bien l'un des plus riches matériaux du répertoire littéraire et cinématographique[6]. Ceci constaté, il reste à s'interroger sur ce qui, dans la nature même de l'activité scientifique ou dans les conditions de son exercice, permet l'apparition de pareilles extrapolations. Qu'y a-t-il dans la science et chez les savants qui prête aussi aisément à la fictionnalisation ? Mais aussi (puisque la littérature peut alerter à ce qui, dans le monde de la rationalité convenue, se trouve subrepticement parasité par un travail de l'imaginaire) existe-t-il dans le monde réel des dérives pouvant faire écho aux fictions ?

La dématérialisation des objets de connaissance, caractéristique de la science moderne, a commencé très tôt. Dès le XVIIe siècle, la mathématisation de la physique a changé le sens que pouvait avoir l'observation des phénomènes. De telle sorte que la concentration d'appareils et de matériels divers dans ce qui s'organise sous le nom de « laboratoire » prend tous les caractères du trompe-l'œil. L'accumulation d'outils et d'objets, tout en envahissant encore l'espace de la visibilité comme dans les anciens cabinets de curiosité, relève plutôt désormais de la scénographie théâtrale. La surabondance matérielle occupe la représentation mais masque le creusement idéel où se joue, comme sur une « autre scène » freudienne, la dramaturgie nouvelle de la connaissance véritable. Le trou creusé dans le réel par sa mathématisation se masque d'un défilé spectaculaire qui complique le dévoilement de la vérité de la nature par un voilement de ce qu'on ne peut plus voir mais seulement concevoir[7]. Situation paradoxale qu'illustre parfaitement la fiction. On voit ainsi le roman du XIXe siècle se remplir de

[6] Mais il faut noter que c'est le cinéma qui a transformé les personnages des romans en savants fous, ce qu'ils n'étaient nullement dans les œuvres originales. À noter également que les illustrateurs et caricaturistes du XIXe siècle se sont peu intéressés aux savants : on n'en voit figurer aucun dans les best-sellers que furent *Le Diable à Paris* (1845-1846) ou *Les Français peints par eux-mêmes* (où apparaissent cependant un phrénologiste et un botaniste).

[7] Cf. HADOT, Pierre, *Le voile d'Isis, essai sur l'histoire de l'idée de nature*, Paris, Gallimard, 2004.

« laboratoires » d'autant plus encombrés que la connaissance qu'ils sont supposés permettre eſt plus immatérielle et irreprésentable. Le rapport s'inverse car le roman n'eſt ici que le modèle à peine caricaturé que la réalité s'efforce de mimer. Les mots désignent trompeusement de tout leur clinquant une réalité inaccessible. Nulle surprise par conséquent qu'à ce laboratoire en carton-pâte se superpose, pour le légitimer, le personnage même du Savant — celui dont le cerveau recèle de manière magique la vérité secrète de tout cet excès. Baudelaire, qui avait tout compris, l'exprime parfaitement dans ses *Curiosités eſthétiques* en évoquant le « laboratoire étroit et myſtérieux du cerveau ».

Simulacre, le laboratoire se fait le symbole de ce qui habite une intelligence dont on soupçonne qu'elle échappe radicalement à l'humanité ordinaire. Même intégré à la modernité qu'il symbolisera bientôt, reconnu, académisé, le savant du XIXe siècle ressemble encore un peu à son ancêtre l'alchimiſte[8] réinventé par Balzac et son laboratoire demeure un antre menaçant : « Balthazar ne descendit pas. Lassée de l'attendre, Marguerite monta au laboratoire. En entrant, elle vit son père an milieu d'une pièce immense, fortement éclairée, garnie de machines et de verreries poudreuses ; çà et là, des livres, des tables encombrées de produits étiquetés, numérotés. Partout le désordre qu'entraîne la préoccupation du savant y froissait les habitudes flamandes. Cet ensemble de matras, de cornues, de métaux, de criſtallisations fantasquement colorées, d'échantillons accrochés aux murs, ou jetés sur des fourneaux, était dominé par la figure de Balthazar Claës qui, sans habit, les bras nus comme ceux d'un ouvrier, montrait sa poitrine couverte de poils blanchis comme ses cheveux. Ses yeux horriblement fixes ne quittèrent pas une machine pneumatique. Le récipient de cette machine était coiffé d'une lentille formée par de doubles verres convexes dont l'intérieur était plein d'alcool et qui réunissait les rayons du soleil entrant alors par l'un des compartiments de la rose du grenier. Le récipient, dont le plateau était isolé, communiquait avec les fils d'une immense pile de Volta. Lemulquinier occupé à faire mouvoir

[8] Balthazar Claës dans BALZAC, Honoré de, *La Recherche de l'Absolu*, 1834.

le plateau de cette machine montée sur un axe mobile, afin de toujours maintenir la lentille dans une direction perpendiculaire aux rayons du soleil, se leva, la face noire de poussière, et dit : Ha ! mademoiselle, n'approchez pas ! L'aspect de son père qui, presque agenouillé devant sa machine, recevait d'aplomb la lumière du soleil, et dont les cheveux épars ressemblaient à des fils d'argent, son crâne bossué, son visage contracté par une attente affreuse, la singularité des objets qui l'entouraient, l'obscurité dans laquelle se trouvaient les parties de ce vaste grenier d'où s'élançaient des machines bizarres, tout contribuait à frapper Marguerite qui se dit avec terreur : Mon père est fou ! »

La Science apparaît au grand public comme une fantasmagorie[9] impénétrable déployée par un Robertson supérieur, maître d'un mystérieux laboratoire intime dont il extrait les produits comme apparaissent les objets dans les films de Méliès. Les savoirs font surgir des fantômes concrétisés et la Science prend le relais de l'ancien Merveilleux. Ce n'est nullement par hasard ni par une inexplicable aberration que Louis Figuier, le plus grand et le plus sérieux vulgarisateur de son temps, traite dans son recueil de *L'Année scientifique et industrielle* pour 1856, au chapitre « Physique et mécanique », de la « physique au théâtre », des « spectres vivants », des « spectres au théâtre du Châtelet, au théâtre Déjazet et à la salle Robin », du « phénomène optique de l'apparition des fantômes vivants » de « la fantasmagorie en 1798 » ou de « Robertson et le fantascope ».

Les ouvrages de vulgarisation ont beau se multiplier et donner à voir, par une illustration de plus en plus riche, le décor vrai de l'activité scientifique, ils ne font par cela même qu'inscrire un peu plus cette dernière dans l'économie du romanesque moderne, désormais alimenté de manière presque exclusive par la problématique cognitive (ce que souligne le triomphe du paradigme policier dans toute la fiction contemporaine). La « science pour tous », objectif officiel,

[9] Étienne Gaspar Robertson [1763-1831] réalisait au tournant du XIXe siècle des spectacles fantastiques basés sur des effets d'optique grâce, entre autres, à son « fantascope », sorte de lanterne magique. Cf. *Mémoires récréatifs, scientifiques et anecdotiques d'un physicien-aéronaute*, Langres, Clima, 1985. Lire aussi CHARTON, Édouard, « La Fantasmagorie », *Le Magasin pittoresque*, 1849, pp. 51-55.

ne parvient dans les faits qu'à renforcer le prestige imaginaire du Savant solitaire dans le cerveau de qui se recueille toute la dynamique symbolique de la Science en marche[10]. Dans la vision populaire, le savant réel se modèle sur le savant imaginaire, figure synthétique qui se construit de pièces empruntées à tous les héros de roman, bienveillants ou maléfiques — Nemo[11], Dr Lerne[12] ou Dr Pascal[13]. « Pasteur » n'existerait pas sans eux, qui nous ont convaincus que la Science se fait dans le miracle d'une tête devenue boîte noire, pour le meilleur ou pour le pire. La limite est atteinte quand tout se condense, comme Barthes l'avait vu, dans le cerveau d'Einstein[14] : ce qu'il contient nous est inaccessible et lui-même rayonne dans un espace définitivement dématérialisé où n'apparaît même plus le laboratoire-simulacre qui restait nécessaire pour l'imaginaire du XIXe siècle. Le XXe siècle s'accommode en ses lieu et place d'un tableau noir, noir comme la boîte noire, ultime trace instrumentale dans une représentation de la cognition enfin débarrassée des images, comme les pieds nus d'Einstein débarrassés de ses chaussettes.

Où l'on voit du coup que science déviante et savants fous surgissent bien d'une même source : la boîte de Pandore construite par la pensée moderne pour mieux se mystifier elle-même. La Science n'est pas ici ce qui peut dévier, seulement le Savant. Du moins le Savant qui oublie ce que la Science est en fait depuis le début, avec des conditions d'élaboration et de validation collectives. Ce faisant, il vient occuper la place du Savant dont nous parlons, celui que rien ne contient mais dont le cerveau contient la source miraculeuse, qui croit que la Science est en lui et jaillit au-dehors de manière épiphanique en ignorant à quel point elle a depuis longtemps évacué les sites singuliers pour s'établir sur le forum. En d'autres termes, la science dévie quand le savant devient sa propre « idole », ajoutant de lui-même un obstacle supplémentaire à

[10] Cf. BÉGUET, Bruno (sous la direction de), *La science pour tous : sur la vulgarisation scientifique en France de 1850 à 1914*, Paris, CNAM, 1990.

[11] Le héros de VERNE, Jules, *Vingt mille lieues sous les mers*, 1871.

[12] RENARD, Maurice, *Le Docteur Lerne, sous-dieu*, 1871.

[13] Personnage-clé du cycle des Rougon-Macquart d'Émile Zola et héros du roman qui porte son nom.

[14] BARTHES, Roland, *Mythologies*, Paris, Le Seuil, 1992.

[15] Le philosophe et homme d'État anglais Francis Bacon [1561-1626] est considéré comme l'un des principaux initiateurs (sinon le principal) de

tous ceux qu'avait décrits Bacon[15]. Obstacle particulièrement pernicieux puisqu'il est celui qui fait croire qu'il n'y a pas d'obstacle. C'est le propre de toutes les solitudes et ce n'est pas un hasard si cette science-là cultive le secret et construit ses laboratoires dans des jardins clos, sous terre, au creux d'une île inconnue, sous les eaux ou au cœur de forêts impénétrables. Dans le réel, le contrepoint de cette fantaisie romanesque appelle une fantasmatique du laboratoire interdit où s'observent pour le savant seul les transmutations alchimiques, l'aura des rayons N[16], les frayages de la mémoire de l'eau[17] ou le clonage humain suscité par Raël. Mais qu'il y ait en effet un vrai laboratoire croulant sous une surabondance instrumentale ou qu'il n'y ait que l'espace intérieur d'une tête ténébreuse, un surréel ou un rêve, la dynamique est la même : celle d'une connaissance miraculeuse, une hypercognition fantasmée qui travaille au rebours exact de ce qu'avait identifié Bachelard en étudiant la « formation de l'esprit scientifique ».

La fiction contemporaine n'imagine plus guère de savants fous comme avait su en peindre le roman du XIXe siècle. Sans doute est-ce qu'ils ont désormais franchi la frontière, comme les fantômes de Nosferatu, pour s'implanter dans la réalité ou, plus exactement, dans l'imaginaire public interprétant de la réalité. Essentiellement maléfique, ennemi de l'Humanité, la forme nouvelle du savant fou se fond à la figure du scientifique déviant pour produire un ultime avatar : le terroriste armé jusqu'aux dents. Les anarchistes de la Belle Époque en avaient réalisé une première esquisse en concoctant dans des

la conception moderne de la science. Cf. *Novum Organum*, Paris, Presses universitaires de France, 1986. Bacon appelle à contourner certains obstacles qui nous empêchent de voir les réalités. Ces obstacles, qu'il appelle des « idoles » sont de quatre sortes, ici sommairement résumées : les « idoles de la tribu » sont les préjugés partagés par tous les hommes, les « idoles de la caverne » sont nos préjugés individuels, les « idoles du forum » dérivent de notre croyance aux mots, les « idoles du théâtre » sont celles créées par les systèmes philosophiques.

[16] L'excellent physicien nancéien René Blondlot avait cru découvrir en 1903 une nouvelle sorte de rayonnement (phénomènes très à la mode en physique depuis la découverte des rayons X). Il fut discrédité après avoir d'abord retenu l'attention du monde savant, puis avoir refusé de reconnaître ses erreurs. *Rayons N, recueil des communications faites à l'Académie des sciences, avec des notes complémentaires et une instruction pour la confection des écrans phosphorescents*, Paris, Gauthier-Villars, 1904.

[17] « Découverte » de Jacques Benveniste, scientifique réputé puis lui aussi discrédité. L'affaire a commencé avec un article retentissant publié en première page du journal *Le Monde* du 29 juin 1988 : « Une découverte française pourrait bouleverser les fondements de la physique : la mémoire de l'eau ». Benveniste a depuis généralisé sa perspective en construisant un nouveau paradigme, celui de la « biologie numérique », qu'il compare à la révolution newtonienne.

soupentes ou dans des caves leurs primitives machines infernales. La science des explosifs pouvait amener l'apothéose du Chimiste en annonçant par des désastres limités l'immense pouvoir destructeur encore à venir et qu'un Charles Moureu, professeur au Collège de France, résumera en 1920, après le carnage largement chimique de 1914-1918, dans son ouvrage sur *La Chimie et la guerre*[18], dont le sous-titre, « Science et avenir », résonne sinistrement par son évocation de l'œuvre au contraire tout optimiste de Renan écrite au siècle précédent : « L'accouplement des mots Chimie et *Guerre*, avant la guerre de 1914-1918, eût généralement paru dénué de sens. Sans doute l'usage de la poudre à canon est fort ancien, et, d'un point de vue très général, les transformations profondes de la matière, domaine propre de la Chimie, qui sont l'essence même de la vie, qui engendrent l'énergie et constituent une source intarissable de forces naturelles, se trouvent nécessairement à la base de toutes les manifestations de l'activité, depuis les plus pacifiques jusqu'aux plus violentes. Mais on ne saurait contester qu'il n'y ait loin de cette vue philosophique des choses aux réalités chimiques de la Grande Guerre. La Chimie dans les convulsions titanesques qui viennent de bouleverser l'Humanité, a joué un rôle actif de premier plan, visible pour les plus ignorants et les plus sceptiques, visible pour tous. Il n'est personne, dans les nations civilisées, qui ne frémisse d'horreur à la seule pensée des gaz asphyxiants ; mais ils sont nombreux ceux qui ne connaissent de la chimie de guerre que la mise en œuvre de ces effroyables substances. S'il est manifeste que les gaz asphyxiants symbolisent, aux yeux de la foule, la part de la Chimie dans la lutte mondiale, il s'en faut de beaucoup que la production de ces matières ait été son unique champ d'action. Sans parler des explosifs aux effets si puissants, dont l'utilisation dans les travaux de la paix a, du reste, tant contribué au progrès, une infinité d'autres produits ont été l'objet, de la part des chimistes, d'efforts aussi constants et nécessaires qu'ils sont méconnus du public. Lorsque, par exemple, un aéroplane traverse le ciel, sur les milliers de spectateurs qui l'observent et chantent les légitimes louanges de l'ingénieur,

[18] MOUREU, Charles, *La chimie et la guerre*, Paris, Masson et Cie, 1920.

combien s'en trouve-t-il qui soupçonnent les mérites du chimiste ? Et cependant, chacun des organes de l'appareil volant a exigé des études chimiques du caractère le plus approfondi depuis celles qui concernent le métal dont est fait le moteur jusqu'aux vernis et enduits qui confèrent aux ailes l'imperméabilité et la rigidité indispensables. Que si, en l'occurrence, la part contributive du chimiste, pourtant essentielle, échappe entièrement au public, c'est surtout, sans doute, parce que le public est uniquement impressionné par le mouvement des hélices ; mais c'est aussi, il importe de le souligner, parce que le chimiste, homme modeste, poursuit sa tâche dans la solitude et le mystère du petit et obscur laboratoire de l'usine, loin de tout ce qui extériorise le mérite ; et c'est encore parce que, le voulût-il, il trouverait difficilement des interlocuteurs capables de comprendre ses recherches et de s'y intéresser. »

Aujourd'hui, c'est Saddam Hussein qui a repris le rôle du dernier Savant fou, l'imaginaire occidental lui prêtant des laboratoires secrets, des armes bactériologiques dévastatrices, des manipulations nucléaires inconnues. La preuve de sa puissance maléfique résidant tout entière dans le fait que les traces en demeurent introuvables. La mondialisation des imaginaires est ici parallèle à celle, effective, des savoirs. Le terroriste n'est plus désormais un employé de bureau manipulant des marmites bourrées de clous dans un pavillon de banlieue, mais un ingénieur arabe formé en Allemagne et capable d'utiliser un avion de ligne pour annihiler New York.

On avait pu penser — c'était la leçon la plus apparente de l'histoire des sciences — que le meilleur moyen de distinguer la science déviante et la science authentique était le critère du collectif. Ainsi conçu, le produit de l'élaboration solitaire n'est pas de la science et ne peut pas en être. Il n'y en a pour nous que là où un collectif la produit, la reçoit, la juge et la diffuse. Le laboratoire n'est plus le repaire d'un seul Savant démiurgique mais la fourmilière où s'active la multitude anonyme autour d'équipements démesurés. Ce n'est donc plus que par commodité que l'on identifie encore parfois une découverte à une personne, le Nobel jouant le rôle de conservatoire du mythe, là où la moindre publication se trouve signée d'une kyrielle de noms. Las ! Nous n'avions pas prévu que ce collectif enfin réalisé pourrait ne pas déboucher comme l'avait rêvé Bacon sur une Nouvelle Atlantide[19] et un Collège garant du bonheur futur de l'Humanité par la division du travail de recherche et la mutualisation des connaissances. Le collectif peut lui aussi fonctionner comme un Savant fou. Dans ce scénario catastrophe, la Science elle-même devient folle et la forme ultime de la paranoïa, c'est-à-dire l'État quand une volonté mauvaise l'instrumentalise, se confond dès lors avec la forme ultime de la rationalité démocratique. Le savant solitaire se mue en machine totalitaire. La théocratie iranienne peut s'appuyer sur un arsenal d'avant-garde, comme les dictateurs coréens ou les clients des « cerveaux » pakistanais. La dissémination nucléaire apparaît comme la tragique parodie de l'idéal moderniste du partage savant et de la Science pour tous.

L'*hybris* qui fait le vrai fond de l'Homme se voit promettre par là l'assouvissement de ses impulsions les plus folles. Construire puis détruire à grande échelle en poussant la connaissance vers les deux infinis : la contemplation en effrayait déjà Pascal, figure exemplaire des contradictions du désir cognitif moderne[20]. La séduction de l'excès, en effet, a toujours été irrésistible et la Science l'a éprouvée en faisant effraction hors du monde clos qui masquait l'infiniment grand de la cosmologie ou en plongeant à coup de décharges d'énergie d'une puissance inouïe vers l'infiniment petit des particules et des quantas. C'est une fois de plus l'image d'une explosion qui concentre l'alpha et l'oméga modernes, à travers la métaphore (d'ailleurs impropre mais si parlante) du big-bang pour figurer l'origine de tout[21] et celle de la bombe thermonucléaire pour en signifier la fin. Nulle surprise par conséquent à ce que origine et fin soient les agents provocateurs les plus féconds en théories déviantes et qu'elles aient suscité tout au long de l'âge

[19] *La Nouvelle Atlantide*, Paris, Garnier-Flammarion, 1995.

[20] « Qui se considérera de la sorte s'effrayera de soi-même et se considérant soutenu dans la masse que la nature lui a donnée entre ces deux abîmes de l'infini et du néant, il tremblera dans la vue de ces merveilles et je crois que sa curiosité se changeant en admiration il sera plus disposé à les contempler en silence qu'à les rechercher avec présomption. » ; PASCAL, *Pensées*, 72 (« Disproportion de l'homme »).

[21] C'est le grand astronome anglais Fred Hoyle, qui n'y croyait pas et qui, par dérision, a ainsi caractérisé cette théorie.

scientifique tout un peuple de savants fous. La question de l'origine des langues, par exemple, en a fourni un immense contingent chez qui les authentiques progrès du savoir linguistique se mêlent inextricablement aux rêveries délirantes, comme chez Brisset[22]. Aucune époque n'a cependant fantasmé avec une angoisse plus douloureuse sur la fin du monde, devenue certitude « scientifique », que la période fin de siècle. Rosny Ané a épouvanté les lecteurs en 1912 avec *La Mort de la Terre*, qu'avaient précédée les versions vulgarisées des théories de l'entropie dues à Lord Kelvin ainsi que les visions des poètes, ainsi Edmond Haraucourt dans « L'Agonie du Soleil », poème publié dans *L'Âme nue*, en 1885 :

> « La Terre est morte ; morts Uranus et Saturne ;
> Mars et Vénus, Pallas, Mercure et Jupiter,
> Tous morts : et dans l'effroi de leur route nocturne,
> Les spectres sidéraux gravitent sur l'éther.
>
> Dans leur pâleur cendrée, ils gravitent encore,
> Rapprochant du soleil leurs cycles somnolents ;
> Et l'aïeul qui n'a plus l'espoir d'aucune aurore
> Sent le feu génital s'éteindre dans ses flancs.
>
> Horreur ! Voici grouiller sur lui l'âpre vermine
> Des océans, des bois et des vivants furtifs :
> Un ennui moribond l'attarde ; il s'achemine,
> Et le vent frais l'endort dans des râles plaintifs.
>
> Qu'ils sont loin, les soleils ! Comme c'est froid, les brises !
> Et l'énorme mourant contemple avec mépris
> Le fantômal troupeau de ses planètes grises
> Qui tournent mornement autour d'un grand ciel gris. »

Pour Jean Richepin, c'est l'eau qui disparaîtra, ne laissant partout que le sel stérile, comme l'imagine *La Mort de la mer* en 1886 :

> « Enfin l'heure est venue où les suprêmes flots
> Dans l'océan suprême ont replié leur moire,
> Et les livres anciens gardent seuls la mémoire
> Des hommes d'autrefois qu'on nommait matelots.

22 Brisset, Jean-Pierre, *Œuvres complètes*, dont *La science de Dieu*, *Les Origines humaines*, *La Grammaire logique*, Dijon, Presses du Réel, 2001. Brisset y expose des théories selon lesquelles le secret des origines de l'homme doit être recherché dans l'analyse des mots de la langue française, selon des règles parfaitement excentriques.

Des centenaires fous, près des flaques dernières,
Disent avoir vu là des apparences d'eau
Où planait un brouillard comme un léger rideau.
Grenouilles coassant au fond sec des ornières,

On écoute râler leurs contes du vieux temps ;
Mais aux lieux désignés par leur geste débile
On ne distingue plus qu'une plaine immobile
D'où se sont envolés les nuages flottants.

Sous l'atmosphère dont le vide lourd accable
Plus rien ne bouge au ras du sol, au haut des airs,
Et le soleil tout nu verse sur ces déserts
Ses feux dévastateurs dans l'azur implacable.

Plus d'eau ! Plus de vapeurs ! Un hâle universel !
La plante se flétrit et l'animal se couche.
Le souffle moribond de la dernière bouche
Dans l'espace altéré se cristallise en sel.

La chair même n'a pas le temps de se dissoudre
En grasse pourriture où grouillent les ferments :
Le liquide pompé, tout devient ossements
Que le sel aussitôt encroûte de sa poudre.

Partout il se condense, il enveloppe, il mord,
Il tue, et cependant qu'il tue, il purifie ;
Car la mort ne doit plus putréfier la vie,
Car la vie a cessé de naître de la mort.

Et chaque jour il serre une autre bandelette
Autour du globe étreint sous son embrassement,
Pour le conserver pur incorruptiblement,
Suaire immaculé qui couvre un blanc squelette[23]. »

L'agitation à peine contenue sur ce terrain se poursuit d'ailleurs aujourd'hui sur celui des origines de notre espèce, avec de terribles dérapages quand les représentations religieuses s'en mêlent ou quand les fantasmes liés à toute évocation de l'animalité humaine interfèrent pour créer des hantises à l'idée qu'il y ait filiation dans le passé et parenté dans le présent entre les hommes et les singes. Quant aux fins, elles sont tous les jours en débat. Le prophétisme apocalyptique n'a pas disparu et prospère au contraire, y compris chez les scientifiques,

[23] Ces deux derniers exemples sont empruntés à LUMINET, Jean-Pierre, *Les poètes et l'Univers, Anthologie de textes poétiques sur le Cosmos*, Paris, Le Cherche-Midi, 1996.

qu'ils nous promettent l'avènement d'une autre humanité ou à l'inverse sa disparition, à coups de manipulations génétiques, de changements climatiques, de trous dans la couche d'ozone, etc.

La fiction contemporaine sait parfois admirablement relayer et clarifier tous ces enjeux en inventant des mondes imaginaires d'une effrayante réalité, là où la science-fiction traditionnelle est incapable de radicalité authentique. La post-humanité de Volodine[24], celle de Houellebecq, la Cosmopolis de De Lillo[25] sont le matériau des épopées contemporaines de la science devenue folle grâce au triomphe de la rationalité. Aucun des savants qu'on peut rencontrer dans ces fictions n'est fou : tous fonctionnent admirablement bien dans le monde que la science leur a façonné. Comme le paranoïaque qui ne se porte jamais mieux que dans les temps les plus chaotiques, le savant de l'avenir tout proche imaginé par la fiction vit comme un poisson dans l'eau dans un monde qui lui ressemble enfin. L'idéal moderne de l'organisation rationnelle de l'Homme et de la Nature est à portée de main : sa folie est notre raison[26].

[24] Cf. entre autres, Volodine, *Des Anges mineurs*, Paris, Le Seuil, 1999.
[25] De Lillo, Don, *Cosmopolis*, Arles, Actes Sud, 2003.
[26] Merci à S. Lévy pour ses remarques et suggestions.

Science et opinion publique

SAVOIRS À L'ŒUVRE

SAVOIRS À L'ŒUVRE / SAVOIRS À L'ŒUVRE / SAVOIRS À L'ŒUVRE / SAVOIRS À L'ŒUVRE / SAVOIRS À L'ŒUVRE / SAVOIRS À L'ŒUVRE / SAVOIRS À L'ŒUVRE / SAVOIRS À L'ŒUVRE

Bernadette Bensaude-Vincent

Mes réflexions sur les rapports entre la science et l'opinion publique ont puisé leur origine dans ma propre aventure de philosophe plongée dans le monde de la vulgarisation scientifique, lorsque j'ai participé à la conception de la Cité des sciences du parc de la Villette. Au fil des années, j'ai eu le loisir de mûrir une réflexion sur ce que pouvait signifier une telle entreprise, ce qu'elle dessinait comme rapports entre le monde des scientifiques et celui du public. J'ai donc essayé de dégager les présupposés de ce genre d'entreprise de vulgarisation et j'ai suivi depuis avec beaucoup d'intérêt l'évolution récente des rapports entre science et public, qui me semblent aujourd'hui en pleine mutation.

Le présupposé de toute entreprise de vulgarisation, comme celle du Palais de la découverte ou de la Villette, au sens classique du terme « vulgarisation », c'est l'existence d'un territoire, une sorte de no man's land, entre la science et le public. Depuis plus d'un siècle, cet espace a été envahi par diverses sortes de communication. Ce furent d'abord des conférences et des journaux de vulgarisation au XIXe siècle, des magazines, puis la vogue des musées, des observatoires, des jardins botaniques. Puis le relais a été pris par la radio, la télévision, le cinéma et désormais internet puisqu'une grande partie de la diffusion du savoir passe par internet.

L'entreprise se fonde et se justifie par le fait qu'il existe un fossé toujours grandissant entre d'un côté, des scientifiques, de plus en plus spécialisés, enfermés dans leurs laboratoires, confinés dans un jargon inaccessible au public et, de l'autre côté, un public qui n'y comprend rien. Il y a d'un côté ceux qui savent, et de l'autre côté, ceux qui ne savent pas.

Ce postulat — qu'il existe un fossé grandissant entre ceux qui savent et ceux qui ne savent pas — a été exposé d'une manière très ferme dès 1939, dans l'*Encyclopédie française* à l'article « Vulgarisation », signé de René Sudre. Il désignait quelque chose comme « une sorte de loi des trois étages du fossé ». Au commencement de la science moderne (XVIIe et XVIIIe siècles) on pouvait encore exposer la science de manière galante dans des entretiens avec une marquise. C'est ce que fit Fontenelle qui est toujours considéré, en France, comme le fondateur de la vulgarisation. Il y avait entre la science académique et le public une simple différence de style mais la marquise bien disposée pouvait très bien comprendre ce qu'il en était des rapports entre Descartes et Newton. Ensuite, d'après Sudre, cette différence de style est devenue, au XIXe siècle, avec la mathématisation du savoir, une différence de langue. D'où l'essor de la vulgarisation de masse qui est conçue comme une traduction des langues scientifiques en langue ordinaire, en langue vulgaire, en langue de tous les jours. Cette mission de traducteur est encore aujourd'hui la représentation que beaucoup de vulgarisateurs se font de leur mission. René Sudre ajoute un troisième temps : depuis le début du XXe siècle, la science a été en crise et sous l'effet de la théorie de la relativité et de la mécanique quantique, elle a engendré une nouvelle vision du monde qui ne correspond plus du tout à la vision du monde dans lequel nous vivons. L'espace-temps relativiste n'est pas l'espace-temps dans lequel nous vivons et du coup la différence n'est plus de style, elle n'est plus de langue, c'est carrément une différence de monde.

Cette idée a été très fortement martelée ; elle est encore aujourd'hui une idée qui fonde beaucoup d'entreprises de vulgarisation. Or, cette idée repose sur une méconnaissance de l'histoire des sciences car la science de l'âge classique, la science des XVII et XVIIIe siècles est déjà une science très mathématisée et elle n'est pas du tout intuitive. L'inertie n'est pas une notion intuitive et la relativité galiléenne non plus. C'est une science déjà très abstraite qui n'était pas du tout accessible au commun des mortels.

Mais surtout, cette notion d'un fossé sans cesse grandissant condamne la vulgarisation. En même temps qu'on pose la nécessité de la vulgarisation à cause de ce fossé (il ne faut pas que la science soit séparée du public), elle devient une mission impossible. Tant qu'il ne s'agissait que de traduire, cela pouvait aller encore mais, à partir du moment où l'on vit dans des mondes différents, il n'y a plus de traduction possible. C'est d'ailleurs le problème que j'ai rencontré dans la conception de la Cité des sciences : la vulgarisation était une entreprise tout à fait paradoxale et condamnée d'avance, qui nous obligeait à essuyer les sarcasmes des scientifiques-conseillers qui disaient que tout ce que nous disions était faux, que nous faisions du sensationnalisme, du journalisme et que nous ne faisions pas de la diffusion du savoir.

C'est le caractère paradoxal de la vulgarisation que je voudrais analyser ici. Voyons tout d'abord les conséquences auxquelles elle conduit.

Première conséquence : la vulgarisation est forcément une communication à sens unique qui part de la source du savoir (les laboratoires, les centres de recherche du CNRS, de l'Académie, de l'université) et va vers le public. Or, ce dernier est supposé purement passif, réceptif. Mais il doit être intéressé par la science, désirer la connaissance car le public de la vulgarisation n'est pas captif comme celui de l'école ; il doit être attiré vers la science. Celle-ci est toujours présentée comme une source en amont, séparée du public dans son mouvement d'avancée inexorable et autonome : on n'arrête pas le progrès, les scientifiques avancent, ils sont obligés de tenir le public au courant, informé, mais ils vivent à l'écart dans un autre monde.

Deuxième conséquence : le public est alors une population définie purement négativement, par défaut de savoir. Ceux qui ne savent pas. C'est une masse d'ignorants qui reçoit passivement la bonne nouvelle. Je prends à dessein cette expression de la bonne nouvelle, celle de l'Évangile, car le mot même de vulgarisation — qui s'est imposé au XXe siècle pour désigner cette diffusion du savoir — est emprunté à la Vulgate, traduction par saint Jérôme de la *Bible* en latin, d'un texte sacré, d'une bonne nouvelle qu'on allait annoncer aux profanes. Cette notion a à voir avec une sorte de sacralisation de la science, comme si elle était un texte comparable à la *Bible*. Cette revendication de la Vulgate est explicite chez Jean Rostand, qui fut un grand vulgarisateur dans les années cinquante.

Troisième conséquence : le public a de plus en plus besoin de science et de technologie mais il ne peut rien y comprendre. Le public se trouve sous tutelle car il ne peut pas comprendre ce qui se passe vraiment dans les laboratoires ; il ne peut pas penser par lui-même les sujets qui relèvent de la science. Il vit dans une autre sphère, dans un autre monde qui est celui de l'opinion. Or l'opinion (nous le savons depuis Bachelard) est l'obstacle, le paradigme de tous les obstacles à la science. Je cite cette phrase trop célèbre de Gaston Bachelard : « La science dans son besoin d'achèvement comme dans son principe, s'oppose absolument à l'opinion. S'il lui arrive sur un point particulier de légitimer l'opinion, c'est pour d'autres raisons que celles qui fondent l'opinion, de sorte que l'opinion a en droit toujours tort, l'opinion pense mal, elle ne pense pas, elle traduit des besoins en connaissance, on ne peut rien fonder sur l'opinion, il faut d'abord la détruire [1] ».

L'opinion se trouve dans la situation d'être en rupture totale (l'épistémologie de la rupture) avec l'esprit scientifique, celui-ci se forgeant et se formant contre le sens commun, en surmontant les obstacles de l'expérience immédiate, de la facilité et de l'émotion. Cette rupture avec le sens commun contraste avec les idées dominantes qui avaient présidé à l'essor de la vulgarisation au XIXe siècle, puisqu'elle se fondait au contraire sur ce credo, thématisé d'ailleurs par un philosophe, Auguste Comte [1798-1857], qui est que la science n'est que le prolongement du bon sens ou la continuation du sens commun par d'autres voies. C'est ce qui légitimait l'entreprise de science populaire dont on parlait alors, et c'est bien différent parce que la science n'était qu'un bon sens, un sens commun un peu plus élaboré.

[1] BACHELARD, Gaston, *La formation de l'esprit scientifique* [1938], Paris, Vrin, 1978.

En revanche, au début du XXe siècle, ce credo a été mis à mal par l'événement qu'a représenté la crise de la physique : ce sont les révolutions de la physique, la théorie de la relativité et la mécanique quantique qui ont imposé une rupture entre la science et l'opinion. On voit d'ailleurs que lorsqu'on proclame cette épistémologie de la rupture, ce qu'on appelle science, c'est la physique mais encore pas toute la physique, une certaine physique qui est la physique atomiste ou la physique relativiste ; comme si la science n'était plus désormais que la physique, et que les autres étaient oubliées.

Quatrième conséquence : le public qui reçoit la vulgarisation reçoit des résultats et non le raisonnement. On lui dit qu'il ne peut rien comprendre à la théorie d'Einstein, mais que le résultat est : l'espace et le temps dans lesquels nous vivons ne sont pas l'espace et le temps de la physique, que ce n'est pas le vrai espace, le vrai temps. Que nous apprend-on dans la vulgarisation de la mécanique quantique ? Qu'à l'échelle atomiste, il y a une interaction entre l'observateur et l'effet observé, que les électrons sont des ondes et des particules, qu'il est absolument impossible de se représenter mentalement tout ceci qui nous échappe de toute façon.

L'entreprise de vulgarisation nous transmet des résultats de manière autoritaire, dogmatique, mais elle efface tout ce qui légitime ces résultats, c'est-à-dire tout le trajet d'administration de la preuve, tout le parcours intellectuel et expérimental, qui ont conduit à remettre en question ce qu'il y avait auparavant et à valider à ces résultats. Je pourrai prendre aussi l'exemple de la biologie génétique. On nous dit que tout est programmé dans les gènes puis que ça ne l'est plus, qu'il y a des choses qui échappent : à nous de le croire.

Dans ces cas, la science se présente sous un dehors dogmatique, elle devient pour nous, public, un objet de croyance, on nous dit que c'est rationnel, scientifiquement fondé, que c'est appuyé sur des chiffres de source sûre, que nous n'avons qu'à l'accepter ; nous sommes dans un régime de savoir qui est celui de la croyance et plus nous lisons de vulgarisation, plus nous écoutons de conférences de vulgarisation, plus nous

nous installons dans ce régime de la croyance. La science prend dès lors un visage autoritaire qui est le corollaire obligé de la définition du public comme un public ignorant, qui vit dans l'opinion, qui ne peut pas penser. Si le public ne pense pas, la science est autoritaire.

Science autoritaire, public ignorant, incapable de penser, c'est le point que je voudrais souligner. Cet état de fait constitue une double menace : une menace non seulement pour le public mais également pour la science. Pourquoi ? Parce que l'activité scientifique requiert l'exercice de l'esprit critique. Historiquement, elle s'est développée par l'exercice de l'esprit critique contre la parole révélée (la parole religieuse) ou contre la parole imposée par le pouvoir monarchique et totalitaire. La science s'est développée aux XVIIe et XVIIIe siècles comme le libre exercice du jugement, en lutte contre les préjugés, les opinions toutes faites. C'était le message de Descartes, de Galilée qui, bien qu'il se fût incliné devant le tribunal de l'Inquisition, est sorti en disant « Et pourtant elle tourne ». Rien n'arrêtera la vérité scientifique qui procède de l'esprit critique.

Le développement de la science moderne est contemporain, solidaire du mouvement historique décrit par Jürgen Habermas, qui a constitué la sphère du public comme une instance politique entre la sphère privée de la maison (*l'oikos*) et la sphère du pouvoir (*agora*). Ce mouvement historique du siècle des Lumières, qui a abouti à la Révolution française, est aussi porteur de la révolution scientifique ; le mouvement des sciences et le mouvement politique sont un seul mouvement. La liberté de penser, l'exercice public de la raison sont les conditions de fonctionnement de la science. Il ne peut pas y avoir de science dans un régime autoritaire qui bannit le libre exercice de la pensée ; c'est une des conditions de la science et de la démocratie.

Supposera-t-on alors que l'exercice du jugement soit limité à la sphère des pairs, c'est-à-dire à la sphère des collègues, des scientifiques qui peuvent critiquer des arguments scientifiques que nous, public, nous ne pourrions pas critiquer ? Va-t-on accepter qu'on ne puisse pas du tout exercer notre esprit critique sur les résultats de la science ? Il serait aberrant bien sûr de soumettre au suffrage universel la vérité d'un théorème mathématique ; il y a ici un problème que je ne prétends pas résoudre. Il est certain que l'espace de la critique scientifique échappe au principe fondamental de la démocratie qui est la délibération publique, c'est-à-dire le vote, le suffrage universel. Il y a un problème qu'il nous faut assumer. D'autant plus que, si la science devient autoritaire, si elle s'enferme dans la sphère des pairs et qu'elle devient dogmatique, qu'elle se désintéresse totalement du public ou si elle se limite au public des pairs, alors elle me semble en danger. Elle risque de devenir une entreprise dogmatique, d'être perçue comme une secte, une chapelle et ce n'est pas bon pour la science.

Ce n'est pas bon non plus pour la démocratie car, si on accepte que la sphère de l'opinion publique s'arrête à tout ce qui est scientifique, que reste-t-il ? Que reste-t-il si la sphère des délibérations publiques s'arrête à tout ce qui est choix scientifiques et techniques ? Nous serons toujours mis devant le fait accompli et le régime démocratique sera en passe de devenir une technocratie. Cette relation très forte qu'il y a entre science, démocratie et exercice de l'esprit critique comme fondateur des deux, et le danger que cela représente pour la démocratie ont été remarquablement décrits à la fin du XVIIIe siècle par Kant dans un opuscule très célèbre qui était un petit pamphlet en réponse à un concours qui s'intitulait *Qu'est-ce que les Lumières ?*. Il y soulignait combien l'exercice de la raison requiert un public éclairé. L'exercice de la raison et le public éclairé sont la condition d'un régime de liberté aussi bien de la pensée que de la société. Il y dénonce l'attitude de renoncement du public comme dangereuse. « Il est si commode de vivre sous tutelle, il n'est pas nécessaire de penser si je peux payer, d'autres assumeront à ma place cette fastidieuse besogne ». Je n'ai pas besoin de comprendre, d'essayer de penser si je peux payer un médecin, un expert pour penser à ma place. Aujourd'hui, je peux très bien me dispenser de penser : quand mon ordinateur ne marche pas, j'appelle un expert qui me change la boîte et me dit d'en racheter une. Il ne pense pas, il change une boîte noire contre une autre boîte noire. Quand ma santé défaille, je vais voir un médecin qui me dit qu'il faut opérer et je n'ai pas besoin de chercher à penser, j'obéis. J'obéis et ce renoncement, cette paresse du savoir constitue une menace pour l'activité scientifique elle-même et pour la démocratie, c'est-à-dire pour la vie des citoyens ; d'où l'injonction que lançait Kant : « Il faut oser savoir ». Kant avait très bien perçu ce cercle vicieux infernal, c'est-à-dire que si l'on a un public passif, on a aussitôt une science autoritaire et dogmatique. La démocratie est en danger autant que le progrès des sciences.

Le tableau que j'ai jusqu'ici esquissé est relativement peu optimiste car on ne sort pas du cercle infernal : science dogmatique/public passif, public condamné à l'ignorance, public condamné à payer pour que des gens pensent à sa place. Est-il possible d'en sortir ?

Oui, c'est possible et on commence à le faire parce qu'il faut, une fois pour toutes, remettre en question les présupposés même de la vulgarisation telle que nous l'avons connue au XXe siècle. L'idée d'un partage entre ceux qui savent et ceux qui ne savent pas ne tient pas la route, dès qu'on la soumet à examen. La situation est beaucoup plus complexe si on considère ce qu'il se passe, de part et d'autre, de ce prétendu fossé. D'une part, regardons du côté des scientifiques. Ils vivent confinés dans leurs laboratoires mais ce ne sont pas des demi-dieux, ils ne viennent pas d'une autre planète, ce sont des citoyens comme les autres qui mangent, consomment des biens, tombent malades et, dans tous les cas, ce sont des sujets qui pensent, votent, qui ont des goûts, des opinions. Un scientifique, comme chacun de nous, membre du public, appartient et vit dans plusieurs mondes à la fois ; il ne quitte pas son moi quand il revêt sa blouse blanche le matin en entrant au laboratoire, il reste avec ses passions, ses haines, ses soucis d'argent, il agit politiquement dans sa science. Le scientifique n'est pas à l'écart du public, il fait aussi partie du public en tant que citoyen.

D'autre part, le savoir qu'il ou elle possède est terriblement limité. Plus un scientifique est avancé, plus il est spécialisé, plus son domaine de compétence est limité. Il est maître peut-être, mais d'un tout petit domaine qui est très technique, et à la limite, plus il est avancé plus il est ignorant du reste. Un bon bachelier en sait sans doute plus qu'un Prix Nobel aujourd'hui, au sens où il a un peu des vues de tout, car pour passer le baccalauréat il faut avoir un peu de connaissances dans tous les domaines. Malheureusement, on s'empresse d'oublier tout ce qu'on a appris. Plus on est savant, plus on est spécialisé, plus on est ignorant, tel est le paradoxe de l'ignorance : plus la science avance, plus l'ignorance avance. L'ignorance est galopante, elle croît beaucoup plus vite que le savoir. Il y a une incommensurabilité même entre l'ignorance et le savoir. La science d'aujourd'hui représente quelques petits îlots, fragiles esquifs dans un océan d'ignorance qu'on ne peut même pas se représenter parce qu'il est infini alors que le savoir est fini.

Regardons maintenant ce qui se passe de l'autre côté, du côté du public. Ce public, c'est vous et moi, c'est nous tous. Nous sommes des êtres humains et, à ce titre, dotés de raison, de passions tout comme les scientifiques, et nous savons, depuis Descartes, que le bon sens est la chose au monde la mieux partagée. Or, la faculté de penser et de juger qui appartient à chacun n'est pas inhibée chez 99 % de la population qui ne fait pas profession de science. Les uns savent des choses mais le public aussi a son propre savoir : les uns savent résoudre des équations, les autres savent faire la tarte tatin ; les uns savent diagnostiquer une maladie, les autres savent tailler la vigne ; les uns savent synthétiser les molécules, les autres savent faire le ménage. Nous sommes tous des hybrides de savoir et d'ignorance. Chacun de nous, à proportion de son expérience, est un expert dans quelque chose. Le mot expert vient de là : de quelqu'un qui a de l'expérience, un savoir acquis dans l'expérience.

Cette expertise du public n'est pas reconnue, elle est méprisée uniquement parce qu'elle repose sur l'expérience vécue, sur l'expérience par essais et erreurs que nous avons tous faite dans notre vie. On lui dénie le droit d'être un savoir légitime mais nous avons tous des savoirs. Chacun, à proportion de son expérience, a un savoir. Le fossé est une illusion. Il n'y a pas de fossé, il y a une distribution des savoirs, une cartographie des savoirs qui sont qualitativement différents mais, quantitativement, tout le monde a un peu de savoir.

Est-ce à dire que tous les savoirs se valent ? Est-ce à dire que l'avis du paysan, de mon marchand de vin vaut celui d'un ingénieur en météorologie nationale ou d'un biologiste généticien ? Est-ce à dire que le traitement d'un rebouteux de village qui fait un diagnostic avec un pendule vaut celui d'un spécialiste de l'hôpital ? J'agite là le spectre du relativisme qui a déclenché la guerre des sciences tout récemment. Il fait très peur au monde des sciences et je voudrais ici lever une équivoque qui est à l'origine de ce relativisme. Pour ce faire, rien n'est mieux que de revenir aux sources de la philosophie grecque, à Platon qui a essayé de tenir tête au relativisme des sophistes dans la cité grecque antique.

Pour essayer de faire taire les sophistes, qu'a fait Platon ? Il a distingué des concepts qu'on oublie de distinguer aujourd'hui. L'idée d'un fossé entre savants et ignorants repose sur une confusion entre deux choses bien différentes : d'une part, l'ignorance et, d'autre part, l'opinion (*doxa* en grec) qui est précisément le concept inventé par Socrate et Platon pour tenir tête aux sophistes.

Qu'est-ce que l'ignorance ? C'est le contraire du savoir, c'est un zéro de savoir, c'est une notion quantitative. L'ignorance ce serait, et cela n'existe pas (ou seulement comme une entité conceptuelle), le zéro de savoir tandis que le concept de *doxa* forgé par Platon est un médiateur, un milieu entre l'ignorance et le savoir. L'opinion, *doxa*, est intermédiaire entre l'ignorance et l'*épistémè* (la science). Cette notion d'opinion renvoie non pas à une notion quantitative de savoir mais à une notion qualitative. Dans l'esprit de Platon, l'opinion — le régime de savoir de nous tous prisonniers de la caverne par opposition au philosophe qui est sorti de la caverne et a accès à la vision directe des réalités qui sont idées — n'est pas du tout un zéro de savoir, c'est une forme de savoir. Il est inférieur, dit Platon, au savoir scientifique par rapport à une échelle de connaissances dans le régime de la cognition. Oui, l'opinion est inférieure.

Mais attention : ni Socrate, ni Platon, bien qu'ils essaient de tenir tête au relativisme des sophistes, n'ont disqualifié la *doxa* (l'opinion). Elle est utile pour vivre et c'est une forme de savoir. Plutôt que de commenter le fameux texte de la République, je raconterai une anecdote qui est celle que rapporte Socrate à propos du mathématicien Thalès, réputé comme le fondateur de la science grecque. Il était déjà, à l'époque de Socrate, l'objet de légendes.

La légende qui est rapportée est la suivante. Thalès vivait dans la bonne ville de Milet, colonie grecque en Asie Mineure. « Il observait les astres et comme il avait les yeux au ciel il tomba dans un puits. Une servante de Thrace, fine et spirituelle, le railla en disant qu'il s'évertuait à savoir ce qu'il passait dans le ciel et qu'il ne prenait pas garde à ce qui se trouvait devant lui, à ses pieds. La même raillerie s'applique à tous ceux qui passent leur vie à philosopher. Il est certain, en effet, qu'un tel homme ne connaît ni proches, ni voisins, il ne sait pas ce qu'ils font, il sait à peine si ce sont des hommes ou des créatures d'une autre espèce. Mais qu'est-ce que peut être l'homme et qu'est-ce qu'une telle nature doit faire supporter qui la distingue des autres êtres ? Voilà ce qu'ils cherchent et peinent à découvrir ».

Cette légende de Thalès et le commentaire qu'en fait Socrate, me paraissent très intéressants parce qu'ils nous montrent que le fossé était déjà à l'origine de la science grecque. La servante rieuse qui se moque de Thalès et celui-ci vivent dans la même ville, respirent le même air, marchent dans la même rue, mais ils vivent dans deux mondes séparés, c'est-à-dire que le fossé ontologique entre deux mondes était déjà là. On nous raconte qu'il est grandissant, qu'il est une conséquence du progrès des connaissances. Mais pas du tout : il est fondateur, il existe dès l'origine. Ce fossé ne signifie pas qu'on condamne, qu'on disqualifie pour autant le savoir de l'opinion. La servante prend ses distances à l'égard du savoir de Thalès. Il a le savoir du ciel, elle a le savoir de la terre. Il sait ce qu'eﬆ l'homme mais il ne regarde même pas la beauté de la servante qui eﬆ en face de lui, il ne sait même pas si c'eﬆ une femme ou un homme. Elle ne comprend rien aux recherches de Thalès, elle ne cherche même pas à les comprendre apparemment, mais elle sait aller chercher de l'eau, ne pas tomber dans le puits. Elle a un savoir local, il a un savoir général. Elle a un savoir terre à terre, un savoir orienté vers la vie et la pratique.

C'eﬆ cette diﬆinction entre local et global, général et particulier, théorique et pratique qui définissait, dans la cité grecque, deux régimes de savoirs qui cohabitent dans un même espace. Il n'y a pas en Grèce de cité possible sans cette hétérogénéité des savoirs. Les uns nourrissent, les autres sont les guerriers qui protègent, les philosophes pensent et ce pluralisme des savoirs eﬆ ce qu'ont essayé de fonder les philosophes grecs dans la démocratie grecque. Il me semble que cette notion de pluralisme des régimes de savoirs eﬆ importante. Nous avons à la mettre en œuvre aujourd'hui.

Depuis les années quatre-vingt, à l'époque où a été conçue la Cité des sciences et de l'induﬆrie sur un modèle de vulgarisation très traditionnel, à sens unique, de la source pure des sciences vers le public ignorant, il s'eﬆ passé beaucoup de choses. En particulier, il s'eﬆ passé une réhabilitation de la notion de *sciences citoyennes*, le réveil du public sous le drapeau de l'opinion publique.

On eﬆ en train de réhabiliter l'idée que le public n'eﬆ pas un public passif qui reçoit la parole, la bonne nouvelle des scientifiques, mais que le citoyen veut décider des choix politiques et technologiques. On ne veut plus être mis devant le fait accompli : par exemple, avoir des centrales nucléaires qui risquent de nous contaminer. On ne veut plus croire que le nuage de Tchernobyl s'eﬆ arrêté au Rhin, on nous a menti et ce fut un événement déterminant. Ce mouvement de sciences citoyennes eﬆ né des problèmes de pollution atmosphérique et des accidents, comme tout récemment l'explosion de l'usine AZF à Toulouse, ainsi que des problèmes de vache folle. Il y a un réveil de l'opinion publique qui se traduit à travers des institutions qui ont pignon sur rue, notamment les conférences de consensus.

Elles ont débuté au Danemark et en Europe du Nord. C'est un modèle de diffusion des savoirs qui n'est plus du tout à sens unique, qu'on appelle en France les conférences citoyennes. Elles consistent, sur un thème donné, comme les OGM ou le changement climatique, à réunir un panel de citoyens choisi comme représentatif de toutes les catégories sociales et professionnelles, volontaires et qui acceptent pendant deux week-ends une sorte de formation avec des experts sur un sujet donné. Ils sont mis au niveau en ce qui concerne les connaissances sous forme interactive. Les experts répondent à leurs demandes, à leurs questions, à leurs angoisses sans que ce soit sous forme de cours. Au terme de ces deux week-ends, il y a une réunion publique avec un public plus large et de cette réunion émane un texte qui, au Danemark, est diffusé dans tous les médias (télévision, journaux), comme une sorte de mise au point reprenant l'état du problème, les dangers, les risques et les choix politiques suggérés. Ce mécanisme d'intéressement des citoyens me paraît très important quel que soit le sujet : l'environnement, la biologie, la santé… Au Danemark, ce texte est soumis à l'Assemblée nationale pour être débattu. En France, les conférences de consensus de 1998 et de 2002 n'ont pas été débattues à l'Assemblée nationale.

Un autre mode d'implication de l'opinion publique aujourd'hui bien établi en France sont les cafés des sciences qui restaurent la sociabilité du siècle des Lumières. Le café est un lieu où l'on discute, où l'on débat avec des gens de toutes conditions, où il n'y a pas un expert qui délivre la bonne parole. Ils fonctionnent bien et c'est un pas énorme qui a été fait. Que reste-t-il à faire ? À mes yeux, il faut encore aller plus loin. Il ne suffit pas de restaurer ce concept d'opinion publique que nous avons hérité du siècle des Lumières. Il faudrait en plus restaurer le concept antique de la *doxa*. C'est un concept pertinent parce qu'il offre une pensée alternative de la science, une pensée autre, différente, reconnue dans sa différence, qui n'est pas disqualifiée, qui a à être écoutée et prise en compte dans la construction du savoir. C'est reconnaître que l'opinion est une forme de connaissance adaptée à des intérêts spécifiques et c'est important. C'est ce que je tire de la légende de Thalès.

L'opinion a un champ de validité limité mais il faut aussi reconnaître les limites respectives de tout champ. La science aussi a un champ de validité limité. La science qui se fait en laboratoire est capable de résoudre les problèmes qu'elle se pose, mais ceci ne veut pas dire qu'elle est capable de résoudre les problèmes qui se posent à nous, citoyens, ou à nous citoyens de la planète. Je prends comme exemple le problème du réchauffement de la planète ou du climat : il n'y a pas un scientifique qui soit capable de le traiter aujourd'hui dans son intégralité. Un chimiste saura donner son avis sur les émissions de CO_2, un géophysicien saura donner son avis sur autre chose, un climatologue saura donner son avis sur encore autre chose, etc., mais nul n'est capable de donner un avis d'expert. Quand ils donnent un avis d'expert, ils débordent toujours de leur champ de compétence et ils parlent en tant que citoyens qui ont la faculté de juger, qui raisonnent et qui connaissent les limites de leurs savoirs.

C'est la raison pour laquelle il y a aujourd'hui des divisions très fortes au sein de la communauté scientifique sur ce genre de problèmes. La science reconnaît ses propres limites, elle reconnaît à cet égard qu'il faut faire face aux problèmes du laboratoire-monde, qui font que ce qui se passe aujourd'hui à Tchernobyl peut avoir un impact sur tout le monde, que ce qui se passe si l'on cultive des OGM dans le nord de l'Amérique peut avoir des répercussions en Amérique Latine, etc. Tout ces problèmes réclament une réforme de nos pratiques de la science, un investissement du public dans la science. C'est également reconnaître cette réhabilitation de la *doxa*, c'est reconnaître que la science est un savoir aussi intéressé que la *doxa*. Il n'y a pas d'un côté, comme le prétendait Bachelard, la science du vulgaire, l'opinion qui est toujours intéressée et de l'autre côté une science pure et désintéressée qui n'obéirait à aucun intérêt, à aucune passion.

Soyons sérieux : est-ce qu'un scientifique passerait des heures à faire des équations, à faire et refaire encore la même manipulation, s'il n'était pas animé d'un intérêt et d'une passion ? Que ce soit l'ambition de faire carrière, d'être reconnu ou la passion tout simplement de comprendre. La science est passionnée, intéressée et ce qu'il faut reconnaître aujourd'hui, ce que la servante de Thrace nous a appris, c'est que Thalès a sa propre passion, il s'intéresse au ciel, se désintéresse de la terre mais il est aussi intéressé que la servante de Thrace. Le concept de *doxa* est vraiment à considérer et à réhabiliter, si on arrive à mieux comprendre les problèmes et à mieux gérer les rapports entre science et public.

Pour conclure je dirai que j'ai, au fil de cette critique de la vulgarisation classique, mobilisé plusieurs concepts de science et plusieurs concepts de public :

1) La vulgarisation au sens classique mobilise le concept de public auquel nous sommes habitués, surtout dans la société de consommation, parce que c'est son concept : le *public*, qui est l'objet des sondages, c'est-à-dire un public de consommateurs, consommateurs de science sous forme de vulgarisation, de musées, consommateurs d'objets techniques sous forme de consommation des prouesses technologiques. À ce visage du public correspond un visage de la science qui devient, par la force des choses, autoritaire et dogmatique.

2) Le concept de Kant, celui d'Habermas, le concept d'*opinion publique* qui est né au XVIIIe siècle alors que l'autre est né avec la société de consommation au XIXe siècle, avec le développement du capitalisme et de la société marchande. Ce concept d'opinion publique, qui est en train d'être réhabilité, d'être ravivé parce qu'il était mort sous l'empire de la consommation effrénée, ce concept est solidaire d'une science qui mobilise le public dans son développement. C'est ce que Kant appelait « l'exercice public de la raison » : c'est l'esprit critique dans la science qui mobilise le public. La science a besoin d'être titillée, tiraillée par le public et contestée. La science a besoin qu'on lui demande des comptes

et il eſt très intéressant que ce concept d'opinion publique soit en train de ressusciter de ses cendres.

3) Le concept de *doxa* qui a été inventé par les philosophes grecs, et qui eſt un médiateur entre science et ignorance. L'opinion eſt reconnue dans sa différence comme la culture ou même la vertu propre des citoyens qui acceptent leur ignorance. Ce concept peut déboucher sur une société enfin démocratique qui serait une société dans laquelle il y aurait le respect du pluralisme des opinions et le respect du pluralisme des savoirs dans l'espace social et politique.

La technoscience est-elle soluble dans la démocratie ?

SAVOIRS À L'ŒUVRE

SAVOIRS À L'ŒUVRE / SAVOIRS À L'ŒUVRE / SAVOIRS À L'ŒUVRE / SAVOIRS À L'ŒUVRE / SAVOIRS À L'ŒUVRE / SAVOIRS À L'ŒUVRE / SAVOIRS À L'ŒUVRE / SAVOIRS À L'ŒUVRE

Jean-Marc Lévy-Leblond

Il n'est guère de problèmes parmi les plus graves de ceux que l'humanité doit régler où la science ne soit mêlée — qu'on lui demande de les résoudre, qu'on la consulte pour les éclairer ou qu'on l'accuse de les avoir créés, et souvent le tout ensemble : réchauffement planétaire, maladies émergentes, pollutions diverses, organismes génétiquement modifiés, prolifération nucléaire, etc. ; la liste est aussi longue que banale. Aussi doit-on se demander si les formes démocratiques de l'organisation sociale, en lesquelles nous voulons toujours croire, sont bien à même de répondre à ces défis.

Il y a peu, la question semblait sans objet, une réponse affirmative découlant, « par hypothèse », comme disent les géomètres, de l'idée que nous avions de la science. Le grand projet des Lumières, ce beau rêve dont nous commençons à peine à nous éveiller, nous laissait croire à une alliance naturelle et constitutive entre science et démocratie. Sur les façades de nos monuments, derrière les trois mots de notre généreuse devise, « Liberté-Égalité-Fraternité », nous en lisions un autre en filigrane : Vérité, qui, d'emblée, garantissait les fondements de ces valeurs, et, bientôt, un autre encore, Efficacité, qui nous assurait de les pouvoir réaliser.

Contre les superstitions et les illusions qui bridaient le progrès humain, allait se dresser l'objectivité de la connaissance scientifique, dissipant sans retour, partout où atteignait sa lumière, l'ignorance asservissante. Non contente de nous éclairer sur le monde naturel, la science allait aussi nous dire le vrai sur l'homme et sur la société, fondant en droit et assurant en fait la possibilité de transformer et l'un et l'autre, de façon doublement juste, aux sens désormais confondus de la justesse et de la justice.

Car, issu tout naturellement du progrès de nos connaissances scientifiques, se développait celui de nos capacités techniques. Nous rendant « comme maîtres et possesseurs de la nature », et donc aussi de notre nature humaine, le progrès technique, éradiquant la faim, le froid, la misère, assurerait le progrès économique, lequel garantirait le progrès social, politique et, forcément, moral. C'était bien à la science qu'il était demandé de cautionner la possibilité même d'une société libre, égale et fraternelle, en nous démontrant la « faisabilité », comme on dit aujourd'hui, d'un projet aussi utopique. Pour qui croirait que ces thèses sont des caricatures inventées a posteriori, schématisant à outrance l'esprit des Lumières, il vaut la peine de relire l'article « Géomètre » de *L'Encyclopédie*, dû à D'Alembert (et l'on se souviendra que, dans son acception d'époque, la géométrie couvre l'essentiel des mathématiques) : « On n'a peut-être pas encore prêté assez d'attention [à] l'utilité dont cette étude [de la Géométrie] peut être pour préparer comme insensiblement les voies à l'esprit philosophique, et pour disposer toute une nation à recevoir la lumière que cet esprit peut y répandre. C'est peut-être le seul moyen de faire secouer peu à peu à certaines contrées de l'Europe le joug de l'oppression et de l'ignorance sous laquelle elles gémissent [...]. Faîtes naître, s'il est possible, des géomètres parmi ces peuples ; c'est une semence qui produira des philosophes avec le temps, et presque sans qu'on s'en aperçoive [...]. Bientôt l'étude de la Géométrie conduira [...] à la vraie Philosophie qui par la lumière générale et prompte qu'elle répandra, sera bientôt plus puissante que tous les efforts de la superstition[1]. »

Que l'on ne sourie pas trop vite de ces naïvetés. Elles étaient au principe même de presque tous les courants de la pensée politique, du libéralisme extrême au marxisme strict, il n'y a pas si belle lurette. Et pour moins triomphaliste qu'elle soit, la tentation scientiste reste sous-jacente ; l'« appel de Heidelberg » et son écho sont là pour en témoigner[2]. C'est que la science

[1] *L'Encyclopédie ou Dictionnaire raisonné des Sciences, des Arts et des Métiers*, Neufchâtel, 1779, 3e édition, XVL, p. 41.

n'a pas seulement offert aux idéologies du progrès des arguments — elle leur a également proposé un modèle. Quelle autre activité humaine, en effet, a pu jusqu'ici se targuer, sans contestation sérieuse possible, d'une progressivité réelle ? On peut débattre à l'infini si nous avons une vie matérielle plus agréable, si notre culture artistique est supérieure, si notre spiritualité est plus riche, si nos relations humaines sont plus intenses que dans telle ou telle des civilisations qui nous ont précédés. Que notre savoir soit plus étendu, plus profond et plus efficace que dans toutes ces civilisations, cela en tout cas n'est pas discutable.

Qui plus est, non seulement la science serait le parangon du progrès, mais aussi celui de la démocratie. La « république des savants » offrirait un modèle de cité idéale : égalitaire et juste, elle ne connaîtrait aucun privilège de rang ou de fortune ; les arbitrages s'y feraient par accord mutuel, les conflits s'y régleraient par le consensus. Les victoires y étant celles de la vérité et de l'objectivité, comment ne seraient-elles pas reconnues et acceptées par tous ? La « communauté scientifique », comme on dit, serait une sorte de Jérusalem laïque, montrant à toute l'humanité qu'il est possible d'instaurer des relations sociales transparentes et pacifiées. C'est en ce sens, donc, que le rapport entre science et démocratie serait intrinsèque et constitutif.

Là encore, que l'on n'ironise pas trop vite sur l'angélisme de cette vision. Certes, elle est désormais quotidiennement mise à mal par les faits. Que des querelles acharnées, où se mêlent enjeux de notoriété personnelle, de gloriole nationale, de politique industrielle, opposent sans merci de grands pontes de la recherche scientifique, les journaux nous le font désormais savoir. Que, pour les mêmes raisons, les manquements à l'éthique scientifique soient monnaie courante (stricto sensu, souvent), que la fraude soit maintenant une composante reconnue de l'activité des laboratoires[3], que les effets d'annonce spectaculaires précèdent souvent et parfois remplacent tout de bon les méticuleuses publications spécialisées, tout cela est aussi

[2] Voir « Le pavé de Heidelberg », in LÉVY-LEBLOND, Jean-Marc, *La pierre de touche*, Paris, Gallimard, Folio-Essais, 1996, pp. 60-66.

[3] BROAD, William J., WADE, Nicholas, *La souris truquée : enquête sur la fraude scientifique*, Paris, Le Seuil, « Science ouverte », 1987.

de notoriété publique ; les périodiques professionnels, tels *Nature* ou *Science*, après avoir longtemps ignoré puis rapporté du bout de la plume, et ensuite dénoncé dans des éditoriaux moralisateurs ces faits, y consacrent maintenant avec une assez froide tranquillité autant de pages que la presse courante aux « affaires » politico-financières.

Il s'en faut pourtant que l'image idéale de la science en soit encore atteinte. Prévaut la conception selon laquelle il s'agit là de « dérapages », de « scandales », de « dérives », dont seraient coupables certains individus, mais qui ne sauraient mettre en cause la nature même de la cité scientifique — laquelle, justement, démontrerait sa capacité à maintenir son essence démocratique en faisant, sans intervention extérieure, sa propre police et en éliminant ses brebis galeuses.

On aboutit ainsi à une situation paradoxale. Au moment même où l'activité scientifique se révèle commune, marquée comme toutes les autres activités sociales par la primauté de l'économique, par la division du travail, par l'emprise des médias, s'en maintient — combien de temps encore ? — une représentation fantasmatique, comme d'un monde à part, enclave — au moins quant à ses principes — de justice et de vérité. Le comble du paradoxe est atteint dès lors que cette prétendue essence démocratique de la science la protège contre la soumission aux règles démocratiques générales. Une preuve, parmi tant d'autres, en est fournie par l'hégémonie à peu près totale dont jouissent les médecins et les biologistes au sein des divers comités d'éthique biomédicale, à commencer par le Comité national d'éthique où quelques politiques, philosophes ou « représentants des grands courants de pensée » ne font guère le poids par rapport aux spécialistes. Les procès des dirigeants du Centre national de la transfusion sanguine et l'ensemble du débat juridique autour de l'affaire du sang contaminé ont également illustré, par leur caractère exceptionnel déjà, puis par les témoignages qu'ils ont permis sur une institution technoscientifique exemplaire, le découplage dont jouissait cette institution par rapport à la sphère du politique : les ministres « n'étaient pas au courant », « faisaient confiance aux experts »[4]... Un tel statut d'extraterritorialité démocratique est sans exemple : même l'armée, de nos jours, est assujettie à un contrôle politique autrement plus serré.

Mais si la science, dans sa pratique, ne peut plus guère prétendre à offrir ce modèle de démocratie effective dont nous aurions tant besoin, elle ne nous conforte guère plus, à bien considérer son histoire récente, quant aux arguments généraux, celui de la vérité et celui de l'efficacité, sur lesquels nous espérions fonder une conception progressiste de l'histoire humaine en général.

On ne saurait, certes, nier la capacité de notre savoir à devenir pouvoir, fondée sur l'existence de ces médiations complexes qui permettent à nos théories de se faire pratiques, aux notions les plus abstraites de s'incarner en objets matériels quotidiens : chacun sait comment les ésotériques formules d'Einstein sur l'émission stimulée quantique ont permis le développement des disques compacts à lecture laser, ou comment l'analyse des mécanismes moléculaires de l'hérédité débouche sur le traitement inédit de certaines maladies ou la fabrication de nouveaux médicaments. Cet engrenage n'est pas si ancien qu'il aille de soi : si la science, au sens où nous l'entendons, est née au XVIIe siècle, et si l'une des sources de son émergence se trouve dans la beaucoup plus ancienne activité technique de l'humanité, ce n'est pas, à proprement parler, avant la seconde moitié du XIXe siècle que s'est fait sentir avec quelque ampleur la fécondation, voire l'engendrement, des techniques par les sciences. Depuis, le couplage s'est resserré au point qu'il est devenu parfaitement artificiel aujourd'hui de distinguer recherche (fondamentale) et développement (appliqué). C'est donc à bon droit que l'on désigne par « technoscience » cette sphère unifiée où circulent et s'échangent idées et objets, expériences et produits, chercheurs et ingénieurs.

Pour autant, il faut prendre la pleine mesure d'une autre dimension de cette évolution qui distendait les liens entre science et technique en même temps qu'elle les étendait. On peut — on doit — affirmer aujourd'hui *à la fois* que

[4] HERMITTE, Marie-Angèle, *Le sang et le droit : essai sur la transfusion sanguine*, Paris, Le Seuil, « Science ouverte », 1996.

de plus en plus d'innovations technologiques trouvent leur origine dans des découvertes scientifiques, *et* que de moins en moins de découvertes scientifiques donnent lieu à innovation technologique. L'impétueux développement, jusqu'à une période récente, du secteur de la recherche scientifique, l'accroissement de ses moyens matériels et humains ont permis simultanément l'irrigation du champ industriel et l'autoconsommation par la science de résultats sans retombées effectives. D'un accroissement réel de la production de connaissances scientifiques montrant une utilité technique effective, ce serait un paralogisme que de conclure à l'accroissement parallèle de la productivité de ces connaissances. Comme dans les secteurs plus anciens de la production industrielle, la loi des rendements décroissants est à l'œuvre. Masquée tant qu'a duré la période d'expansion continue de la recherche, elle sous-tend la crise latente que connaît dorénavant ce secteur.

C'est que les conditions économiques et sociales nécessaires à la transformation d'une invention en innovation, d'une découverte en réalisation, ne sont remplies qu'en des temps et des lieux bien restreints. Et le contraste est toujours plus grand de nos jours entre ce que l'on *pourrait* faire en utilisant les ressources scientifiques et techniques et ce que l'on *ne peut pas* faire faute de moyens financiers et politiques. En finir avec la faim dans le monde ne dépend plus de l'agronomie, éradiquer les maladies parasitaires endémiques n'est plus du ressort de la médecine, vêtir et loger chacun ne relève plus de la science des matériaux. L'on s'en voudrait d'avoir à rappeler ces banalités si tant de prix Nobel ne cherchaient encore à nous persuader que la science et la technologie détiennent les clés du progrès économique et social — selon les termes de l'appel de Heidelberg déjà cité.

Il y a plus ; ce ne sont pas seulement les conditions externes (façon de parler, bien sûr) à l'activité scientifique qui lui imposent de sévères limites, mais sa nature même à présent : tous les maillons de la chaîne épistémologico-technique désormais se distendent. De plus en plus nombreux sont les phénomènes que l'on sait observer sans pour autant les comprendre, les comprendre sans pour autant les reproduire, les reproduire sans pour autant les transformer. Si les connaissances scientifiques acquises jusqu'au début de ce siècle ont toutes été plus ou moins intégrées dans des développements techniques (qu'il s'agisse de la mécanique, de l'électricité, de la chimie, de la microbiologie, etc.), il est parfaitement déraisonnable d'espérer dorénavant que, à échéance prévisible et pertinente (disons quelques décennies), la majeure partie de nos subtils théorèmes d'analyse fonctionnelle, de nos profonds aperçus sur la cosmologie primordiale, de nos étonnantes théories sur les quarks subnucléaires, de nos délicates études de génétique moléculaire, aient quelque « retombée » que ce soit. Cela ne contredit en rien, bien sûr, le fait assuré que certaines de ces découvertes trouveront de tels débouchés sans doute capitaux. Et, de toute façon, cette assertion n'est qu'un énoncé de fait et ne saurait suffire à porter un jugement de valeur sur la science contemporaine, pour lequel il faudrait d'abord expliciter les critères à convoquer.

Nous voici donc forcés de reconnaître que seule une vision bien myope dans le temps (la fin du siècle dernier) et dans l'espace (le monde occidental) a pu nous laisser accroire que l'indéniable progrès scientifique pouvait offrir à la fois un fondement et un exemple à la vérité et à l'efficacité conjointes par quoi nous souhaitions garantir le choix démocratique. C'est que nous avons commis l'erreur banale de considérer comme essentielles et permanentes des qualités circonstancielles et temporaires. Car la science, certes, a incarné des valeurs libératrices — et peut encore, ici ou là, les soutenir. Contre l'autorité dogmatique de l'Église, contre le despotisme politique, la vertu critique de la science aux XVIIe et XVIIIe siècles ne fut pas mince. Le procès de Galilée non plus que les combats des Encyclopédistes ne sauraient être oubliés ou déconsidérés. Mais c'était précisément de sa jeunesse, de sa fragilité, de son immaturité même, que la science tenait cette capacité offensive. En leur commune adolescence, oui, science et démocratie avaient partie liée. Il n'y a de liberté, d'égalité et de fraternité que, toujours à regagner, contre les pouvoirs dominants. Avant que de réussir son intégration sociale, la science, par ses appels à une raison critique, par ses charges contre des formes de savoir caduques, par l'expression aussi qu'elle permettait de forces sociales nouvelles, fut une précieuse alliée du mouvement vers la démocratie. Et l'établissement même des premières formes d'États démocratiques (encore qu'ils le fussent de façon bien limitée...) coïncida avec l'institutionnalisation définitive et généralisée de l'activité scientifique. Elle allait *ipso facto* perdre l'essentiel de sa force critique et ne plus servir, sur le plan idéologique, que d'alibi aux nouveaux pouvoirs. Sans doute l'âpre bataille que connut la fin du siècle passé autour de la théorie darwinienne de l'évolution fut-elle le dernier combat progressiste d'ampleur mené par une science en voie d'intégration sociale complète. Désormais du côté du pouvoir et tributaire de son soutien, la science, dans son ensemble, allait perdre toute capacité d'intervention au plan politique — et se montrer d'ailleurs bien ingrate à l'égard de l'esprit démocratique qui avait permis son développement et son épanouissement.

Rien ne saurait mieux illustrer la dissolution de cette alliance entre science et démocratie, et donc son caractère conjoncturel, que les rapports pour le moins ambigus de la science avec les totalitarismes du XXe siècle. On a fait grand cas des persécutions que le stalinisme a infligées à la biologie mendélienne ou le nazisme à la physique relativiste, et l'on a justement rapporté le martyre de leurs chercheurs. Mais si Vavilov est mort en plein lyssenkisme et si Einstein a dû fuir les persécutions du Troisième Reich, il s'en faut que la science dans son ensemble ait été un foyer de résistance au communisme soviétique ou au fascisme hitlérien, ni que ces régimes l'aient étouffée ou asservie. Bien au contraire, tant en Union soviétique qu'en Allemagne nazie[5], certaines disciplines scientifiques ont connu d'intenses développements, généreusement aidées et financées par des États antidémocratiques. Il n'y a pas d'antinomie de principe entre science et totalitarisme, ce siècle

[5] Voir le salubre et novateur ouvrage collectif sous la direction de OLFF-NATHAN, Josiane, *La science sous le Troisième Reich : victime ou alliée du nazisme ?*, Paris, Le Seuil, « Science ouverte », 1993. Et pour ne pas battre notre coulpe sur le dos des autres, voir à propos des scientifiques français, CHEVASSUS-AU-LOUIS, Nicolas, *Savants sous l'Occupation*, Paris, Le Seuil, « Science ouverte », 2003.

l'a prouvé — et pourrait en renforcer encore la démonstration : on suivra avec intérêt les progrès scientifiques des États islamistes intégristes. Et ce n'est pas leur incapacité scientifique ou technique qui a fait chuter tant le Troisième Reich (à l'avant-garde, faut-il le rappeler, pour les matériaux synthétiques ou l'aéronautique) que l'Union soviétique (réputée pour ses fusées, comme pour ses mathématiques fondamentales) — mais bien leurs échecs proprement politiques et économiques. D'ailleurs, l'effondrement du système soviétique, loin d'aider au redéveloppement du système technoscientifique, l'a entraîné dans sa chute. Faut-il rappeler enfin qu'à l'apogée de la lutte entre les Alliés et l'Axe, la mise au point de l'arme nucléaire dans le cadre du projet Manhattan a résulté de l'organisation sous contrôle militaire, avec les strictes contraintes hiérarchiques et les règles de confidentialité afférentes, d'un projet technoscientifique à une échelle jusque-là inconnue — démontrant ainsi, quelles qu'en fussent ou en restent les justifications, que, même en démocratie, la technoscience n'a pas besoin de la démocratie ?

Vision myope dans le temps et l'espace, avons-nous dit, que celle fournissant cette image illuministe de la science — mais myopie quant à la science elle-même aussi ! Seul un canton assez particulier de la science a pu justifier cette illusion ambitieuse d'une complète « maîtrise et possession » de la nature : la physique. Dans son champ, en effet, les plus abstraits formalismes mathématiques ont engrené sur les plus impressionnantes réalisations techniques. Mais l'idéal de scientificité qui en a émergé est resté hors d'atteinte de toute autre discipline : ni la mathématicité, ni la répétitivité, ni la réfutabilité, ni quelque autre critère général que ce soit, ne connaît, ailleurs, une validité comparable. Aussi faut-il se rendre à l'évidence : ses privilèges, la physique les tire moins de son antériorité que de son parti pris initial à ne s'occuper que des aspects les plus élémentaires et les plus schématiques de la réalité. Il y a bien de l'outrecuidance à vouloir ériger une résignation en triomphe ; c'est de sa restriction que la science physique tire sa force — elle ne saurait en aucun cas se présenter comme un modèle accompli de toute science.

Entendons-nous bien : il ne s'agit pas ici de disqualifier la validité ou la pertinence des savoirs produits par d'autres disciplines, mais plutôt de prendre acte du caractère inéluctablement parcellaire, fragile et contingent de toute science et de ses rapports avec les pratiques éventuelles qu'elle fonde. Le monde *est* complexe, c'est maintenant entendu, et la reconnaissance litanique de cette complexité ne suffira pas à la conjurer : la physique elle-même, en théorisant le chaos, la catastrophe ou la dissipation, ne parviendra ni à récupérer sa superbe d'antan, ni à fonder sur une feinte modestie une « nouvelle alliance » avec la culture. C'est irréversiblement que se sont disjointes les médiations qui semblaient constitutives de l'idée même de science entre description, explication, prédiction, action, et que s'est évaporée la prétention de la science à inspirer et régir la réflexion politique ou philosophique.

Mais du coup disparaît en même temps un paradoxe capital qui minait sournoisement la possibilité même de penser avec quelque cohérence les rapports entre le projet démocratique et la quête scientifique. De fait, si la science était — fût-ce idéalement — source de cette vérité universelle et de cette objectivité absolue à laquelle elle a prétendu, loin de fonder l'idée démocratique, elle en démontrerait l'inanité. Les thuriféraires de la science ont assez insisté eux-mêmes sur la nature censément intrinsèque de sa vérité, indépendante de toute subjectivité, individuelle ou collective. C'est en dépassant le cadre de l'opinion, en refusant la domination de la *doxa*, que la science est censée produire du vrai incontestable : on peut avoir raison contre tous, et finir par les en convaincre — non par la persuasion, mais par la preuve. On ne vote pas pour décider de la validité d'un théorème, et les lois physiques ne sont pas soumises à ratification par une quelconque Assemblée — telle est en tout cas la vision conventionnelle de la pratique scientifique. Quoi donc de *moins* démocratique que ces procédures fondées sur la certitude d'une vérité préétablie qui n'est pas à produire mais à découvrir, et qui prétend n'être en rien dépendante des intérêts ou des projets humains ? La démocratie ne se fonde-t-elle pas, à l'inverse, sur la reconnaissance qu'il n'y a pas de vérité politique abstraite et préalable à l'affrontement des opinions ? Le débat démocratique est une technique de décision sociale qui ne prend son sens et sa force qu'une fois admise la large ignorance où nous sommes des tenants et aboutissants de nos comportements collectifs. La vision illuministe de la science, sa conception dogmatique, conduisent tout naturellement, non au pari démocratique, avec son insécurité permanente, mais à la tranquillité du despotisme éclairé : nul hasard historique si Diderot et Voltaire ont fait la cour de (et à) Catherine et Frédéric (II, l'une et l'autre) de Russie et de Prusse (déjà ces pays). On peut aussi, à l'occasion du centenaire de sa mort, relire aujourd'hui Renan, qui, en 1848, dès le début de *L'avenir de la science*, annonçait clairement son programme : « ORGANISER SCIENTIFIQUEMENT L'HUMANITÉ, tel est donc le dernier mot de la science moderne, telle est son audacieuse, mais légitime prétention. », en précisant d'ailleurs que « La science qui gouvernera le monde, ce ne sera pas la politique[6]. »

Il explicitera sa pensée dans ses *Dialogues philosophiques*, écrits, comme par hasard, à Versailles, en mai 1871, pendant la Commune : « Les pays où il y a des classes marquées sont les meilleurs pour les savants ; car, dans de tels pays, ils n'ont ni devoirs politiques, ni devoirs de société, rien ne les fausse. Voilà enfin pourquoi le savant s'incline volontiers (non sans quelque ironie) devant les gens de guerre et les gens du monde. » Mieux encore : « Si l'on veut imaginer quelque chose de solide, il faut concevoir un petit nombre de sages tenant l'humanité par des moyens qui seraient leur secret et dont la masse ne pourrait se servir, parce qu'ils supposeraient une trop forte dose de science abstraite[7]. »

Un exemple contemporain vient ici à point nommé illustrer ces réflexions. Je me contente de reproduire cette nouvelle trouvée dans *Nature* (n° 358, 2 juillet 1992) : « *New Delhi*. Une cour d'appel indienne a jugé que réserver des postes aux castes inférieures dans les emplois publics et les programmes universitaires de science et de technologie était illégal et contraire à la Constitution indienne.

[6] RENAN, Ernest, *L'avenir de la science, Pensées de 1848*, in *œuvres complètes*, Paris, Calmann-Lévy, 1949, t. 3, p. 757.

[7] RENAN, Ernest, *Dialogues philosophiques*, in *Œuvres complètes*, *ibid.*, 1947, t. 1, pp. 596-597, 599.

Cette décision de la Haute Cour de l'Utar Pradesh, le plus grand État de l'Inde, renverse la politique qui réservait [au moins] 22 % des postes et des admissions à l'université aux candidats des basses castes [jusque-là exclus de fait]. Le juge déclare que la science n'a ni religion ni caste et "qu'il ne peut donc y avoir aucune politique de quota admissible dans le domaine de la science et de la technologie". La politique actuelle de l'Inde tente d'équilibrer le besoin d'excellence technique et la nécessité d'une attention particulière portée aux classes défavorisées sur les plans social et éducatif. Tout en reconnaissant que ces classes devaient être aidées, le magistrat a jugé que les intérêts de la nation et de la science étaient primordiaux. "Le temps est venu d'affirmer clairement et courageusement qu'il ne peut y avoir de compromis dans le champ de la technique et de la science", a-t-il écrit dans son jugement. »

Ainsi donc, l'égalité (abstraite) devant le savoir sert ici à maintenir l'inégalité (concrète) devant le pouvoir. Peut-on montrer plus clairement comment la prétention de la science à incarner des valeurs universelles tout en préservant des procédures de validation autonomes rentre en contradiction directe avec les principes démocratiques d'une société conflictuelle ? Pour qui croirait qu'il s'agit là d'un cas particulier et quelque peu exotique, notons que le 15 juin 1992, la presse française publiait un appel signé par vingt-cinq des biologistes français les plus réputés, à propos d'un projet de loi alors discuté par les parlementaires sur « le contrôle de l'utilisation et de la dissémination des organismes génétiquement modifiés ». Ces chercheurs s'élevaient contre un amendement destiné à renforcer ces contrôles en instituant l'obligation d'une enquête publique préalable à la création de nouveaux centres de recherche de génie biologique ; les biologistes protestaient que cette procédure « lourde et complexe » allait freiner le développement de la recherche scientifique… Le message du lobby scientifique a été entendu par le Sénat, qui a, avec un remarquable cynisme, limité les obligations de transparence aux informations scientifiques « non couvertes par le secret industriel et commercial » — compromis finalement accepté par l'Assemblée, et qui donne la pleine mesure de *notre* démocratie quant au champ technoscientifique.

Or la science, mieux vaut s'en réjouir que le déplorer, n'est *pas* cette source sacrée et infaillible de la vérité théorique et de l'efficacité pratique. Aucune essence épistémologique ne la prémunit contre la multiplicité des contingences et contradictions de toute activité sociale. La spécificité de ses buts et de ses méthodes est assez incontestable pour qu'il ne soit en rien nécessaire de la séparer, au sein d'une tour d'ivoire, des autres faits et gestes de la cité. Si la question de la vérité ou, au moins, de la validité de ses résultats garde un sens autonome et interne à ses pratiques, il n'en va certes pas de même quant à la pertinence de ces mêmes résultats, au choix de ses orientations, aux formes de son organisation, à l'intérêt de ses acteurs (et à leurs intérêts). À ce niveau, elle est soumise à l'emprise directe de l'économique, du social, du politique et de l'idéologique. Mais cette reconnaissance de l'absence d'autonomie de l'activité scientifique à la fois sape l'illusoire caution théorique du projet démocratique et dissipe le réel paradoxe conceptuel auquel il se heurtait. Si la science ne peut plus prétendre inspirer ou guider la démocratie, elle ne peut plus non plus lui être un obstacle. Que le choix démocratique aujourd'hui ait besoin sur nombre de questions d'informations scientifiques ou de moyens techniques, rien de plus évident. Que ces nécessaires expertises soient suffisantes, ou même cruciales, rien de moins certain. Car la science maintenant pose plus de questions qu'elle n'en peut résoudre, et élimine plus de fausses réponses qu'elle n'en peut donner de vraies — et cela est déjà beaucoup. Oui, c'est la recherche scientifique qui nous a alertés sur le trou d'ozone, l'effet de serre, l'hiver nucléaire, le sida, les menaces sur la biodiversité — pour s'en tenir aux gros titres des journaux. Mais c'est elle aussi qui se révèle incapable de conclure rapidement et assurément à l'étendue, aux causes et aux remèdes de ces dangers. Constatons ses limitations au lieu d'en attendre des miracles, puis de lui reprocher son impuissance. Ainsi, plutôt que l'indignation, c'est le sourire que devrait provoquer la commune signature, au bas de l'appel de Heidelberg adjurant les gouvernements de suivre les avis scientifiques informés, de deux spécialistes français des sciences de la Terre connus pour leurs conflits virulents de leurs opinions sur l'évaluation scientifique des risques volcaniques comme de la pollution stratosphérique. L'illusion de l'expertise ainsi dissipée éloigne la tentation de l'« expertocratie » — néologisme anglo-saxon aussi redoutable que ce qu'il désigne, forme moderne du despotisme (prétendument) éclairé.

Reconnaissons enfin que la démocratie, c'est le pari que, devant nous prononcer en (relative) *méconnaissance de cause*, la « moins pire » des solutions (suivant l'inéluctable aphorisme churchillien) est de le faire collectivement et d'assumer ensemble les risques de ces décisions. Au principe du projet démocratique, cet énoncé que *la conscience prime la compétence*[8]. Il est curieux de constater les résistances que rencontre cette idée dès lors qu'elle concerne le champ technoscientifique. Oui, bien sûr, admet-on, il *faudrait* que l'on puisse décider démocratiquement de l'évolution du programme électronucléaire, contrôler démocratiquement le développement du génie génétique, débattre démocratiquement des priorités de la recherche fondamentale — mais la masse profane du corps social serait trop loin du niveau de compétence requis pour pouvoir raisonnablement se prononcer. On ne me soupçonnera pas, je pense, de négliger l'importance d'un vigoureux développement de la culture collective en matière de science et de technique… Il ne peut être question pour autant d'y subordonner le principe d'un droit de regard et de décision en matière de technoscience, appartenant à la société tout entière, telle qu'elle est, profane et (relativement) ignorante. On n'exige pas des citoyens un brevet de théorie constitutionnelle avant de les laisser voter, ni des jurés de cour d'assises un certificat d'aptitude au droit criminel avant de les consulter. Pourquoi faudrait-il être plus savant en physique qu'en politique pour pouvoir donner son avis sur la construction d'une centrale nucléaire, en biologie qu'en droit pour se prononcer sur un programme industriel de génie génétique ? Loin que l'accroissement du

[8] J'emprunte cette formule à un exposé de Blandine Barret-Kriegel au colloque du Mans de 1991, in DROIT, Roger-Pol (sous la direction de), *La philosophie, pour quoi faire ?*, Paris, Le Monde Éditions, 1992.

niveau général de culture scientifique et technique de la société soit un préalable à l'extension du projet démocratique à la technoscience, c'est, tout à l'inverse, cette extension qui stimulera cet accroissement : c'est la prime accordée à la conscience qui développera la compétence.

Il faudra bien, enfin, que la technoscience non seulement renonce à toute prééminence morale ou intellectuelle sur le politique, mais encore qu'elle s'y soumette — pour que l'idée même de démocratie conserve un sens. Cette « liberté de la recherche » dont se targuent les scientifiques, drapés dans leur blouse blanche pour résister à toute emprise du politique, est soit une prétention vide de sens (« Qui t'a fait savant ? » pourrait demander l'État, commanditaire et organisateur de la recherche), soit un privilège exorbitant du droit commun. La « liberté de la recherche », dans une société où la science est prise de part en part, n'a plus rien à voir avec la liberté de conscience ou d'opinion individuelle — même si, jadis, elles allèrent de pair pour Galilée ; aujourd'hui, elle n'est guère plus défendable, au niveau des principes, que la liberté de la propriété, dont les détenteurs durent aussi céder quelque terrain au fil des derniers siècles. Il vaut d'ailleurs la peine de se rappeler que l'assimilation de Galilée à un héros de la protestation démocratique contre le pouvoir de l'Église fait quelque violence à ses positions personnelles, qui subordonnaient, déjà, ses convictions politiques à ses conditions professionnelles. Rappelons-nous comment, en 1609, il présente son projet de quitter la république de Venise, fort jalouse de son indépendance à l'égard de la papauté, pour le grand-duché de Toscane, beaucoup plus lié à Rome[9] : « Obtenir d'une République, bien qu'elle soit resplendissante et généreuse, un salaire sans servir le public, cela n'est pas habituel, car pour retirer un profit du public, il faut satisfaire le public, et non pas un seul particulier ; et aussi longtemps que je suis capable de faire cours et de servir, aucun homme d'une République ne peut m'exempter de cette charge en me laissant mes émoluments. Et, en somme, je ne peux espérer une pareille commodité de personne d'autre que

[9] Les textes qui suivent sont donnés par Fernand Hallyn dans son introduction à sa traduction du *Sidereus Nuncius : Galileo Galilei, Le messager des étoiles*, Paris, Le Seuil, « Sources », 1992. Voir aussi BIAGIOLI, Marco, *Galileo, Courtier*, Chicago, University of Chicago Press, 1993.

d'un prince absolu.» (lettre de février 1609, au S[eigneur] Vesp.). Et encore : «J'ai de grands et tout admirables projets. Mais ils ne peuvent servir ou, pour mieux dire, être mis en œuvre que par des princes...» (lettre du 16 mai 1610, au secrétaire du grand-duc de Toscane).

Ainsi donc, au début de la science moderne déjà, ce conflit entre ses intérêts propres et le bien public. Malgré les objurgations de ses amis plus clairvoyants, Galilée quittera bien Venise pour Florence, qui ne le protégera guère contre l'Inquisition. Il paiera cher son égoïsme scientifique et sa naïveté politique — tout comme Oppenheimer trois siècles plus tard.

Exiger que l'activité technoscientifique soit désormais explicitement gouvernée par le choix démocratique n'équivaut certes pas à légitimer toute intervention politique arbitraire dans son organisation et son développement. Bien au contraire : ce n'est qu'en acceptant de se plier à la juste règle commune et en renonçant à leur privilège d'extraterritorialité politique (dans les faits bien menacé, d'ailleurs !) que les acteurs de la science et de la technique trouveront les alliances sociales qui leur permettront de sauvegarder la relative autonomie et de retrouver le soutien collectif qui leur sont indispensables. Ils n'ont pas d'autre choix s'ils veulent éviter de devenir, comme Brecht le fait dire à Galilée dans sa prophétique autocritique[10], «une race de nains inventifs», au service de cette nouvelle forme d'organisation politique — dont l'instauration est déjà bien avancée — que serait, symétrique et équivalente au despotisme éclairé, la démocratie éteinte[11].

[10] BRECHT, Bertolt, *La vie de Galilée*, Paris, L'Arche, 1990.

[11] Le texte de cette conférence est adapté du chapitre «En méconnaissance de cause», in LÉVY-LEBLOND, Jean-Marc, *La pierre de touche*, Paris, Gallimard, Folio-Essais, 1996, pp. 27-37.

La conception nietzschéenne de la science

SAVOIRS À L'ŒUVRE

SAVOIRS À L'ŒUVRE / SAVOIRS À L'ŒUVRE / SAVOIRS À L'ŒUVRE / SAVOIRS À L'ŒUVRE / SAVOIRS À L'ŒUVRE / SAVOIRS À L'ŒUVRE / SAVOIRS À L'ŒUVRE

Michel Gourinat

Nietzsche pensait que la science était une occupation joyeuse, mais il n'est jamais parvenu à en convaincre ni ses lecteurs ni ses interprètes. Par exemple, le premier en date des ouvrages dans lesquels il a traité de la science s'intitule en allemand : *Die fröhliche Wissenschaft* et porte en sous-titre, de la plume de Nietzsche : *Gaya scienza* ; mais, bien que ces expressions signifient en français *La gaie science*, les lecteurs français ne le connaissent, à travers les nombreuses traductions disponibles[1], que sous le titre : *Le Gai savoir.* Les interprètes français ne sont pas les seuls à comprendre Nietzsche ainsi, puisque, dans son projet de préface pour la réédition éventuelle de *Die fröhliche Wissenschaft*, Nietzsche relevait l'erreur des érudits qui avaient vu dans le titre « une allusion au *Gai saber* provençal » (VIII₁, 2 [166]). Sans doute la confusion était-elle possible, du fait que Nietzsche s'était intéressé à l'aspect frondeur et libertin du *Gai saber* des troubadours provençaux. Mais, par rapport à ce mouvement exclusivement littéraire et non scientifique, il avait voulu marquer l'originalité de sa propre *gaie science*, qui n'était pas un *saber* ou *savoir* en général, mais relevait, dans sa pensée, de ce que l'on appelle aujourd'hui « la science », c'est-à-dire une forme particulièrement exacte, méthodique et efficace du savoir.

Mais, pour Nietzsche, la confusion suscitée par sa *gaie science* ne tenait pas seulement à l'équivoque de sa référence au *gai saber*, comme il le notait en 1882 : « Le domaine de l'activité intellectuelle des hommes de science est retranché de leur sensibilité, pour eux la science est principalement quelque chose de sévère, de froid, de sobre. » et, dans le projet de préface auquel j'ai fait déjà référence, il note à propos de la *Fröhliche*

Wissenschaft : « Les savants m'ont donné à entendre que c'était peut-être un livre drôle mais que ce n'était certainement pas de la «science» » (VIII1, 2 [166]). Notre époque prend la science au sérieux, et c'est ce qui empêche les nietzschéens eux-mêmes de se demander, comme nous allons le faire, ce que Nietzsche pouvait bien trouver de si drôle à la science.

Avant de m'engager directement dans l'explication de cette difficulté, je dirai deux mots sur les documents disponibles pour accéder à cette question, et ce sera en même temps l'occasion d'apporter un éclaircissement sur la façon de travailler de Nietzsche. Les documents sont en effet de trois sortes.

1. Tout d'abord, il y a les textes publiés par Nietzsche lui-même, qu'il a entièrement élaborés en vue de la publication. En ce qui concerne la science, les références sont essentiellement au *Gai savoir*, quatrième et cinquième parties, et au troisième traité de la *Généalogie de la morale*. Ces œuvres ont été publiées entre 1882 et 1887.

2. Il y a aussi un ensemble de publications posthumes, réalisées à partir d'une série de petits cahiers où il notait chaque jour les réflexions qui lui avaient traversé l'esprit pendant ses promenades. C'était sa façon de travailler : « Une pensée vraie doit être aussi une fête pour les muscles » ou, comme il disait en parlant de ses confrères : « Les écrits des hommes d'études se ressentent de la compression de l'estomac contre le bord de la table ». Beaucoup de ses écrits posthumes sont des brouillons, ils comportent par conséquent toute une série de répétitions avant la mise en forme achevée. Ils sont donc intéressants pour l'étude de la progression de la pensée, ou pour l'étude des repentirs et contradictions, parce qu'ils sont datés avec précision, mais ils ne sont pas à recommander pour une première approche.

3. Cependant il faut faire une exception pour les écrits posthumes qui

[1] Comme de très nombreuses traductions des œuvres de Nietzsche sont disponibles, chaque citation est rapportée non à une page d'une édition mais au titre de l'ouvrage et aux numéros des chapitres et des paragraphes (exception faite des fragments posthumes pour lesquels on se réfère aux *Œuvres philosophiques complètes*, textes et variantes établis par Giorgio Colli et Mazzino Montinari, Paris, Gallimard, 1980). Pour donner une homogénéité stylistique aux citations, nous avons revu nos traductions sur l'original allemand. Toutefois, pour la *Fröhliche Wissenschaft*, s'il s'agit du texte de l'œuvre de Nietzsche et non de la notion, nous avons conservé le titre français habituel : *Le Gai savoir*.

s'étendent de l'automne 1885 à octobre 1888 : ce sont les derniers écrits de Nietzsche. Dans *La généalogie de la morale*, parlant des essais sur la science qui sont contenus dans cet ouvrage, il disait : « Toutes ces choses doivent être reprises dans un autre contexte de façon plus fondamentale et plus rigoureuse. Je renvoie ici à une œuvre que je prépare : *La volonté de puissance, recherche d'une inversion de toutes les valeurs* » (III, 27). En fait, ce livre, que Nietzsche avait préparé dans les cahiers 1885-1888, n'a jamais été écrit par lui. Sa préparation de *La volonté de puissance* n'était pas allée plus loin que l'élaboration de plusieurs plans et un début de mise en ordre. Les textes préparatoires ont été publiés par sa sœur, Élisabeth Forster-Nietzsche, qui a mis les fragments en ordre d'après le dernier plan, par ordre chronologique, que Nietzsche avait laissé. C'est seulement à partir de 1967 que ces textes ont été publiés par Colli et Montinari de façon plus scientifique que celle d'Élisabeth Forster-Nietzsche. « Scientifique » veut dire ici qu'on s'en tient aux faits bruts, c'est-à-dire à l'ordre de la présentation des pensées de Nietzsche d'après ses cahiers[2], et non pas d'après une remise en forme, qui n'a guère de sens puisque nous ne savons pas ce que Nietzsche aurait pu faire, ni s'il s'en serait tenu au dernier plan portant le titre *La volonté de puissance*, ni même s'il n'aurait pas renoncé à cette œuvre.

Ces trois sortes de documents : œuvres publiées par Nietzsche, notes des cahiers, notes pour *La volonté de puissance* sont, à certains égards, différents par leur origine, mais ils ont tous la même forme, bien connue de tous ceux qui ont fréquenté les écrits en prose de Nietzsche. Le texte est rédigé en effet par paragraphes qui se suivent, séparés par des blancs. Bien sûr, ils sont mis dans un certain ordre, du moins dans les textes publiés par Nietzsche, puisque dans les notes préparatoires, ils sont simplement dans l'ordre où ils ont traversé sa tête lors de ses promenades. En tout état de cause, ils constituent ce que la critique littéraire appelle des aphorismes, c'est-à-dire des

[2] Colli et Montinari n'ont pas reproduit les annotations des cahiers se rapportant à la vie de Nietzsche, par exemple ses notes de blanchisseuse ou d'hôtel. Cela modifie, pour le lecteur, la prise de conscience de la façon de philosopher de Nietzsche qui ne faisait pas plus de manières que Victor Hugo ou Stendhal pour mélanger, dans ses cahiers intimes, ses pensées philosophiques avec son linge sale.

textes fermés sur eux-mêmes qui n'ont pas de rapports directs avec ceux qu'ils suivent ou qu'ils précèdent. Ils constituent par conséquent autant d'atomes de sens qui rayonnent dans le vide qui les sépare les uns des autres. Cette structure offre l'avantage de ne pas être contraignante ; le lecteur doit en effet remplir par lui-même les blancs, et rétablir, s'il est en mesure de le faire, la cohérence de la pensée.

En un autre sens, cette forme aphoristique est une simple apparence, car aucun de ces paragraphes ne constitue vraiment un tout par lui-même ; ils renvoient tous les uns aux autres, et éventuellement à des éléments qui sont ceux de la culture de Nietzsche, mais qui ne figurent pas dans les textes. Il est donc souvent nécessaire de compléter les allusions, et c'est notamment ce qu'il faut faire pour le premier texte par lequel je chercherai à introduire sa pensée : *Le Gai savoir*, livre IV, aphorisme 301. L'aphorisme est intitulé « Folie du contemplatif », et la formule de conclusion explique en quoi consiste cette folie : « Nous méconnaissons notre plus grande valeur et nous nous estimons, nous les contemplatifs, un degré trop bas. Nous ne sommes ni aussi fiers ni aussi heureux que nous pourrions l'être. »

Il faut d'abord expliquer qui sont ces contemplatifs parmi lesquels Nietzsche, ici, se range. Il emploie les mots allemands de *die Complentiven*, mais il emploie aussi, dans la suite du texte, l'expression latine *vis contemplativa*. « *Contemplative*, contemplatif » dérivent de *contemplativus* et ces trois termes désignent l'homme voué à la *contemplatio*. Ce mot est la traduction latine du grec *theoria*, dont nous avons fait le mot français *théorie*. Chacun sait que la contemplation s'oppose à l'action, comme la théorie se distingue de la pratique. Dès l'Antiquité classique, ce terme désigne ceux dont la fonction sociale, telle qu'ils se l'attribuent, est seulement de connaître : c'est un ensemble dont font partie les savants comme les philosophes. Pour Platon, le symbole du contemplatif est l'astronome Thalès qui, le regard continuellement occupé à la contemplation des astres, ne sait pas voir le puits qui est devant ses pieds et qui s'y laisse tomber. Il faut insister ici sur un point : il s'agit des savants et des philosophes et Nietzsche dit « nous » parce qu'il se comprend dans l'une et l'autre classe. En 1875, par exemple, dans le § 70 de « Nous autres philologues », qui a été repris dans les *Considérations inactuelles*, quatrième partie, Nietzsche dit : « Je connais bien les philologues, j'en suis un moi-même », et c'est indéniable puisque, d'après ses titres universitaires, il était docteur en philologie classique (langues et littératures latines et grecques) de l'université de Leipzig. La philologie est rangée aujourd'hui parmi les sciences de l'homme et Nietzsche est, d'après ses titres, l'un des spécialistes de cette science, reconnu très précocement puisqu'à peine docteur, et avant même qu'il ait complètement passé son habilitation, il était recruté comme professeur par l'université de Bâle (Suisse).

Nous savons maintenant qui sont les contemplatifs : ce sont les philosophes et les savants. La fin du texte dit pourquoi et en quoi ils ne sont pas heureux : c'est parce qu'ils se méconnaissent, et s'ils se méconnaissent c'est parce qu'ils ne savent pas que la science est quelque chose de joyeux. Entrons plus directement dans le texte : « Le contemplatif est continuellement obsédé par une folie, il croit être placé comme spectateur et auditeur devant le grandiose spectacle visuel et sonore qu'est la vie. Il nomme sa propre nature contemplative et méconnaît par là qu'il est lui-même le véritable et continuel poète de la vie, que sans doute il se distingue fortement de l'acteur de ce drame, de celui qu'on appelle «l'homme d'action», mais plus encore d'un simple spectateur, de l'invité assis devant la scène. »

Ce texte fait référence à trois personnages : au spectateur, à l'acteur, et au poète qui a écrit le drame. Il est crypté parce qu'il fait allusion, sans le dire, et pour s'opposer à elle, à la doctrine pythagoricienne des « trois vies », que Nietzsche pouvait connaître par *La vie de Pythagore* de Jamblique ou par les *Tusculanes* de Cicéron. Cette doctrine de Pythagore est très intéressante parce qu'elle se sert de l'image des trois sortes de personnes qu'on rencontre aux Jeux olympiques pour symboliser les trois façons de vivre que distingue le pythagorisme. Aux Jeux olympiques on rencontre d'abord, avant même de pénétrer dans les lieux sportifs, des marchands de souvenirs, de parasols ou de beignets : ceux-ci symbolisent la vie de la production et de la consommation et se rapportent au faire et au produire. Le terme grec pour l'acte de « faire » est traduit en français par « poésie ». Les seconds personnages sont les athlètes : Pythagore s'en sert pour symboliser la vie de l'action, ce que les Grecs appellent *praxis*, mais le sens dans lequel ils entendent ce mot ne se rapporte pas du tout à la vie pratique mais plutôt, comme Nietzsche le fait ici, aux hommes d'action, qui sont les guerriers et les politiques. Et enfin, on rencontre les spectateurs, assis devant le spectacle et qui le regardent : c'est la contemplation ou la *theoria*.

Cette image de trois styles différents de vie indique bien ce qu'est, pour la pensée antique, le savant-philosophe : un spectateur devant le théâtre de la vie. Nietzsche retient la division tripartite, mais il répartit autrement les rôles parce qu'il en a changé l'image : nous ne sommes plus aux Jeux olympiques mais au théâtre. Ce changement dans l'image traduit une modification radicale dans la définition de la contemplation : « Au contemplatif pour autant qu'il est poète revient certes en propre la *vis contemplativa* [force contemplative] et le regard rétrospectif sur son œuvre, mais aussi et surtout la *vis creativa* [force créatrice] qui fait défaut à l'homme d'action, quoi qu'en puissent dire l'apparence et la croyance commune. Nous qui percevons de façon pensante sommes ceux qui réellement et continuellement voyons quelque chose qui n'existait pas encore : tout ce monde éternellement croissant d'estimations, colorations, pesées, perspectives, échelles, assentiments et dénégations. Ce poème de notre invention est continuellement appris et répété par celui qu'on appelle «l'homme d'action» qui le traduit dans la chair et dans l'actualité, oui, dans la vie de tous les jours. »

Les catégories utilisées par Nietzsche sont les mêmes que celles de la pensée antique, bien que cela n'apparaisse que si l'on peut restituer à la fois la filiation des mots grecs ou latins aux langues modernes, et le renouvellement des significations. La *création*, opposée à la *contemplation*, est *l'acte de faire*, qui se dit en grec : *poésie*. Mais, dans l'activité du *faire*,

Pythagore voyait la *production*, au sens où elle concerne les hommes qui travaillent et consomment, alors que, dans les langues modernes, la *poésie* ne désigne plus que la *création littéraire*. L'homme du besoin a laissé sa place au poète. Quant au spectateur, il n'est plus l'image du contemplatif, car s'il est question de la *vis contemplativa* (la force contemplative), ce n'est pas pour symboliser un genre de vie séparé, mais c'est par simple allusion au fait que tout auteur est le premier spectateur critique de son livre ou de son ouvrage. Quant à l'homme d'action, il n'est plus l'athlète mais l'acteur, la différence étant que l'athlète est celui qui, sur le stade, mène sa propre compétition et tire de lui-même le sens de ce qu'il doit faire ; en revanche, l'acteur mime une action conçue par un autre.

Si nous voulons résumer les changements qui interviennent dans la pensée de Nietzsche par rapport à la conception traditionnelle de ce que pouvait être le rôle du savant et du philosophe, nous pouvons dire que la conception antique distinguait la vie ordinaire (celle de la consommation et de la production), la vie active (celle des hommes d'action qui sont les maîtres du monde) et la vie contemplative, à l'écart des deux autres, qui refuse tout autant les satisfactions de la consommation et du gain que l'attrait du pouvoir. Ce double refus caractérise pour Nietzsche l'idéal ascétique, avec tout ce que ce terme comporte de références à l'austérité du mode de vie. C'est le mode de vie de celui qui se consacre entièrement à la recherche de la vérité, c'est celui du savant qu'était Pythagore.

Si nous passons par contraste à la conception de Nietzsche, nous voyons que ce qui la caractérise est une interprétation entièrement nouvelle du rapport entre l'homme d'action et le créateur qu'il continue toujours à appeler « le contemplatif ». Pour éclaircir son propos, je prendrai des exemples dans l'histoire du siècle dernier : qui a écrit l'histoire du XXe siècle ? Nous pensons généralement que ce sont Hitler, Staline, Mao et j'arrête cette liste qui ne commence pas comme un palmarès. Si l'on suit Nietzsche, ceux qui ont écrit l'histoire du XXe siècle, et cette seconde liste non plus ne sera pas limitative mais seulement indicative, s'appellent Niels Bohr, Albert Einstein, Werner Heisenberg, Robert

Oppenheimer, Wernher von Braun. Ce sont ces savants qui ont réellement transformé la vie par des inventions auxquelles les politiques ne comprennent rien, mais après lesquelles ils courent pour soit tenter de les utiliser à leur profit ou, dans le meilleur des cas, à celui de la société dont ils ont la responsabilité, soit pour tenter de les réglementer. Telle est la conception que Nietzsche se fait en réalité du philosophe et du savant : ce sont « les hommes supérieurs » par opposition à ces « hommes ordinaires » qui ont disparu de sa propre image alors qu'on les trouvait chez Pythagore.

La première réponse que nous pouvons donc faire à la question de savoir ce qui pourrait faire la fierté et la joie du contemplatif, du savant et du philosophe, est qu'ils sont les vrais auteurs de l'histoire humaine, même s'ils ne le savent pas. C'est ce que Nietzsche appelle pour l'essentiel « la création ». Mais ici la création poétique n'est qu'une image de la véritable création, celle « de ce monde tout entier qui nous concerne un tant soit peu réellement : c'est nous autres humains qui l'avons créé » (époque du *Gai savoir*, 14 [8]). Ici commence à apparaître ce qui fait la différence entre la représentation ordinaire de la science et celle de Nietzsche. On pense en effet généralement que la science se distingue de la morale en ce qu'elle a pour objet le monde tel qu'il est, sans porter sur lui de jugement de valeur. Mais pour Nietzsche l'objet de la science n'est pas une réalité étrangère à l'homme, mais c'est le monde dans lequel nous vivons, qu'il décrit d'abord par toute une énumération un peu énigmatique : « tout ce monde des estimations, colorations », et qu'il résumera, à la fin du texte, par : « tout ce qui peut avoir de la valeur ». Il rejoint un instant le point de vue ordinaire pour dire que le monde en lui-même n'a pas de valeur, que cette valeur lui a été donnée, mais il retourne à son propre point de vue en affirmant que « les offrants et les donateurs» de la valeur du monde sont les contemplatifs, c'est-à-dire les philosophes et les savants.

C'est ici l'aspect le plus original de la pensée de Nietzsche, mais c'est aussi, si on se réfère à ce texte du *Gai savoir*, celui qui probablement est le plus crypté, non pas seulement pour le lecteur mais peut-être même à bien des égards pour la pensée même de Nietzsche. Ce texte a été publié en 1882. Il offre un contenu simplement allusif dans la mesure où la véritable élaboration de la théorie nietzschéenne de la valeur n'apparaît que six ans plus tard, dans les écrits préparatoires à *La volonté de puissance*. Je resterai un peu allusif quant à la très riche signification de la définition nietzschéenne de la valeur.

Nietzsche dit : « Le point de vue de la valeur est le point de vue des conditions de la conservation et de l'accroissement eu égard à des formes complexes de la vie de durée relative à l'intérieur du devenir » (VIII2, 11 [73]).

On parle beaucoup de « nos valeurs » pendant les discussions politiques nationales ou internationales ; peut-être ne reconnaît-on pas ici ce qui fait l'objet de ces discussions, il s'agit pourtant bien de cela, il s'agit en même temps et aussi de la création de ces valeurs par le contemplatif. Indiquons rapidement ce que cela peut signifier. La valeur est un point de vue, ceci en un sens n'a rien d'original. Ce point à partir duquel quelqu'un prend une vue est ce qu'on appelle, dans la philosophie moderne (après Descartes, qui ne s'exprimait pas ainsi) : « le sujet », le célèbre « sujet pensant ». Certes le savant et le philosophe, qui sont des sujets éminemment pensants, ont un point de vue sur ce qui leur fait face, qu'on appelle « l'objet ». La science est donc, d'après cette première définition, ce qui prend un point de vue sur le monde et il n'y a rien ici qui puisse surprendre dans le cadre général de la théorie moderne de la connaissance.

Mais Nietzsche dit : « Eu égard à des formes complexes de vie ». On sort ici manifestement de la théorie du sujet, dans la mesure où le sujet, dans sa conception depuis Leibniz, est une monade, un point fixe, une sorte de chose indivisible et permanente. Ce sujet c'est moi, c'est le savant, c'est la science, mais pour Nietzsche il n'y a rien de tel que des points fixes comme le savant ou la science. Il dit d'ailleurs : « Nous, les contemplatifs », c'est que pour lui la contemplation n'est pas le fait d'un individu isolé mais d'un groupe qu'il appelle : « une structure de constellations » dont la configuration est variable à l'intérieur de l'histoire.

Nous pouvons ici reconnaître, en ce qui concerne la science, non pas le savant individuel mais bien la société savante, les différentes institutions qui sont des institutions collectives dans lesquelles la science s'inscrit dans son vrai développement. Mais la société savante est faite de savants ; on pourrait croire que chacun d'eux est un moi c'est-à-dire à sa façon un point fixe en relation de collégialité avec les autres. Mais pour Nietzsche, le moi aussi est une constellation, ce n'est pas une unité fixe ; on pourrait le décrire d'une façon matérialiste : un cerveau au centre d'un système nerveux, c'est-à-dire quelque chose de complexe, de jamais complètement unifié. Nietzsche ne le décrit qu'en termes de conscience mais, à partir des divers niveaux de conscience dans laquelle toute pensée peut s'exprimer avec ses zones de clarté continuellement changeantes et des zones plus obscures, plus éloignées de ces centres de durée variable, qui sont autant de niveaux de conscience et de motivations en arrière-plan.

C'est pourquoi, d'une façon générale, il dit que la valeur est en relation avec « des formes de vie de durée relative à l'intérieur du devenir » ; que ces formes soient des formes de la vie permet de les comprendre du point de vue de la conservation et de l'accroissement. Nietzsche récuse la proposition célèbre de Spinoza qui définit la vie comme *conatus in esse perseverandi*, c'est-à-dire comme effort pour se maintenir à l'être. En effet, dans l'interprétation nietzschéenne de la vie, se maintenir ne suffit pas — c'est une proposition à laquelle tous ceux qui sont en concurrence dans la vie économique souscriront sans hésitation : qui se contente de se conserver recule par rapport aux autres. La conservation n'est donc que la première condition de ce qui est véritablement la vie, c'est-à-dire la croissance. La valeur de la science résulte donc de ce qu'elle est une condition de la croissance, cette croissance se traduisant essentiellement par une maîtrise de la nature elle-même en progrès constant. Nietzsche décrit par conséquent l'homme de science ainsi : « L'homme prenant la nature à son service et la maîtrisant. Le scientifique travaille par instinct de cette volonté de puissance et se sent, par là, justifié. Progrès dans le savoir en tant que progrès dans la puissance mais non en tant qu'individu. » (époque du *Gai savoir*, II [337]).

Au moins en première approximation, on voit ce que peuvent vouloir dire ces progrès dans la conscience, ainsi que le refus de Nietzsche de les considérer comme des progrès individuels : il s'agit bien pour lui de la science en tant qu'elle est impliquée dans le progrès scientifique et que celui-ci est un processus de développement à l'échelle de l'humanité entière.

Il reste cependant que Nietzsche dit toujours « contemplatif » et que science comme philosophie ont pour évidente condition le savoir. Par conséquent d'un côté Nietzsche se réfère à la science en tant que vérité et d'un autre côté en tant que valeur. Puisque nous avons décrit en première approximation ce que peut être l'interprétation qu'il donne en général de la science et de la philosophie, essayons d'entrer plus précisément dans la relation très singulière qu'il établit entre valeur et vérité.

Un texte du printemps 1888 porte pour titre *La science chapitre 1*, c'est un premier essai de rédaction pour un chapitre de *La volonté de puissance* et le titre de ce chapitre 1 est « Origines du monde vrai ». Nietzsche prend ici la science dans ses débuts et la science en général et plus particulièrement la logique : « Les catégories de la raison sont des moyens pour rectifier le monde dans une visée utilitaire » (VIII3, 14 [153]).

Le point de départ est par conséquent directement vital : « rectifier » d'après le contexte, signifie : simplifier et fixer. C'est ce que l'on peut commenter ainsi d'après un texte de l'époque du *Gai savoir* : « Notre intellect n'est pas construit pour la compréhension du devenir, il s'efforce d'y découvrir la fixité universelle » (II [245]). Nous avons besoin pour appuyer tout autant nos opérations que notre pensée d'objets fixes et stables. C'est de cette fixité que la connaissance scientifique et sa forme la plus abstraite, la logique, donnent les premières expressions : un monde où se retrouvent des constantes est plus facile à manipuler qu'un monde instable et changeant.

À l'égard de la pratique, Nietzsche remarque qu'une certaine approximation peut être tolérée : « Il est merveilleux que pour nos besoins, machines, ponts, etc., les suppositions de la mécanique suffisent, ce sont en effet des besoins très grossiers et les petites erreurs n'y entrent pas en considération » (II [256]). Tel est le point de départ dans l'approximation utilitaire donnant lieu à des schémas logiques et mécaniques. Mais, dans son développement, la science, perdant la conscience de ses origines, passe de l'approximation utilitaire à la croyance en la validité absolue de ces simplifications. On passe donc, dans les termes de Nietzsche, d'une utilité biologique à des systèmes de falsification par principe : « Les physiciens croient en «un monde vrai» à leur façon, un système d'atomes fixes identique pour tous les êtres pris dans des mouvements nécessaires » (VIII3, 14 [186]). Ceci correspond à la physique dominante du temps de Nietzsche, c'est-à-dire à un mécanisme universel qui applique les lois invariables de la mécanique à des corps en mouvement qui, lorsqu'on les réduit à leur plus simple expression, sont des atomes, c'est-à-dire, d'après l'origine grecque du terme, des points insécables, donc impérissables et éternels.

Mais pour Nietzsche il n'y a rien de tel que des atomes indivisibles, il n'y a que des *quanta* de puissance en mutation permanente de telle sorte que la physique mécaniste n'est qu'une sorte de métaphysique : « Nous avons introduit l'immutabilité, toujours encore à partir de la métaphysique, Messieurs les physiciens » (VIII3, 14 [187]), dit un texte de l'époque de la préparation de *La volonté de puissance*. La physique, c'est ce qui, depuis les Grecs, décrit scientifiquement la nature et, pour Nietzsche, pour que ce soit une science authentique il faudrait qu'elle fût la science du changement, puisqu'il est la véritable manifestation de la nature.

Dès qu'il s'agit d'atomes insécables, de lois invariables de la mécanique, il s'agit pour Nietzsche de métaphysique au sens où il l'entend, qui est le sens le plus souvent adopté pour cette expression, celui qui désigne un au-delà de la nature où il n'y a que des êtres immuables. On comprend le plus souvent qu'il s'agit de Dieu, mais des points fixes servant de repères invariables pour appliquer les équations de la mécanique ne sont pas moins en dehors de l'expérience et au-delà d'elle. Les figures des mathématiques qui sont impliquées dans la mécanique, ou les atomes de la physique sont donc, pour Nietzsche, des fictions qui ont un caractère métaphysique.

Lorsque nous arrivons à ce point terminal, nous sommes à l'envers du point de départ et en contradiction évidente avec lui : nous partions de fictions utilitaires, nous arrivons à des fictions métaphysiques. La contradiction d'ailleurs est d'autant plus évidente qu'encore à l'époque de la préparation de *La volonté de puissance*, Nietzsche maintient sur la science ce qui était son premier point de vue : « La force inventive qui crée des catégories travaille au service du besoin c'est-à-dire de la sûreté, d'une intelligibilité rapide sur fond de signes conventionnels fixes, il ne s'agit pas d'une vérité métaphysique ».

La question n'est peut-être pas de savoir s'il s'agit d'une vérité métaphysique ou d'une vérité non métaphysique, parce que l'interprétation nietzschéenne conduit de fait à renouveler entièrement, par rapport à ce qui était admis jusqu'alors, la signification de la vérité.

La conception traditionnelle est que la vérité est quelque chose qui serait là et qui serait à trouver et à découvrir. Héraclite disait déjà que « La nature aime à se cacher », la nature a ses secrets, et par conséquent la tâche du physicien est de chercher, de fouiller, de découvrir. Quand la science trouve, elle trouve quelque chose qui était déjà là, c'est le sens du terme « découvrir » : ôter la couverture. Mais si la vérité n'est pas cela, qu'est-ce ? C'est, dit Nietzsche : « Quelque chose qui est à créer, qui abandonne son nom pour celui d'un processus ou mieux encore pour celui d'une volonté de domination qui en soi n'a pas de fin. Poser la vérité comme un processus *in infinitum* et non comme une prise de conscience de quelque chose qui serait en soi fixe et déterminé, c'est un mot pour la volonté de puissance. » (VIII2, 9 [91]).

Dans sa conception traditionnelle, la recherche de la vérité s'arrête quand on a trouvé : 2 + 2 = 4 ; pour l'éternité de l'arithmétique, on s'en tiendra là. En revanche, dans la science contemporaine, il se pourrait bien qu'il s'agisse d'un processus de croissance, d'un accroissement de puissance à l'intérieur de l'accroissement de la connaissance. Or l'accroissement de puissance est un processus sans terme. Ce pourrait être, en un sens, la solution de la contradiction relevée plus haut, mais c'est bien plutôt l'expression de la contradiction même car Nietzsche dit deux choses dans le texte que je viens de citer. Il dit que la vérité abandonne son nom et s'appelle processus, ou que la vérité est un processus. Dans le premier cas, il n'est plus question de la vérité, dans le deuxième cas c'est l'essence de la vérité qui est changée.

Essayons d'éclaircir un peu plus ce que peut bien vouloir dire la vérité comme processus. La conséquence d'une telle définition est que la vérité scientifique a toujours quelque chose de provisoire. C'est la raison pour laquelle le savant, quand il n'est pas l'arithméticien antique, ne peut être vraiment convaincu par les résultats de sa recherche. Il ne peut faire de place à la conviction à l'intérieur de son travail : « Dans la science les convictions n'ont pas droit de cité, c'est ce qu'on dit à bon droit. C'est seulement quand elles se décident à se réduire à la vérité d'une hypothèse, d'une position préalable à la recherche, d'une fiction régulatrice qu'il peut leur revenir un droit d'entrée et même une certaine valeur dans le règne de la connaissance mais toujours avec cette restriction qu'elles doivent rester sous contrôle policier, sous surveillance de la défiance scientifique. » (*Le Gai savoir*, v [344]).

Quand cette démarche s'engage, quand on commence à formuler l'hypothèse, il faut bien d'une certaine façon y croire, il faut bien par exemple croire à l'évolutionnisme car si on n'y croit pas on ne trouvera pas l'énergie nécessaire pour pelleter les sables de l'Afrique à la recherche du chaînon manquant. Mais j'entendais récemment un savant évolutionniste qui disait, en parlant de sa propre science : « Cela reste une théorie », et le sens moderne de ce terme signifie un système d'hypothèses embrassant tout un domaine de la connaissance. L'évolutionnisme est une théorie parce qu'il s'étend à de très nombreux aspects de la vie. Et le savant continuait : « Or, j'ai entendu dire qu'il y a des états aux États-Unis d'Amérique où l'on interdit d'enseigner l'évolutionnisme, cela m'étonne un peu mais c'est tout à fait leur droit ». On ne voit pas en effet comment un homme de science pourrait à la vérité s'exprimer autrement tant que la totalité des preuves n'a pas été apportée pour l'ensemble des hypothèses vérifiées et confirmées dans le détail.

Nietzsche pose par conséquent cette question : « La discipline de l'esprit scientifique ne commencerait-elle pas en ne s'autorisant plus aucune conviction ? »

Sa réponse est : « Il en est vraisemblablement ainsi ». « Vraisemblablement » indique ici que Nietzsche fait preuve de prudence scientifique puisque son texte est, pour lui, un texte scientifique sur la science. À la vérité, Nietzsche ne croit pas que la science refuse toute conviction. Pourquoi, en effet, dans la démarche scientifique, toutes les précautions policières dont parle Nietzsche ? Parce qu'il ne faut pas se tromper et, à partir de cette exigence, il y a au moins dans la science un article de foi que Nietzsche exprime ainsi : « Les savants croient encore à la vérité. Qu'en est-il de cette volonté de vérité ? Est-ce la volonté de ne pas se laisser tromper ? Est-ce la volonté de ne pas tromper ? » Car se tromper, en allemand comme en français, a deux sens : cela veut dire faire une erreur mais, dans un deuxième sens et si l'on prend le pronom réfléchi au sérieux, *se* tromper veut dire : *mentir à soi-même*. Dans l'une et l'autre interprétation, il ne faut pas se tromper : la vérité vaut mieux en théorie comme en pratique que l'erreur ou l'illusion.

Ce point de vue n'est pas celui de Nietzsche, qui confronte cette interprétation de la recherche scientifique de la vérité à ce que nous apprend la vie sur la vie. L'illusion peut être salvatrice, c'est là une proposition qui est la sienne depuis son premier livre, *L'origine de la tragédie*, qui présente la tragédie grecque antique comme une œuvre d'art destinée à jeter sur la cruauté du monde et de la vie le voile consolateur de l'illusion.

Nietzsche formulera dans l'état ultime de sa pensée cette évaluation : « L'art est une plus grande valeur que la science ». Et ici nous comprenons ce que veut dire « valeur », c'est un point de vue nécessaire pour continuer à vivre, à grandir dans la vie. Par ailleurs, s'il s'agit cette fois non pas de se tromper soi-même en se faisant illusion mais du mensonge « Dont les dieux n'ont que faire » disait Platon « Mais aux hommes il est parfois bien utile ». Nietzsche cite Stendhal qu'il lit en français à cette époque : « Je ne crois pas qu'un homme puissant vive en dehors du mensonge, bref la grande forme de la vie s'est toujours fait voir du côté des *polutropoi* les moins scrupuleux ». Ce mot grec veut dire : « Ceux qui falsifient la réalité de toutes les façons ». Nietzsche a toujours pensé que l'essence du politique était le machiavélisme.

Si donc l'on admet que la règle de ne pas se laisser tromper tire son origine du monde tel qu'il est, elle n'est vraie qu'en gros et comporte des exceptions. Or, l'exigence scientifique de vérité ne comporte aucune exception, elle est inconditionnelle, c'est ce que Kant appelait « un impératif catégorique » et Nietzsche tire par conséquent sa conclusion : « Nous sommes sur le terrain de la morale » (*Le Gai savoir*, v [344]). En effet, de ce point de vue on peut dire que la règle : « Je ne veux pas me tromper » n'est qu'un cas particulier de la règle générale : « Je ne veux pas tromper ». Mais, dès lors, conclut Nietzsche : « Il n'y a pas de doute que la véracité au sens risqué et ultime que présuppose la foi en la science, donne son acquiescement à un autre monde que celui de la vie, de la nature et de l'histoire » (*ibid.*).

Nous étions partis de la thèse d'après laquelle la science est une expression de la volonté de puissance comme la plus haute forme de la vie, nous parvenons maintenant à cette idée que la volonté de vérité dans la science pourrait être une volonté dissimulée de mort, puisque la vie n'est pas autre chose que le recours presque continuel à l'illusion et au mensonge.

Encore une contradiction : reprenons-la sous une autre forme et indiquons ici, pour finir, comment Nietzsche comprend les relations entre la science et ce qu'il appelle « l'idéal ascétique ». Nous partons du résultat auquel nous venons de parvenir, de cette conclusion : «Il n'y a, à en juger rigoureusement, rien de tel qu'une science sans présupposé » (*ibid.*). Il y a toujours une croyance métaphysique sur laquelle repose notre foi en la science puisque, dans la mesure où nous sommes savants, nous croyons toujours en la vérité. C'est pourquoi l'aphorisme duquel est tiré cette citation s'intitule « En quoi nous aussi nous sommes encore pieux » : « Nous, les savants d'aujourd'hui, nous les sans dieu, anti-métaphysiciens, tirons encore notre feu de cet incendie qu'a allumé une foi millénaire, cette foi chrétienne qui a été aussi la foi de Platon, que Dieu est la vérité, que la vérité est divine » (*ibid.*).

Mais à peine vient-il de dire cela que Nietzsche l'annule en soulevant une interrogation : « Mais si cela devient de plus en plus incroyable, si Dieu lui-même se démontre comme notre plus durable mensonge ? » (*ibid.*).

Cette question se pose à partir de la science, car l'incrédulité est, depuis la Renaissance, le fait de la science. C'est ce qu'il dit à l'époque de *La volonté de puissance* : « La science a éveillé le doute dans la sincérité du dieu chrétien, sur ce doute le christianisme se meurt » (VIII1, 2 [123]). On peut penser avec Nietzsche que les théories modernes de la physique et la théorie de l'évolution mettent de diverses façons en doute les récits de la Genèse sur la création du monde et, plus radicalement, que les principes même de la science ont entièrement triomphé de la pensée religieuse et ont à cet égard entièrement retourné la conscience morale. Nietzsche dit : « Considérer la nature comme une preuve de la bonté et de la sollicitude de Dieu, interpréter l'histoire à la gloire d'une raison divine comme le constant témoignage d'un ordre moral, tout cela est derrière nous, cela heurte désormais la conscience » (*Généalogie de la morale*, III, 27). Il avait déjà écrit : « Ces médiateurs, ces dissidents d'aujourd'hui, ces inconditionnels d'une chose qui est la revendication de la sobriété intellectuelle, ces esprits durs, rigoureux, abstinents, héroïques qui sont l'honneur de notre temps, tous ces blafards athées, antéchrists, immoralistes, nihilistes, ces sceptiques douteurs et consumés de l'esprit sont les seuls aujourd'hui en qui la conscience intellectuelle demeure et s'incarne» (*ibid.*, 24).

Ce texte est profondément équivoque jusque dans son style. D'un côté Nietzsche dit des savants antéchrists et nihilistes qu'ils sont l'honneur de notre temps parce qu'ils sont de libres esprits et qu'ils ne se laissent enchaîner par aucune croyance ; d'un autre côté, il dit qu'ils sont blafards, consumés et que la fièvre consomptive dont ils se meurent est l'idéal ascétique. Il trouve la preuve de cette dernière proposition dans la démarche constante de la science depuis la Renaissance : «Le rapetissement de l'homme par lui-même, sa volonté de se rapetisser n'est-elle pas en constant progrès depuis Copernic ? Oui, la foi en sa dignité, en son caractère unique et irremplaçable dans la série des êtres est derrière lui, il est devenu une bête. Lui qui dans sa croyance antérieure se croyait presque Dieu, enfant de Dieu, homme-dieu» (*ibid.*, 25).

L'enfant de Dieu est une allusion au christianisme, l'homme-dieu est une référence à Aristote pour lequel l'homme contemplatif est «comme un dieu mortel». Dans l'abaissement de l'homme par la science, Nietzsche voit toujours à l'œuvre l'idéal ascétique judéo-chrétien pour lequel il n'est possible d'être pris en considération par Dieu que si l'on s'humilie devant lui : «*cor contritum et humiliatum non despicies, Domine*» dit le psaume. Ce «cœur jeté à terre et broyé», c'est toujours l'hommage de la science à un Dieu auquel par ailleurs elle ne croit plus.

La généalogie de la morale renvoie donc au *Gai savoir* pour une solution de la contradiction entre la victoire de l'incrédulité et l'ultime triomphe de la piété dans la seule et même discipline des hommes contemplatifs : «Qu'est-ce qui a remporté la victoire sur le Dieu chrétien ? La morale chrétienne elle-même, le concept de sincérité pris de façon toujours plus rigoureuse, l'affinement de la conscience chrétienne par le confesseur, tout cela a trouvé sa traduction et sa sublimation dans la conscience scientifique» (*Le Gai savoir*, v [357]).

Cette solution consiste à interpréter la conscience scientifique comme un retournement de la conscience chrétienne par elle-même. Nietzsche dit : « Toutes les grandes choses se détruisent par elles-mêmes, par un acte d'autosuppression ». La sincérité se retourne sur elle-même et commence à douter de la sincérité du Dieu chrétien qui, pour le christianisme, est le garant de la vérité du récit de la *Genèse*.

Cette solution de la contradiction est toujours la contradiction elle-même car la volonté de vérité se retournant contre elle-même, est la volonté de vérité se contredisant elle-même. Nietzsche dit à propos de cette autosuppression : « C'est ce que veut la loi de la vie, la loi du nécessaire dépassement de soi dans l'essence de la vie ». Mais il exprime ainsi la contradiction qui est au fond du nietzschéisme. L'autosuppression, l'autodestruction c'est le dépassement de soi, c'est-à-dire non pas la négation de la vie mais l'essence de la vie. Il a exprimé cette contradiction sous cette forme : « Le nihilisme comme la forme de vie la plus débordante », c'est-à-dire ce que nous venons d'esquisser : la négation ultime de la vie comme la forme suprême de la vie.

Peut-être pour conclure puis-je simplement fixer quelques points non pas de conclusion mais de réflexion ou d'interrogation. Je me suis efforcé de laisser les textes de Nietzsche à leur contradiction telle qu'ils la présentent d'eux-mêmes. C'est en effet le revers de la forme aphoristique : d'un côté cette forme permet de laisser jusqu'à un certain point chaque aspect de la contradiction enfermé sur lui-même mais, d'un autre côté, il faut bien que le lecteur se pose la question de la cohérence entre eux des divers fragments. Du point de vue qui est celui de Nietzsche, il est naturel que ses diverses propositions se contredisent. Si l'on dit en effet que le réel est contradictoire, plus on formule à son sujet de propositions contradictoires plus elles sont vraies, mais que peut-il en être de cette affirmation « Le réel est contradictoire » ?

Celui qui l'énonce comme Nietzsche refuse la thèse d'après laquelle il y aurait dans le réel quelque chose de fixe et de non contradictoire, car, selon lui, quelque chose de fixe et de non contradictoire n'est pas dans le réel, c'est de la fiction métaphysique. Donc le réel est contradictoire et non autrement. Mais « c'est ainsi et non autrement » est la formule même du refus de la contradiction. Nietzsche peut par conséquent dire que le réel est contradictoire, mais il montre qu'il ne peut pas penser la contradiction, qu'il ne peut pas penser que le réel est à la fois contradictoire et non contradictoire.

En ce qui concerne le détail de la pensée de Nietzsche, il contient sur la science des intuitions, des vues qui, prises chacune dans son isolement, sont remarquables. Nietzsche apparaît en effet très proche de la science de son temps malgré les apparences d'une carrière purement littéraire et philosophique. Il est conscient du fait que le mécanisme atomistique de son temps est en train de se contredire et qu'on est en train de passer à ce qui sera la théorie de ces *quanta* de puissance qu'il a déjà nommés lui-même, à l'indéterminisme dont il se réclame quand il critique la catégorie scientifique de la cause.

Comment peut-on expliquer cependant que les intuitions de Nietzsche prises à l'état séparé soient toutes contradictoires et qu'on reste dans l'incertitude sur la validité effective de cette doctrine ? C'est en un sens ce que suggère ce fragment sur « La folie du contemplatif », par lequel j'ai commencé parce qu'il ne s'agit pas nécessairement d'un côté ou de l'autre de la même conception de la science. J'ai forcé moi-même le texte de Nietzsche en présentant d'un côté la conception antique de la science et d'un autre côté la conception moderne ou nietzschéenne. Mais lui-même ne fait apparemment pas cette distinction, pour lui c'est de la science en général dont il s'agit. Einstein n'est pas moins un savant contemplatif que Pythagore et, à cet égard, il répond toujours à la définition pythagoricienne de l'homme contemplatif qui reste en dehors de la vie et de l'action. S'il est connu pour avoir engagé Roosevelt dans la construction de la bombe atomique, c'est par suite d'un ensemble de circonstances qui, à ses yeux, étaient entièrement étrangères à sa vocation de savant. C'est le politique qui est venu le chercher. C'est Hitler qui l'a expulsé d'Europe et qui l'a contraint à réagir en dehors du domaine de vie qu'il avait choisi.

En ce sens, dans la science contemporaine persiste la science contemplative. Si, pour lui, la science joue un rôle pratique, c'est dans la mesure où elle modifie les conceptions du monde et développe l'incrédulité et l'immoralisme dont Nietzsche se réclame. Elle agit dans l'histoire, mais indirectement, dans la mesure où elle transforme l'échelle des valeurs des hommes d'action.

Ce qui montre bien le côté purement contemplatif de l'interprétation nietzschéenne de la science, c'est qu'entre la conception de Pythagore et la sienne, l'homme productif a disparu. Le rôle de la science dans la production et le rôle de la production technique dans la science sont deux choses qui, à son époque, étaient à leurs débuts ; ils ne sont donc absolument pas pris en considération. Ce qui est à certains égards plus surprenant, c'est que la méthode expérimentale dont pourtant Nietzsche a connaissance, n'est absolument pas prise en compte. Comment vérifie-t-on l'hypothèse ? Nietzsche ne fait à cela aucune référence. De ce point de vue, on reste en dehors de la réalité de la science, bien qu'elle soit par ailleurs décrite en termes vigoureux comme un processus progressif de croissance et de développement de la puissance, lié à une capacité purement théorique. Nietzsche se considère ici et considère le savant comme « l'homme théorique qui a le triomphe si joyeux » ; aujourd'hui nous voyons forcément les choses d'une façon moins gaie, mais c'est une autre histoire.

Les auteurs

Bernadette Bensaude-Vincent

Professeur d'histoire et de philosophie des sciences à l'université de Paris x-Nanterre. Après avoir travaillé à la conception du musée des Sciences de La Villette, elle a notamment orienté ses recherches sur les relations entre science et public.

Éloge du mixte : Matériaux nouveaux et philosophie ancienne, Paris, Hachette, 1998.
L'opinion publique et la science : À chacun son ignorance, Paris, Synthélabo, 2000.
Histoire de la chimie (avec Isabelle Stengers), Paris, La Découverte, 2001.
Des savants face à l'occulte, Paris, La Découverte, 2002.
Cent mots pour commencer à penser les sciences (avec Isabelle Stengers), Paris, Les Empêcheurs de penser en rond, 2003.

Bernadette Bensaude-Vincent est intervenue le 17 octobre 2002 dans le cadre du cycle de conférences « Figures de la science ».

Ahmed Djebbar

Mathématicien et historien des sciences, professeur à l'université de Lille 1. Il fut durant deux ans, de 1992 à 1994, ministre de l'Éducation et de la Recherche du gouvernement Mohamed Boudiaf en Algérie.

Une histoire de la science arabe : introduction à la connaissance du patrimoine scientifique des pays d'Islam, Paris, Le Seuil, 2001.

Ahmed Djebbar est intervenu le 25 avril 2002 dans le cadre du cycle de conférences « Figures de la science ».

Michel Gourinat

Il eﬅ un de ces « grands professeurs » qui ont marqué des générations d'étudiants au lycée Thiers, à Marseille, et au lycée Henri IV à Paris, ce dont témoigne l'autorité du manuel dont il eﬅ l'auteur.

De la philosophie, Paris, Hachette, 2000 (15e édition).

Michel Gourinat eﬅ intervenu le 16 mai 2002 dans le cadre du cycle de conférences « Figures de la science ».

Giorgio Israel

Mathématicien, professeur à l'université de Rome « La Sapienza », il travaille notamment sur les processus de mathématisation des sciences et les rapports entre sciences « dures » et sciences humaines.

La mathématisation du réel, Paris, Le Seuil, 1996.
Le Jardin au Noyer, Paris, Le Seuil, 2000.

Giorgio Israel eﬅ intervenu le 23 mai 2002 dans le cadre du cycle de conférences « Figures de la science ».

Bruno Jacomy

Direcⅇteur adjoint du musée des Arts et Métiers, où il dirige le département pédagogique et culturel, il enseigne à l'université de technologie de Compiègne.

Une hiﬅoire des techniques, Paris, Le Seuil, 1990.
L'âge du Plip, Paris, Le Seuil, 2002.

Bruno Jacomy eﬅ intervenu le 5 décembre 2002 dans le cadre du cycle de conférences « Figures de la science ».

Jean-Marc JANCOVICI

Ingénieur polytechnicien, consultant auprès de l'État comme des entreprises sur les questions d'énergie et d'effet de serre.

L'effet de serre (avec Hervé le Treut), Paris, Flammarion, 2001.
L'avenir climatique : quel temps ferons-nous ?, Paris, Le Seuil, 2002.

Jean-Marc Jancovici est intervenu le 21 novembre 2002 dans le cadre du cycle de conférences « Figures de la science ».

Pablo JENSEN

Physicien, chercheur au laboratoire de physique des matériaux à l'université Claude-Bernard à Lyon. Il a fondé le premier « café des sciences » français à Lyon, « Sciences et Citoyens ».

Entrer en matière : les atomes expliquent-ils le monde ?, Paris, Le Seuil, 2001.

Pablo Jensen est intervenu le 10 octobre 2002 dans le cadre du cycle de conférences « Figures de la science ».

Jean-Marc LÉVY-LEBLOND

Physicien et épistémologue, professeur émérite à l'université de Nice. Il anime la revue *Alliage* et dirige le secteur scientifique des Éditions du Seuil depuis 1972.

L'esprit de sel : science, culture, politique, Paris, Le Seuil, 1984.
Mettre la science en culture, Anaïs, 1986.
La pierre de touche : la science à l'épreuve, Paris, Gallimard, 1996.
Aux contraires : l'exercice de la pensée et la pratique de la science, Paris, Gallimard, 1996.
Impasciences, Paris, Bayard, 2000.
La science en mal de culture, Paris, Éditions Futuribles, 2004.

Jean-Marc Lévy-Leblond est intervenu le 9 janvier 2003 dans le cadre du cycle de conférences « Figures de la science ».

Jean-Pierre Luminet

Astrophysicien, il travaille à l'observatoire de Paris-Meudon. Spécialiste des trous noirs et du big-bang, il s'attache aujourd'hui à tenter de définir la forme de l'univers.

La Physique et l'infini, Paris, Flammarion, 1994.
Figures du Ciel, Paris, Le Seuil, 1998.
L'Univers chiffonné, Paris, Fayard, 2001.
L'invention du big-bang, Paris, Le Seuil, 2004.

Jean-Pierre Luminet est intervenu le 31 janvier 2002 dans le cadre du cycle de conférences « Figures de la science ».

Michel Pierssens

Professeur à l'université de Montréal, il anime les revues *SubStance* (États-Unis) et *Histoires littéraires* (France).

La tour de Babil, Paris, Éditions de Minuit, 1976.
Lautréamont, éthique à Maldoror, Lille, Presses universitaires de Lille, 1984.
Savoirs à l'œuvre : essais d'épistémocritique, Lille, Presses universitaires de Lille, 1990.

Michael Singleton

Anthropologue, il a enseigné à l'université catholique de Louvain.

Le souci d'autrui, Louvain, Academia, 1991.
Vive la différence, Louvain, Academia, 1993.
Amateurs de chiens à Dakar, Paris/Louvain, L'Harmattan/Academia, 1998.

Michael Singleton est intervenu le 18 avril 2002 dans le cadre du cycle de conférences « Figures de la science ».

Jacques Testart

Directeur de recherche à l'Institut national de la santé et de la recherche médicale (Inserm), spécialiste en biologie de la reproduction, il a réalisé la première fécondation *in vitro.* Jacques Testart participe activement au débat public sur les avancées actuelles de la science en matière de reproduction, et leurs apories éthiques et politiques.

Le désir du gène, Paris, François Bourin, 1992.
Pour une éthique planétaire, Paris, Mille et une Nuits / Arte, 1997.
Ève ou La répétition, Paris, Odile Jacob, 1998.
Des hommes probables : de la procréation aléatoire à la reproduction normative, Paris, Le Seuil, 1999.
Des grenouilles et des hommes : conversations avec Jean Rostand, Paris, Le Seuil, 2000.

Jacques Testart est intervenu le 19 décembre 2002 dans le cadre du cycle de conférences « Figures de la science ».

Table